装备科技译著出版基金

PID 控制器解析设计

Analytical Design of PID Controllers

[墨]伊万·D. 迪亚斯-罗德里格斯(Iván D. Díaz-Rodríguez)
[韩]韩桑金(Sangjin Han) 著
[美]尚卡尔·P. 巴塔查里亚(Shankar P. Bhattacharyya)

陈勇 王龙 李洪波 周扬 冯浩明 译

国防工业出版社

·北京·

著作权合同登记　图字：01-2022-3640 号

内 容 简 介

本书介绍了基于稳定集的 PID 控制器的分解设计方法，分为 PID 稳定集计算方法、基于幅值裕度和相角裕度的鲁棒设计方法、H_∞ 优化 PID 控制方法三个部分，对典型的连续时间系统、离散时间系统以及其带时间延迟的系统等分别阐述了设计过程，以及保证闭环稳定的 PI 控制器和 PID 控制器参数确定方法。

本书适用于从事飞机、导弹、卫星、舰船等控制系统设计领域的科学研究人员和工程技术人员，从事控制理论和应用技术研究学习的高校教师、研究生和高年级本科生，以及从事 PID 控制器参数设计与稳定机制研究的其他相关科研工作者。

图书在版编目（CIP）数据

PID 控制器解析设计 /（墨）伊万·D. 迪亚斯-罗德里格斯，（韩）韩桑金，（美）尚卡尔·P. 巴塔查里亚著；陈勇等译. --北京：国防工业出版社，2023.6
书名原文：Analytical Design of PID Controllers
ISBN 978-7-118-12814-7

Ⅰ.①P… Ⅱ.①伊… ②韩… ③尚… ④陈… Ⅲ.① PID 控制–研究 Ⅳ.①TP273

中国国家版本馆 CIP 数据核字（2023）第 028036 号

First published in English under the title
Analyticai Design of PID Controllers
by Iván D.Díaz-Rodríguez, Sangjin Han and Shankar P. Bhattacharyya
Copyright © Springer Nature Switzerland AG, 2019
This edition has been translated and published under licence from Springer Nature Switzerland AG.
本书简体中文版由 Springer 出版社授权国防工业出版社独家出版发行。
版权所有，侵权必究。

※

国防工业出版社 出版发行

（北京市海淀区紫竹院南路 23 号　邮政编码 100048）
北京龙世杰印刷有限公司印刷
新华书店经售

＊

开本 710×1000　1/16　插页 8　印张 17¾　字数 323 千字
2023 年 6 月第 1 版第 1 次印刷　印数 1—1500 册　定价 148.00 元

（本书如有印装错误，我社负责调换）

国防书店：（010）88540777　　书店传真：（010）88540776
发行业务：（010）88540717　　发行传真：（010）88540762

译者序

PID 作为控制领域最为成熟的控制方法，在航空航天、武器装备、民用科技等工程控制中应用十分广泛，具有研究成果多、应用范围广、技术成熟度高的显著特点。但是，当前 PID 参数整定的主要手段还是基于经验试凑、时域分析等典型方法，很少有从闭环稳定性角度研究 PID 参数设计的相关理论和技术，但这却是控制系统理论研究和工程应用的重要前提。本书正是基于稳定性研究 PID 控制器参数设计的最新研究成果。

全书分为 3 个部分。第一部分介绍了 PID 稳定集的计算方法，主要包括线性时不变连续系统、Ziegler-Nichols 系统、线性时不变离散系统以及频率域系统的 PI 控制器和 PID 控制器稳定集计算，分别对应第 2 章~第 5 章。第二部分介绍了基于幅值裕度和相角裕度的鲁棒设计方法，针对连续时间系统、离散时间系统和多变量系统，对比阐述了 PI 控制器和 PID 控制器的设计方法，分别对应第 6 章~第 8 章。第三部分介绍了 H_∞ 优化 PID 控制方法，针对不确定连续时间和离散时间被控对象，介绍了 PI 控制器和 PID 控制器的设计方法，分别对应第 9 章和第 10 章。基于稳定集来设计 PID 控制参数，能够从设计端确保设计好的系统闭环稳定，且具有满意的幅值裕度和相角裕度，适用于实际系统模型参数摄动、模型不确定等复杂情形，能够为飞机、导弹、卫星、舰船等控制系统的理论研究和工程设计提供重要的方法指导和技术支撑。

本书的翻译工作分工如下：陈勇负责翻译第 1 章至第 6 章、附录 A 和附录 B；周扬负责翻译第 7 章；李洪波负责翻译第 10 章；王龙负责翻译第 8 章；冯浩明负责翻译第 7 章。陈勇负责全书统编和校审工作。衷心感谢西安飞行学院程建锋副教授和哈尔滨飞行学院支健辉讲师对全书进行审读与校对。感谢空军工程大学各级领导的鼓励和支持，感谢课题组各位老师、研究生的热情帮助和协作。

由于能力水平和文献资料有限，本书难免存在理解不够深入、翻译不够准确、论述不够完整等问题，敬请各领域的专家、读者批评指正。

译者

2023 年 1 月

前 言

比例-积分-微分(PID)控制器在工业控制中占有十分显著的地位,既覆盖了航天、电力、机械和化工等传统工业,又应用到了无人驾驶汽车、自动化机器人和无人飞行器等新兴领域。世界上所有已用的控制器中,PID甚至占到了99%。

正是由于PID控制器在应用中普遍存在,控制理论专家对此相对缺少研究兴趣。直到最近,通过状态空间方法设计高阶优化控制器时,PID控制器又受到了高度关注。这种情况出现在1997年,研究表明高阶控制器虽然对被控对象参数具有较好的鲁棒性,但控制器参数极易导致闭环系统性能变差。人们开始重新对低阶控制器产生浓厚的兴趣。

PID控制器是最简单的低阶控制器,能够实现伺服控制和扰动抑制,达到闭环稳定性。在最近20年,对于任意阶数线性时不变的连续系统和离散系统,PID控制器的稳定集计算得到了重要的发展。可见的报道包括达塔(A. Datta)、明子霍(Ming-TzuHo)与巴塔查里亚(S. P. Bhattacharyya)合编出版的专著《PID控制器的结构与综合》,以及吉尔莫·席尔瓦(GuillermoSilva)、达塔和巴塔查里亚合编出版的专著《延迟时间系统的PID控制器》。本书是这一系列专著的第三部。

本书主要阐述了如何在稳定集范围内使用PID控制器进行多目标优化设计。通过从幅值裕度、相角裕度、H_∞优化和时域指标等方面,分别给出基于稳定集计算设计参数的方法,可有效地应用于迄今为止都不能实现的多目标设计中,并确定系统性能可达的极限范围。主要涵盖了统一独立的连续时间和离散时间系统,通过实例进行详细阐述;同时也给出了最新成果在多变量系统中的拓展应用。

我们希望本书的概念和设计方法能够在工程和其他应用中发挥作用,进一步将PID控制器研究应用到自适应控制、机器学习、计算机科学、生物系统及其他领域。

本书的出版离不开大家的支持与合作。尤其要感谢科尔(L. H. Keel)、达塔、明子霍、吉尔莫·席尔瓦、纳维德·莫森尼扎德(Navid Mohsenizadeh)所做的贡献。

作者伊万·D. 迪亚兹–罗德里格斯特别感谢他父母给予的爱、支持、鼓励和付出。韩桑金特别感谢他的父母和兄弟。

伊万·迪亚兹–罗德里格斯(Iván D. Díaz-Rodríguez)

韩桑金(Sangjin Han)

尚卡尔·P. 巴塔查里亚(Shankar P. Bhattacharyya)

卡城,得州,美国

2019年2月

目　录

第1章　控制概论 ………………………………………………………… 001
1.1　概述 ……………………………………………………………… 001
1.2　积分控制的魔力 ………………………………………………… 003
1.3　PID 控制器设计方法综述 ……………………………………… 006
1.3.1　PID 控制器结构 …………………………………………… 006
1.3.2　PID 控制器模型 …………………………………………… 007
1.3.3　经典的 PID 控制器整定 …………………………………… 007
1.3.4　PID 控制器整定方法 ……………………………………… 011
1.4　积分器饱和 ……………………………………………………… 016
1.4.1　设定值限幅 ………………………………………………… 017
1.4.2　反向计算与跟踪 …………………………………………… 017
1.4.3　条件积分器 ………………………………………………… 018
1.5　最优控制的起伏 ………………………………………………… 018
1.5.1　二次型最优化和鲁棒性 …………………………………… 020
1.5.2　H_∞ 最优控制 …………………………………………… 021
1.5.3　布莱克放大器：高增益反馈的鲁棒性 …………………… 023
1.5.4　高阶控制器的脆弱性 ……………………………………… 024
1.6　现代 PID 控制器 ………………………………………………… 026
1.7　注释 ……………………………………………………………… 026
参考文献 ……………………………………………………………… 028

第一部分　PID 稳定集合的计算

第2章　线性时不变连续系统的稳定集 ……………………………… 035
2.1　概述 ……………………………………………………………… 035

2.2 稳定集 ·· 036
2.3 特征数公式 ·· 038
2.4 无时滞 P 控制系统的稳定集计算 ································· 041
2.5 无时滞 PI 控制系统的稳定集计算 ······························· 050
2.6 无时滞 PID 控制系统的稳定集计算 ···························· 053
2.7 σ-赫尔维茨稳定性 ·· 057
    2.7.1 σ-赫尔维茨 PID 稳定集 ································· 058
    2.7.2 可达 σ 的计算 ··· 060
2.8 无时滞一阶控制系统的稳定集计算 ······························ 065
    2.8.1 根分布的不变域 ·· 066
    2.8.2 一阶稳定集的计算过程 ······································ 067
2.9 注释 ··· 069
参考文献 ·· 070

第 3 章 Ziegler-Nichols 系统的稳定集 ··············· 071

3.1 概述 ··· 071
3.2 Ziegler-Nichols 系统的 PI 控制稳定集 ························ 071
    3.2.1 开环稳定的 Ziegler-Nichols 系统 ························ 072
    3.2.2 开环不稳定的 Ziegler-Nichols 系统 ···················· 075
3.3 Ziegler-Nichols 系统的 PID 控制稳定集 ····················· 077
    3.3.1 开环稳定的 Ziegler-Nichols 系统 ························ 078
    3.3.2 开环不稳定的 Ziegler-Nichols 系统 ···················· 080
3.4 注释 ··· 084
参考文献 ·· 084

第 4 章 线性时不变离散系统的稳定集 ··············· 085

4.1 概述 ··· 085
4.2 预备知识 ·· 086
4.3 切比雪夫表达式和根簇 ··· 087
    4.3.1 实多项式的切比雪夫表达式 ······························ 087
    4.3.2 根簇的交错条件和 Schur 稳定 ·························· 089
    4.3.3 有理函数的切比雪夫表达式 ······························ 090
4.4 根计数公式 ·· 091

  4.4.1 相位差和根分布 ……………………………………………… 091
  4.4.2 根计数和切比雪夫表达式 …………………………………… 091
4.5 数字 PI、PD 和 PID 控制器 ……………………………………………… 094
4.6 稳定集的计算 ……………………………………………………………… 095
4.7 PI 控制器 ………………………………………………………………… 095
4.8 PID 控制器 ……………………………………………………………… 099
  4.8.1 最大有限拍控制 ……………………………………………… 102
  4.8.2 最大延时容限设计 …………………………………………… 105
4.9 注释 ……………………………………………………………………… 107
参考文献 ……………………………………………………………………… 107

第 5 章 基于频率响应数据的稳定集计算 …………………………………… 108

5.1 概述 ……………………………………………………………………… 108
5.2 数学预备知识 …………………………………………………………… 110
5.3 相角、特征数、极点、零点和波特图 ………………………………… 114
5.4 无时滞连续时间系统的 PID 综合 ……………………………………… 116
5.5 基于频率响应数据 PID 稳定集计算方法 ……………………………… 119
5.6 时滞系统的 PID 综合 …………………………………………………… 121
5.7 一阶控制器的无模型综合 ……………………………………………… 126
5.8 基于数据与基于模型的设计法对比 …………………………………… 130
参考文献 ……………………………………………………………………… 132

第二部分 基于幅值裕度和相角裕度的鲁棒设计

第 6 章 基于幅值和相角裕度的连续时间系统设计 ………………………… 135

6.1 概述 ……………………………………………………………………… 135
6.2 幅值和相角轨迹 ………………………………………………………… 136
  6.2.1 PI 控制器 ……………………………………………………… 138
  6.2.2 PID 控制器 …………………………………………………… 139
  6.2.3 一阶控制器 …………………………………………………… 141
6.3 可达幅值-相角裕度设计曲线 …………………………………………… 142
6.4 延时容限 ………………………………………………………………… 143

6.5 同步性能指标和检索控制器增益 ································· 143
6.6 基于幅值-相角裕度的无时滞系统控制器设计 ················· 143
6.7 应用举例 ·· 144
6.8 时滞系统的控制器设计 ·· 163
参考文献 ·· 176

第7章 基于幅值-相角裕度的离散时间控制器设计 ············· 177

7.1 概述 ·· 177
7.2 PI 控制器 ··· 177
7.3 PID 控制器 ·· 184
参考文献 ·· 189

第8章 多变量系统的 PID 控制 ······································· 190

8.1 概述 ·· 190
8.2 设计方法 ·· 190
    8.2.1 多变量系统传递函数的史密斯-麦克米伦形变换 ········ 191
    8.2.2 对角控制器矩阵的多输入多输出控制器变换 ············ 192
8.3 举例：多变量 PI 控制器设计 ···································· 196
8.4 注释 ·· 202
参考文献 ·· 203

第三部分 H_∞ 优化 PID 控制

第9章 连续时间系统 H_∞ 优化综合 ······························ 207

9.1 概述 ·· 207
9.2 H_∞ 最优控制与稳定裕度 ·· 207
9.3 PI 控制器集合 $\mathbf{S}_\gamma$ 的计算 ··· 211
9.4 PID 控制器集合 $\mathbf{S}_\gamma$ 的计算 ······································ 216
9.5 注释 ·· 220
参考文献 ·· 220

第10章 离散时间系统 H_∞ 优化综合 ···························· 221

10.1 概述 ··· 221

10.2 数字 PI 控制器集合 S_γ 的计算 ……………………………… 221
10.3 数字 PID 控制器集合 S_γ 的计算 …………………………… 226
参考文献 ………………………………………………………………… 230

附录 A 应用实例 ………………………………………………… 231

A.1 概述 ……………………………………………………………… 231
A.2 交流驱动器 ……………………………………………………… 231
A.3 半桥电压源逆变器 ……………………………………………… 233
    A.3.1 稳定集计算 ………………………………………………… 234
    A.3.2 可达幅值-相角裕度设计曲线的绘制 ……………………… 236
    A.3.3 同步性能指标和检索控制器增益 ………………………… 236
A.4 谐波失真的选择性抑制 ………………………………………… 238
A.5 金属板位置控制 ………………………………………………… 244
    A.5.1 计算稳定集 S ……………………………………………… 246
    A.5.2 计算 (W_0, W_1) 空间中的椭圆簇 ………………………… 247
    A.5.3 椭圆簇映射到 (K_0, K_1, K_2) 空间及固定 K_0 时计算 S_γ ………… 247
    A.5.4 遍历 K_0 并计算 S_γ ……………………………………… 247
    A.5.5 满足性能指标的控制器选择 ……………………………… 248
A.6 注释 ……………………………………………………………… 250
参考文献 ………………………………………………………………… 251

附录 B MATLAB 代码示例 …………………………………… 252

B.1 连续时间系统的 MATLAB 代码 ……………………………… 252
    B.1.1 PI 控制器稳定集 …………………………………………… 252
    B.1.2 PI 控制器幅值裕度和相角裕度设计曲线 ………………… 255
    B.1.3 基于 H_∞ 准则的 PI 控制器 ……………………………… 258
    B.1.4 PID 控制器稳定集 ………………………………………… 261
    B.1.5 PID 控制器幅值裕度和相角裕度设计曲线 ……………… 264
    B.1.6 基于 H_∞ 准则的 PID 控制器 …………………………… 269
参考文献 ………………………………………………………………… 272

第1章
控制概论

本章向大家非正式地介绍控制系统的内涵,重点强调跟踪控制、扰动抑制、稳定性和鲁棒性等系统控制的关键组成部分。为实现这些控制目标,我们将说明为什么采用积分控制来消除校正反馈架构下所产生的跟踪误差。从而很自然地引出比例-积分-微分(proportional-integral-derivative,PID)控制器结构。通过合理设计待调整的比例系数 k_p、积分系数 k_i 和微分系数 k_d,可以很好地达到系统的鲁棒稳定性和时域响应性能要求。本章简要地介绍了一些经典的和当前常用的调参方法。最优控制尤其是二次型最优化控制,没有融合到 PID 控制设计理论中,原因就在于通过优化得到的高阶控制器不可避免地存在固有的脆弱性。本章基本阐明了本书后续部分内容的研究背景、观点和出发点。

1.1 概述

控制理论与控制工程在飞机、宇宙飞船、舰船、火车、汽车和机器人等各类动态系统中得到了广泛应用。除此以外,还用于蒸馏塔、轧机、电气系统等工业过程中电动机、发电机和电力系统的控制。目前,控制已经普遍存在于生物医学、电力电子、无人驾驶和自主控制机器人等各个领域中。

无论是哪一种情形的控制问题,都不外乎包含以下几个重要元素。

(1)输出量。一组被控的非独立变量,要求按照预定的方式运行。例如,在工业控制中,尽管系统在许多工作点处都存在不可控和未知变化,但可以将某些状态点的过程温度和压力,或者汽车的位置和速度,或者电力系统的电压和频率等,控制在固定的期望值上。

(2)输入量。一组特定的独立变量。例如用于电动机或者活门位置的电压,可以调节并控制系统的运行过程。其他的非独立变量,如位置、速度或温度，可以作为系统可测量的动态变量。

（3）扰动。施加于系统的未知且不可预测的一组变量。例如，电力系统的载荷涌动，飞机的阵风，空调的外部温度，升降电梯电动机的负载扭矩波动、乘客进出等，都是系统受到的外部扰动。

（4）方程和参数。方程用于描述系统的工作动态，而参数存在于方程中，可能完全未知或者不精确。即使控制过程的物理规律和方程完全已知，系统的不确定性甚至也可能出现。例如，系统的方程仅仅是某个工作状态点处通过非线性进行线性化处理得到的，当工作状态点改变时系统参数也会随之改变。

基于以上讨论，可以得到被控对象或系统的一般性描述，如图 1.1 所示。输入或输出均为一组信号向量，被控对象为多变量系统，而非信号个数单一的单变量系统。

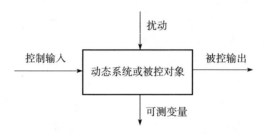

图 1.1　被控对象的一般形式（经许可从文献[8]复制）

控制通过反馈的形式来实现。反馈就是利用可获取的测量信号，为被控对象产生正确控制输入的一种装置。图 1.2 为控制系统的反馈或闭环控制结构。

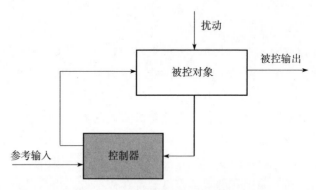

图 1.2　控制系统的反馈控制结构（经许可从文献[8]复制）

系统的控制器设计问题，就是要确定控制器的特征参数，使得系统的被控输出量满足以下条件。

（1）达到指定的数值，即参考输入；

(2) 在未知扰动干扰下,保持跟踪参考输入;

(3) 在被控对象内部存在不确定性时,达到条件(1)和条件(2),并随着被控对象动态特性变化而变化。

其中:达到要求的条件(1)对应着控制系统的跟踪问题,条件(2)对应着控制系统的扰动抑制问题,条件(3)对应着控制系统的鲁棒性问题。同时满足条件(1)、(2)和(3),对应着控制系统的鲁棒跟踪和扰动抑制问题,这样的控制系统则称为伺服调节器。

1.2节将围绕伺服调节器设计中非常实用的积分控制问题进行讨论。

1.2 积分控制的魔力

积分控制在工业控制的鲁棒伺服调节器设计中应用非常广泛。由于计算机控制的发展,积分已经变得容易实现了。事实证明,液压、气动、电子、机械等形式的积分器在控制系统中应用非常普遍。本节将阐述一般情况下该如何通过积分来实现控制系统的鲁棒跟踪和扰动抑制。

首先考虑如图1.3所示的积分器。

图1.3 积分器(经许可从文献[8]复制)

系统的输入/输出关系满足

$$y(t) = K\int_0^t u(\tau)\mathrm{d}\tau + y(0) \tag{1.1}$$

或者,转化为微分的形式:

$$\frac{\mathrm{d}y(t)}{\mathrm{d}t} = Ku(t) \tag{1.2}$$

式中:K 为非零实数,称为积分增益。

现在假设系统的输出 $y(t)$ 在给定的时间区间 $[t_1, t_2]$ 内为常值。根据式(1.2)可得

$$\frac{\mathrm{d}y(t)}{\mathrm{d}t} = 0 = Ku(t), \quad t \in [t_1, t_2] \tag{1.3}$$

式(1.3)证明了积分器的运算具有如下两个基本结论。

结论1.1 如果积分器的输出在一定时间段内是常值,则在该时间段内系统的输入应该同时为零。

结论 1.2 只要输入非零，积分器的输出就会改变。

这两个简单的结论表明了如何使用积分器来解决伺服调节器的设计问题。若一个被控对象输出 $y(t)$ 要求跟踪常值参考输入 r，尽管存在未知的常值扰动作用，系统也可通过积分控制实现稳定。

（1）对系统施加积分控制，并将误差信号

$$e(t)=r-y(t) \tag{1.4}$$

作为输入量输入到积分器中。

（2）确保闭环系统渐近稳定，使得系统在常值参考输入和扰动输入作用下，包括积分器输出在内的所有信号能够达到恒定的稳态值。

带积分控制的伺服调节器结构框图如图 1.4 所示。

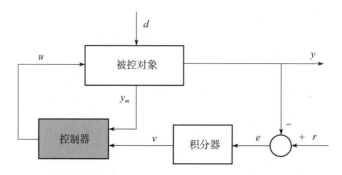

图 1.4　伺服调节器结构框图（经许可从文献[8]复制）

如果图 1.4 所示的伺服调节器渐近稳定，输入 r 和扰动 d 为常值信号，则闭环系统的所有信号将收敛至常值。特别地，积分输出量 $v(t)$ 将趋近于一个稳定值。因此，根据上述积分器内部工作的结论 1.1，积分器的输入也趋近于零。由于积分器的输入为系统的跟踪误差，则可以得到 $e(t)=r-y(t)$ 将趋近于零，即系统的输出 $y(t)$ 在 $t\to\infty$ 时能够跟踪 r。

需要强调的是，上述系统同时具备稳态跟踪性能和很好的鲁棒性。只要闭环系统渐近稳定，并且与常值扰动或参考的特定值、与被控对象和控制器的初始条件、与被控对象和控制器是线性或非线性均无关，该结论都是成立的。因此，跟踪控制问题转化为保证系统稳定性的问题。在许多实际的系统中，闭环系统的稳定性甚至可以在没有完整和精确的被控对象特征参数的情况下得到保证，这就是鲁棒稳定性。

下面，讨论受未知常值干扰 d_1，d_2，$\cdots$，d_q 影响作用下，多个被控对象的输出 y_1，y_2，$\cdots$，y_m 跟踪任意给定常值参考输入 r_1，r_2，$\cdots$，r_m 的问题。上述讨论可以拓展至多变量控制的情形，即通过对被控对象设计 m 个积分器，并令每个积分器的输入量为 $e_i = r_i - y_i (i=1, 2, \cdots, m)$。如图 1.5 所示为相应的控制结构图。对于任意的 $r_i(i=1, 2, \cdots, m)$,要求通过控制输入 u_1,u_2, $\cdots$, u_r 作用实现 $y_i = r_i (i=1, 2, \cdots, m)$。因此,被控对象方程所描述的输出 $y_i(i=1, 2, \cdots, m)$ 和输入 $u_j(j=1, 2, \cdots, r)$ 之间的映射关系对常值输入而言应该是可逆的。这样的线性时不变(linear time-invariant,LTI)系统,等价于要求相应的转换矩阵右可逆或等价于在 $s=0$ 处秩为 m。有时这可以重述为以下两个条件:①$r \geq m$ 或者相对被控输出而言有足够多的控制输入;②传递函数 $G(s)$ 在 $s=0$ 处没有零点。对多个一般类型的参数输入和扰动信号的伺服控制情形,如斜坡信号和指定频率的正弦信号,需要对图 1.5 所示的控制结构框图进行修改,来完成伺服调节器的设计。而需要修改的地方,仅仅是将积分器替换为相应的外部信号发生器。

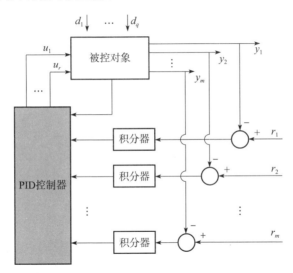

图 1.5　多变量伺服调节器结构图(经许可从文献[8]复制)

一般情况下,对被控对象施加积分控制将使系统变得不稳定,这是由于积分器本质上是一个不稳定的装置。例如,它对有界的阶跃输入信号产生的响应是一个非有界的斜坡信号。因此,即使系统是稳定的,施加积分控制后闭环系统的稳定性仍然是一个十分关键的问题。

由于积分可以实现稳态误差为零,且与积分增益 K 的特定值大小无关,因此可以通过调节积分增益的大小来实现系统闭环稳定。这种单一的自由度有时不足以达到稳定性和可接受的瞬态响应要求,所以还要增加额外的增益值,这一点将会在下面的章节解释。这个增加的积分增益自然形成了工业控制中普遍应用的 PID 控制器结构。

1.3 PID 控制器设计方法综述

PID 控制器是运动控制、过程控制、电力电子、液压、气动和制造业等工业控制中应用最广泛的控制器。实际上，在过程控制中，超过 95% 的控制回路都是基于 PID 控制形式，且绝大多数回路都是采用 PI 控制。之所以如此受欢迎，主要源于其结构简单、易于实现、简单易维护的优点。当然，还要归功于 PID 控制器能够提供其他控制器难于实现的满意控制性能。因此，PID 控制器在无人驾驶汽车、无人驾驶飞行器、自主机器人等现代化应用领域中也非常流行。

1.3.1 PID 控制器结构

PID 控制器是由 3 组控制作用叠加而成，控制结构如图 1.6 所示。这些控制作用具体包括式(1.4)所示误差的比例控制、积分控制和一阶微分控制。

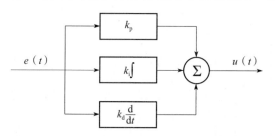

图 1.6　PID 控制结构图

（1）比例（P）控制器。比例控制直接处理当前的控制误差信号。比例控制器输出与过程误差信号的大小成比例，当误差信号增加时控制变量的幅值也相应增大。只用比例控制时，增加比例系数 k_p 一般将加速系统的时域响应过程。但是，也可能造成系统的稳态误差。一般而言，要使在比例控制下系统的稳态误差为零，当且仅当 k_p 取很大的值。

（2）积分（I）控制器。积分控制可用于将系统的稳态误差降为零。当使用积分控制时，增加积分系数 k_i 的值除了能消除控制误差外，还可以拓宽系统响应形式的范围。积分控制信号可以描述为

$$u(t) = k_i \int e(t) \mathrm{d}t \tag{1.5}$$

误差 $e(t)$ 的积分与误差曲线和实轴所围面积的大小成正比。控制信号 $u(t)$ 会随着误差信号的正负而不断变化。如果控制信号 $u(t)$ 是常值，说明误差信号

已变成了零,具体可见 1.2 节结论 1.1。

(3) 微分(D)控制器。微分作用常用来改善系统的阻尼和闭环稳定性。只用微分控制时,通过当前时刻的变化速率预估误差趋势,直接运用误差信号未来时刻的值进行控制。控制信号可以描述为

$$u(t) = k_d \frac{de(t)}{dt} \tag{1.6}$$

微分控制信号 $u(t)$ 与预估的误差信号成比例。

1.3.2 PID 控制器模型

通常使用的 PID 控制器具有并联和串联两种结构。

(1) 并联结构。控制器可以描述为以下控制律

$$u(t) = K_c \left[e(t) + \frac{1}{T_i} \int e(t) dt + T_d \frac{de(t)}{dt} \right] \tag{1.7}$$

式中:$K_c = k_p$ 表示比例增益;T_i 表示控制器的积分时间且 $k_i = \frac{K_c}{T_i}$;T_d 表示控制器的微分时间且 $k_d = K_c T_d$。这就是 PID 控制器的理想模型。

(2) 串联结构。控制器可以描述为以下控制律

$$\begin{aligned} e_1(t) &= e(t) + T_d \frac{de(t)}{dt} \\ u(t) &= K_c \left[e_1(t) + \frac{1}{T_i} \int e(t) dt \right] \end{aligned} \tag{1.8}$$

在这种情况下,PID 控制结构的所有 3 个部分都直接受到增益 K_c 的影响。但是,比例部分也受到积分增益 T_i 和微分增益 T_d 值的大小影响。因此,调节 T_i 将会同时影响系统的比例和积分控制作用,调节 T_d 将会同时影响系统的比例和微分控制作用,调节 K_c 将会同时影响系统的比例、积分和微分 3 个部分的控制作用。

1.3.3 经典的 PID 控制器整定

由于 PID 控制器在工业中广受欢迎,以及在其他领域中广泛应用,近年来出现了许多 PID 控制器的设计和实现方法。根据研究文献资料,经典的方法主要有以下几种。

1. 试凑法

这种方法适用于在设计控制器时没有系统方法可循的情况。该方法基于经验调整独立的 k_p,k_i 和 k_d 这 3 个参数,以试图得到响应速度和闭环稳定性均较好的时域响应。各参数值增大时对系统响应的影响,情况如表 1.1 所示。

表1.1 PID各参数变化对系统的影响

参数	稳态误差	响应速度	稳定性
k_p	减小	增加	降低
k_i	消除	减小	增加
k_d	无影响	增加	增加

试凑法的优点在于不需要任何数学模型或数学推导,但却需要一定的经验,通过充分调整控制器增益,来满足期望的响应速度和稳定裕度性能指标要求。

2. 齐格勒-尼科尔斯(Ziegler-Nichols)阶跃响应法

这种PID整定方法是由美国Talyor仪表公司在1941—1942年开发出来的。从那时开始,该方法就以其原始形式和变异形式被大家广泛使用,但需要基于可测量的开环稳定系统的阶跃响应,如图1.7所示。具体整定过程如下:

（1）通过计算或实验确定开环系统的阶跃响应;
（2）绘制阶跃响应在最大斜坡处所对应的切线;
（3）计算切线在纵轴上的交点与阶跃响应起点之间沿横轴的距离L;
（4）计算切线在纵轴上的交点与横轴之间的距离A;
（5）运用以下公式计算PID控制器参数

$$\begin{cases} k_p = \dfrac{1.2}{A} \\ k_i = \dfrac{0.6}{AL} \\ k_d = \dfrac{0.6L}{A} \end{cases} \tag{1.9}$$

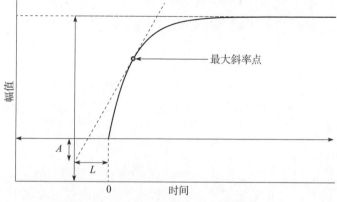

图1.7 齐格勒-尼科尔斯阶跃响应法

3. 齐格勒-尼科尔斯频域响应法

这种 PID 整定方法将比例控制器放到系统闭环控制结构中。目标就是找到相角为 $-180°$ 时的最终频率。这是系统到达稳定边界时的最终增益。具体整定过程如下：

（1）在闭环系统中给系统串联一个比例控制器；

（2）缓慢增加比例控制增益，直到输出响应发生振荡，这时将增益记为最终增益 K_u；

（3）测量输出响应的振荡周期，记为最终周期 T_u；

（4）运用以下公式计算 PID 控制器增益

$$\begin{cases} k_p = 0.6K_u \\ k_i = \dfrac{1.2K_u}{T_u} \\ k_d = 0.075K_u T_u \end{cases} \tag{1.10}$$

运用这种方法可以有效地找到 PID 控制器的增益。但是，由于系统将被带到其不稳定的极限甚至马上就要损毁时的这种边界状态，这需要设计人员有一定的经验和技巧。需要强调的是，齐格勒-尼科尔斯方法假设被控对象为具有时滞的一阶环节。

4. 继电器整定法

继电器整定法方法是 K. Åström 和 T. Hägglund 提出来的，用于替代齐格勒-尼科尔斯频域响应法的另一种 PID 整定方法。它与齐格勒-尼科尔斯法比较类似，但不需要增加比例控制增益来找出系统的振荡输出响应，而是应用继电器来生成振荡输出响应，如图 1.8 和图 1.9 所示。将继电器连接到系统中，以产生具有特定幅值和频率的方波信号。这时产生的输出信号近似为正弦信号。具体整定过程如下：

（1）系统应在给定点处工作；

（2）设置继电器中方波信号的幅值；

（3）计算最终的周期 T_u，如图 1.9 所示；

（4）使用齐格勒-尼科尔斯方法，计算控制器参数 k_p，k_i 和 k_d，其中 $K_u = K_e$，$K_e = A_u/A_e$，$A_u = 4A/\pi$，$A_e = E$，E 为振荡误差信号的幅值。

该方法的优点在于不需要系统逼近不稳定边界。因此，它可以保证系统更加安全，降低了损毁的可能性。此外，由于振荡输出幅值和继电器信号的幅值成比例，继电器方法可进行自动设计。

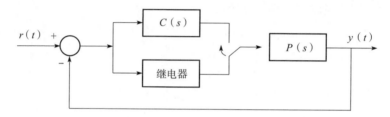

图 1.8 带继电器的单位反馈控制结构

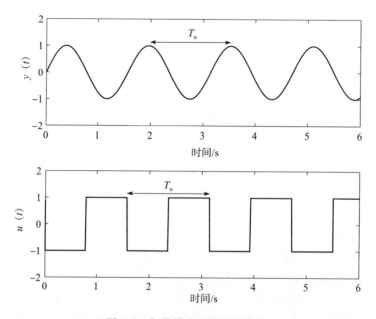

图 1.9 振荡输出和继电器信号

5. 科恩-库恩(Cohen-Coon)法

这是一种开环 PID 调节方法,具有与齐格勒-尼科尔斯阶跃响应法相同的步骤。图 1.10 所示为开环系统的阶跃响应,可以确定系统的参数 k_p、L 和 T。增益 k_p 可由输出信号 $y(t)$ 的增量和控制信号 $u(t)$ 的增量之比确定,表达式如下:

$$k_p = \frac{\Delta y}{\Delta u} \tag{1.11}$$

变量 L 和 T 可通过图 1.10 所示的阶跃响应确定。考虑式(1.7)所描述的并联结构的 PID 控制器,科恩-库恩法建议采用如下的公式计算 PID 控制增益

$$\begin{cases} K_c = \dfrac{1}{k_p}\left(0.25 + \dfrac{1.35T}{L}\right) \\[2ex] T_i = \dfrac{2.5 + \dfrac{0.46L}{T}}{1 + \dfrac{0.61L}{T}} L \\[2ex] T_d = \dfrac{0.37}{1 + \dfrac{0.19L}{T}} L \end{cases} \quad (1.12)$$

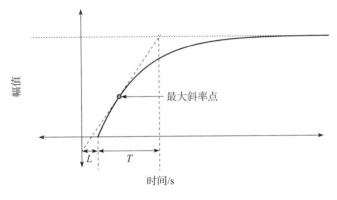

图 1.10 科恩-库恩法

1.3.4 PID 控制器整定方法

在 PID 控制器经典整定方法出现之后，随着控制系统复杂程度和设计人员对性能要求的不断提高，急需发展新的整定设计技术。多年来，针对特定性能需求和更加复杂系统的 PID 整定方法，提出了诸多有用的研究成果，主要包括以下几种方法。

1）内模控制设计法

内模控制设计法主要考虑稳定系统，假设闭环系统结构如图 1.11 所示。$\hat{G}(s)$ 是系统传递函数 $G(s)$ 的估计，$G_F(s)$ 为低通滤波器，$\hat{G}^+(s)$ 是 $\hat{G}(s)$ 的逆。控制器设计的目标就是通过并联 $\hat{G}(s)$，使原系统 $G(s)$ 的零极点对消。该方法之所以称为内模控制，原因就是控制器内部包含了系统的模型。$G_F(s)$ 的作用是使系统对建模误差不那么敏感。控制器可以表述为

$$C(s) = \dfrac{G_F(s)\hat{G}^+(s)}{1 - G_F(s)\hat{G}^+(s)\hat{G}(s)} \quad (1.13)$$

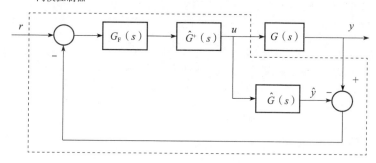

图 1.11　带内模控制器的闭环系统结构

考虑将该方法用于 PI 和 PID 控制器。对于一阶带延迟环节的被控对象，有

$$P(s) = \frac{K}{1+sT} e^{-sL} \tag{1.14}$$

$$\hat{G}^+(s) = \frac{1+sT}{K} \tag{1.15}$$

$$G_F(s) = \frac{1}{1+sT_f} \tag{1.16}$$

那么，对延时环节进行一阶帕德（Padé）近似

$$e^{-sL} \approx \frac{1-sL/2}{1+sL/2} \tag{1.17}$$

可以得到对应的 PID 控制器

$$C(s) = \frac{(1+sL/2)(1+sT)}{Ks(L+T_f+sT_fL/2)} \approx \frac{(1+sL/2)(1+sT)}{Ks(L+T_f)}$$

$$= \frac{k_d s^2 + k_p s + k_i}{s} \tag{1.18}$$

其中

$$k_d = \frac{LT}{2K(L+T_f)} \tag{1.19}$$

$$k_p = \frac{L+2T}{2K(L+T_f)} \tag{1.20}$$

$$k_i = \frac{1}{K(L+T_f)} \tag{1.21}$$

2）极点配置设计法

极点配置设计法是一种基于系统传递函数的控制器设计方法，目标是通过设计控制器增益，以在复平面上配置闭环极点的位置。众所周知，系统的闭环极点对系统的运行具有重要的影响。因此，设计人员可以应用该方法来配置极点位置，使闭环系统按照期望的性能工作。

只要被控对象传递函数具有一阶或二阶形式，都可以利用极点配置设计法来设计 PI 和 PID 控制器。对于高阶系统，要设计对应的 PID 控制器，就需对高阶系统的传递函数进行一阶或二阶简化近似。

对一阶情形，系统模型可描述为

$$P(s) = \frac{K}{1+sT} \tag{1.22}$$

式中：K 为系统的增益；T 为时间常数。

使用 PI 控制器，可以得到

$$C(s) = K_c\left(1 + \frac{1}{T_i s}\right) \tag{1.23}$$

式中：K_c 为控制器的增益；T_i 表示积分时间常数。

系统的闭环传递函数为

$$G(s) = \frac{C(s)P(s)}{1+C(s)P(s)} \tag{1.24}$$

特征方程变成了二阶形式：

$$\delta(s) = s^2 + \left(\frac{1+KK_c}{T}\right)s + \left(\frac{KK_c}{TT_i}\right) \tag{1.25}$$

对二阶系统而言，特征方程可以表述为相对阻尼比 ζ 和自然频率 ω_n 的形式：

$$\delta(s) = s^2 + 2\zeta\omega_n s + \omega_n^2 \tag{1.26}$$

式中：参数 ζ 和 ω_n 决定了二阶系统的时域响应。

对比式（1.25）和式（1.26），可以得到

$$K_c = \frac{2\zeta\omega_n T - 1}{K} \tag{1.27}$$

$$T_i = \frac{2\zeta\omega_n T - 1}{\omega_n^2 T} \tag{1.28}$$

对无零点的二阶系统而言，被控对象可描述为

$$P(s) = \frac{K}{(1+T_1 s)(1+T_2 s)} \tag{1.29}$$

使用如下的 PID 控制器：

$$C(s) = \frac{K_c(1+T_i s+T_i T_d s^2)}{T_i s} \quad (1.30)$$

由此特征方程可描述为三阶的形式：

$$\delta(s) = s^3 + \left(\frac{1}{T_i}+\frac{1}{T_2}+\frac{KK_c T_d}{T_1 T_2}\right)s^2 + \left(\frac{1}{T_1 T_2}+\frac{KK_c}{T_1 T_2}\right)s + \frac{KK_c}{T_1 T_2 T_i} \quad (1.31)$$

对于三阶的特征方程，同样地，可以描述为相对阻尼比 ζ 和自然频率 ω_n 的形式：

$$\delta(s) = (s+\alpha\omega_n)(s^2+2\zeta\omega_n s+\omega_n^2) \quad (1.32)$$

综合式(1.31)和式(1.32)，可得

$$K_c = \frac{T_1 T_2 \omega_n^2(1+2\alpha\zeta)-1}{K} \quad (1.33)$$

$$T_i = \frac{T_1 T_2 \omega_n^2(1+2\alpha\zeta)-1}{T_1 T_2 \alpha\omega_n^3} \quad (1.34)$$

$$T_d = \frac{T_1 T_2 \omega_n(\alpha+2\zeta)-T_1-T_2}{T_1 T_2 \omega_n^2(1+2\alpha\zeta)-1} \quad (1.35)$$

3）主导极点配置设计法

主导极点配置设计法与前述极点配置设计法的设计思想完全相同，不同的是前者主要针对高阶系统。目标是选择一对主导极点，相对系统的其他极点而言，主导极点对系统工作的时域响应能够产生更大影响。应用主导极点配置设计法来设计 PI 控制器和 PID 控制器，科恩-库恩已经对式(1.14)所述的一阶带延迟系统提出了一种设计方法。其中心设计原则就是通过配置主导极点使时域响应幅值衰减 1/4，以抑制外部干扰作用。对 PID 控制器而言，通过配置两个复数主导极点和一个实数主导极点，以满足时域响应中幅值衰减 1/4 的要求。计算 PI 控制器和 PID 控制器增益的公式如表 1.2 所列。

表 1.2 主导极点配置控制器设计的科恩-库恩公式

控制器	K_c	T_i	T_d
PI	$\dfrac{0.9}{a}\left(1+\dfrac{0.92\tau}{1-\tau}\right)$	$\dfrac{3.3-3.0\tau}{1+1.2\tau}L$	
PID	$\dfrac{1.35}{a}\left(1+\dfrac{0.18\tau}{1-\tau}\right)$	$\dfrac{2.5-2.0\tau}{1-0.39\tau}L$	$\dfrac{0.37-0.37\tau}{1-0.81\tau}L$

表 1.2 中的 a 和 τ 可表示为

$$a = \frac{KL}{T} \quad (1.36)$$

$$\tau = \frac{L}{L+T} \quad (1.37)$$

4) 时域优化法

在时域优化法中,控制器增益是通过指定目标函数进行数值优化计算的。对于 PID 控制器而言,通常可选择的优化目标函数如下

$$J(\boldsymbol{\theta}) = \int_0^\infty t \,|\, e(\boldsymbol{\theta},\ t) \,|\, \mathrm{d}t \quad (1.38)$$

$$J(\boldsymbol{\theta}) = \int_0^\infty |\, e(\boldsymbol{\theta},\ t) \,|\, \mathrm{d}t \quad (1.39)$$

$$J(\boldsymbol{\theta}) = \int_0^\infty e^2(\boldsymbol{\theta},\ t) \mathrm{d}t \quad (1.40)$$

式中:$\boldsymbol{\theta}$ 表示由 PID 控制增益组成的向量;$e(\boldsymbol{\theta},\ t)$ 表示控制系统的误差信号。

目标函数式(1.38)称为时间乘绝对误差积分准则(ITAE);目标函数式(1.39)称为绝对误差积分准则(IAE),对误差的绝对值进行了积分,而不需要加权处理;目标函数式(1.40)称为平方误差积分准则(ISE),仅对误差的平方进行了积分。

通过对目标函数最小化,设计控制器参数,以使系统获得较好的闭环控制性能。

5) 基于幅值裕度和相角裕度的设计法

幅值裕度和相角裕度表征控制系统的相对稳定程度。通过对开环系统的计算分析,确定闭环系统的鲁棒性。幅值裕度反映欲使闭环系统不稳定所需要的幅值增加量,相角裕度反映欲使闭环系统不稳定所需要的相角衰减量。这两种裕度主要用于经典的基于频域响应的控制系统设计中。$P(\mathrm{j}\omega)C(\mathrm{j}\omega)$,$\omega \in [0,\ \infty]$ 的奈奎斯特图如图 1.12 所示,可以得到系统的幅值裕度和相角裕度。在图 1.12 中,GM 表示幅值裕度,PM 表示相角裕度,ω_p 表示相角穿越频率,ω_g 表示幅值穿越频率。在很长一段时间,许多研究学者热衷于开发新的控制器设计方法,以使闭环系统达到特定的幅值裕度和相角裕度。围绕 PI 控制器和 PID 控制器实现特定的幅值裕度和相角裕度,也出现了大量的研究文章,提出了许多不同的研究方法。但是,研究对象仅仅是针对带延迟环节的一阶系统或带延迟环节的二阶系统。本书将提出一种新的设计方法,能够使任意阶被控对象同时达到指定的幅值裕度和相角裕度。

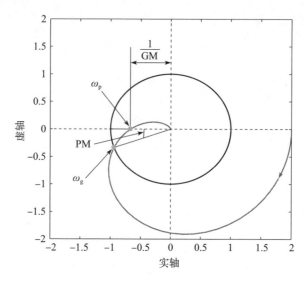

图 1.12 典型的奈奎斯特图：幅值裕度和相角裕度

6）自适应控制设计法

在自适应控制设计法中，控制器增益随着变化的系统或外部干扰而自适应调整，主要包括直接自适应和间接自适应两类方法。在直接自适应方法中，常采用模型参考自适应控制进行设计。参考模型代表了系统的期望性能，由动态系统的期望特征所确定。利用被控对象的输出与参考模型的误差，设计自适应算法，直接用来在线调整控制器参数，实现被控对象控制误差趋近于零。在间接自适应方法中，结合测量的输入输出数据估计被控对象的数学模型。控制方案之所以称为间接，是因为控制器参数的调整基于估计的被控对象，同时，控制参数的计算也是基于当前估计的被控对象模型。采用递归参数估计方法更新过程模型。这些自适应控制器设计方法已经广泛应用于PID控制器。

1.4　积分器饱和

控制器的一个基本元件就是执行器，用于将控制信号 u 作用到被控对象上。但是，所有的执行器都有物理限制，呈现出非线性特征。例如，活门不能超过全开状态或低于全关状态。在控制系统的正常运行过程中，控制变量很可能达到执行机构的极限。当这种情况发生时，执行器将保持在极限而独立于过程输出，反馈回路被破坏，系统将按照开环控制运行。如果采用PID控制器，误差将继续被积分。这种不断的积分累加将使得积分项变得很大，这通常称为饱和(windup)。误差信号变为符号相反的量时，需较长的时间恢复到正常状态。通过以上分析可以发现，采用 PID 控制器的系统，在执行器出现饱和时将可能发生大的瞬态响应。

饱和现象很早就已为人所知了。在系统的设定值变化、受到大干扰或设备故障时，都可能发生饱和。为了避免饱和现象发生，针对带积分的控制器已经提出了诸多可行的技术。本节将进行简要的阐述。

1.4.1 设定值限幅

要避免积分饱和，最简单的办法就是对设定值进行限幅。限幅后，控制器输出值将不会超出执行器的工作边界。但是，这种方法有 3 个缺点：①产生相对保守的边界；②限制了控制器的工作性能；③不能防止系统抗干扰时出现饱和。

1.4.2 反向计算与跟踪

抗饱和控制器如图 1.13 所示。可以看到，控制器还包括一个额外的反馈回路。通过将测量的执行器实际输出 $u(t)$ 与控制器的理论输出 $v(t)$ 求差，生成执行器的误差信号 $e_s(t)$，乘以 $1/T_t$ 后反馈至积分器输入端，构成完整的反馈回路。

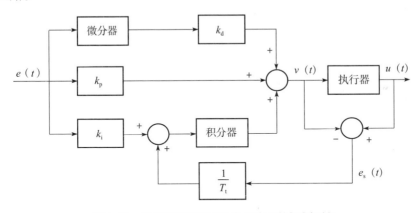

图 1.13　抗饱和控制器(经许可从文献[8]复制)

当执行器严格在工作范围内时，误差信号 $e_s(t) = 0$。因此，它不会对控制器的正常运行产生任何影响。当执行器饱和时，误差信号 $e_s(t) \neq 0$。由于输入保持不变，常规反馈回路被破坏。因 $e_s(t) \neq 0$，将在积分器上产生一条新的反馈通路，避免积分器工作停止。反馈增益 $1/T_t$ 用于控制系统输出量的重置速度。参数 T_t 可以认为是表征积分重置快慢的时间常数。通常情况下，参数 T_t

越小，积分器被重置的速度越快。但是，如果参数 T_t 选择得过小，构造的反馈误差会导致系统输出饱和，从而意外地触发积分器重置。

1.4.3 条件积分器

条件积分器是反向计算方法的一种替代方法。在控制系统已经远离稳态时，由带开关的积分器完成控制作用并关闭。这个过程意味着只有满足一定条件时才能进行积分作用。否则，积分项将保持常值。下面讨论两种开关切换条件。

一种最直接的方法就是，在控制误差 $e(t)$ 很大时，对积分项进行切断；另一种方法则是在执行器饱和时关闭积分项。但是，这两种方法有一个共同的缺点：如果积分项在切换关闭时值很大，控制器则可能会使误差 $e(t)$ 非零。

为改进上述缺点，较好的处理方式是：当控制器饱和，且在积分控制信号作用下执行器将变得更加饱和时，才对积分项进行切断。例如，控制信号使执行器输出向工作上界变化，并且变得饱和，那么积分就会在控制误差为正的时候切断；如果是负值，则不关闭积分。

1.5 最优控制的起伏

鉴于最优控制对控制理论产生了巨大影响，与鲁棒性联系也非常紧密，且在 PID 控制文献中都未涉及相关论述，这种对控制理论的介绍是不完整的。最优控制诞生于 20 世纪 50 年代后期，代表性的研究成果包括贝尔曼（Bellman）的动态规划、庞德里亚金（Pontryagin）的极大值原理和卡尔曼（Kalman）的线性二次型调节器（linear-quadratic regulator，LQR）。

控制理论在 20 世纪后半段的发展可以说是一个充满着诱惑、欺骗和背叛的迷人故事。这个故事起始于 1960 年，卡尔曼发表了关于最优线性二次型调节器的论文，证明了最优控制由状态反馈组成，能够在适当的条件下保证系统稳定。控制理论界立即被这个数学成果吸引住了，并且都接受了这种方法，甚至在接下来的 40 多年里将其应用到了控制系统中。许多学者指出，最优化本质上是主观的，且不具有鲁棒性，必须解决所有状态的不可测问题。

1964 年，卡尔曼简洁明了地回答了第一个问题：采用最优状态反馈控制，无论二次性能指标如何选择，都能够保证系统在每一个通道内具有 60°的相角裕度和 [1/2, ∞) 的幅值裕度。1966 年，卢恩伯格（Luenberger）提出了动态观测器，解决了状态不可测的问题，可以从输入和输出数据中得到状态向量的近似值。估计的状态可以代替系统的实际状态进行最优化控制，而不会丢失最优化的特征。研究表明，系统的闭环特征值将由待优化系统的特征值和观测器的特征值组成，而观测器的特征值可以由设计者任意选择。

十几年后，杜瓦勒(Doyle)和斯坦(Stein)提出了一个如例 1.1 所示的反例，采用估计状态进行最优反馈控制时，系统上述良好的稳定裕度将会急剧下降。这一结果唤起了控制理论界在控制系统的鲁棒问题上的极大兴趣。产生的显著研究成果是得到了 H_∞ 优化控制方法，能够在设计之初就将被控对象不确定性的容忍度作为设计目标。1989 年，杜瓦勒、格洛弗(Glover)、哈尔格涅卡(Khargonekar)和弗朗西斯(Francis)联合发表了基于状态空间的 H_∞ 最优化控制问题的一个完美解，后来又简称为 DGKF。

1997 年，科尔(Keel)和巴塔查里亚(Bhattacharyya)提出通过各种优化方案设计的高阶控制器，在控制器参数摄动时将会变得极其脆弱。虽然 H_∞ 优化控制对不确定的被控对象具有鲁棒性，但控制器同样会变脆弱。在 1997 年的论文中已经指出，根据布莱克(Black)放大器理论，被控对象的鲁棒性与控制器的鲁棒性呈反比关系。关于脆弱性的研究结果，皮尔森(J. B. Pearson)教授在 1997 年的私人通信中称为"最优控制棺材上的最后一颗钉子"。不管怎样，这最终使控制理论界公认：控制器阶数不能无限制增加，在反馈控制系统中不能像撒盐和胡椒粉一样随意配置极点和零点。高阶控制器是很脆弱的。大家重新对低阶控制器特别是 PID 控制器产生了兴趣。

例 1.1(Doyle 和 Stein 列举的 LQR 控制裕度降低的反例)考虑如下系统

$$\dot{x} = \begin{bmatrix} 0 & 1 \\ -3 & -4 \end{bmatrix} x + \begin{bmatrix} 0 \\ 1 \end{bmatrix} u$$

$$y = \begin{bmatrix} 2 & 1 \end{bmatrix} x$$

控制器为

$$u = \begin{bmatrix} -50 & -10 \end{bmatrix} \hat{x} + \begin{bmatrix} 50 \end{bmatrix} r$$

式中：$\hat{x}$ 表示状态向量 x 的估计。被控对象是一个稳定的系统，传递函数为

$$\frac{y(s)}{u(s)} = \frac{s+2}{(s+1)(s+3)}$$

控制器采用线性二次型最优控制进行设计，相应的性能指标为

$$J = \int_0^\infty (x^T H^T H x + u^2) \, dt$$

其中，

$$H = 4\sqrt{5} \begin{bmatrix} \sqrt{35} & 1 \end{bmatrix}$$

系统的闭环极点配置在以下位置

$$-7.0+j2.0, \ -7.0-j2.0$$

系统的奈奎斯特图如图 1.14 所示，图中给出了相角裕度的对比情况。显然，采用全状态反馈时系统可以获得 85.9°的相角裕度，而采用观测器后，系统的相角裕度降低到 14.8°。

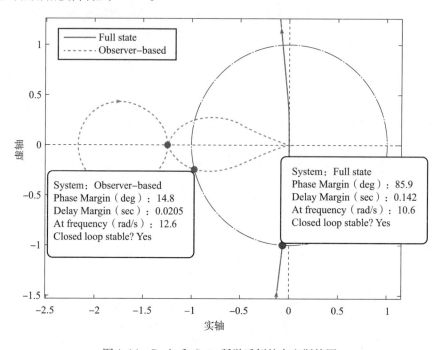

图 1.14　Doyle 和 Stein 所举反例的奈奎斯特图

1.5.1　二次型最优化和鲁棒性

1960 年，卡尔曼提出了引入状态反馈和二次型最优控制进行系统时域设计的新方法。当时面对空间飞行器的发射、机动、制导和跟踪等实际工程问题，自动控制理论出现了许多至关重要的新技术，在控制理论和实践方面都付出了巨大的努力并得到了迅速的发展。在庞德里亚金、贝尔曼、卡尔曼和布西(Bucy)等学者的影响下，最优控制理论也得到了巨大发展。在 20 世纪 60 年代，卡尔曼为控制系统引入了关键的状态变量概念。其中包括可控性、可观测性、线性二次型调节器(LQR)、状态反馈和最优状态估计(卡尔曼滤波)。基于 LQR 的最优状态反馈控制能够在条件非常宽松的任意二次型性能指标下保证系统稳定。

1964 年，卡尔曼在论文中证实了 LQR 状态反馈控制律能够保证系统具有很好的鲁棒性，在每个通道具有无穷上界的幅值裕度和 60°的相角裕度，且与二次型性能指标的选取无关。图 1.15 为相应的控制结构框图,其中在回路的 m 点处断开时,具有上述的幅值裕度和相角裕度。

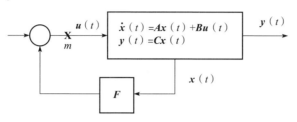

图 1.15　状态反馈控制结构

一段时间以来,控制科学家们普遍认为,通过观测器进行输出反馈控制器实现时,LQR 状态反馈设计具有非凡的鲁棒性。如图 1.16 所示,在 m 点处的稳定裕度与状态反馈控制得到的稳定裕度相等。但是,杜瓦勒指出研究 m' 点处的稳定裕度更有意义,且可能会急剧下降。人们对闭环系统设计的鲁棒问题产生了新的兴趣,这也直接导致了 H_∞ 最优控制领域的出现。

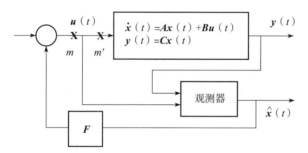

图 1.16　基于观测器的状态反馈控制结构

1.5.2　H_∞ 最优控制

在 H_∞ 最优控制方法中,若将系统的控制量 u 和扰动量 v 作为输入,而系统被控的输出量和量测的输出量分别表示为 z 和 y,则系统状态空间模型可描述为

$$\begin{cases} \dot{x} = Ax + B_1 v + B_2 u \\ z = C_1 x + D_{11} v + D_{12} u \\ y = C_2 x + D_{21} v + D_{22} u \end{cases}$$

反馈控制的目标是降低外部扰动对系统输出的影响,这种性能指标可以通过扰动作用下闭环传递函数的 H_∞ 范数来进行量化。向量信号 $x(t)$ 的大小用 L_2 范数来度量:

$$\|x(t)\|_2^2 = \int_0^\infty |x(t)|^2 \mathrm{d}t \tag{1.41}$$

其中，

$$|x(t)|^2 = \sum_{i=1}^n x_i^2(t) \tag{1.42}$$

表示向量 $x(t)$ 在 t 时刻的欧几里得范数。记以 v 为输入、z 为输出的传递函数为 $H(s)$，则定义其 H_∞ 范数为

$$\|H(s)\|_\infty = \sup\left\{\frac{\|z(t)\|_2}{\|v(t)\|_2}:\ v(t)\ne\mathbf{0}\right\} \tag{1.43}$$

设计目标就是要找到一个动态控制器，使得从扰动 v 到输出 z 的传递函数的 H_∞ 范数小于给定值 $\gamma>0$。对系统进行一定的技术限制，总是可以找到 γ 充分大时系统的优化解。解算过程如下。

(1) 令 $X\geqslant 0$ 是如下代数黎卡提(Riccati)方程的解：

$$A^{\mathrm{T}}X + XA + C_1^{\mathrm{T}}C_1 + X(\gamma^{-2}B_1 B_1^{\mathrm{T}} - B_2 B_2^{\mathrm{T}})X = 0 \tag{1.44}$$

其中

$$A + (\gamma^{-2}B_1 B_1^{\mathrm{T}} - B_2 B_2^{\mathrm{T}})X \tag{1.45}$$

的特征值位于复平面的左半平面。

(2) 令 $Y\geqslant 0$ 是如下代数黎卡提方程的解：

$$AY + YA^{\mathrm{T}} + B_1 B_1^{\mathrm{T}} + Y(\gamma^{-2}C_1^{\mathrm{T}}C_1 - C_2^{\mathrm{T}}C_2)Y = 0 \tag{1.46}$$

其中

$$A + Y(\gamma^{-2}C_1^{\mathrm{T}}C_1 - C_2^{\mathrm{T}}C_2) \tag{1.47}$$

的特征值位于复平面的左半平面。

(3) 令

$$\rho(XY) < \gamma^2 \tag{1.48}$$

式中：$\rho(A)$ 为方阵 A 的谱半径(特征值绝对值集合的上确界)。

(4) 使从扰动 v 到输出 z 的传递函数的 H_∞ 范数小于给定值 γ，得到如下的控制器求解模型：

$$\begin{cases} \dot{\hat{x}} = A\hat{x} + B_1\hat{v} + B_2 u + L(C_2\hat{x} - y) \\ u = F\hat{x} \\ F = -B_2^{\mathrm{T}}X \\ L = -(I - \gamma^{-2}YX)^{-1}YC_2^{\mathrm{T}} \\ \hat{v} = \gamma^{-2}B_1^{\mathrm{T}}X\hat{x} \end{cases}$$

该模型实质上是在扰动输入作用下最坏情形时的卡尔曼二次优化方法的延

续形式。控制器可以由 1989 年杜瓦勒等提出的 DGFK 方法求解，能够处理输出反馈问题，且对被控对象的扰动具有鲁棒性。但是，控制器的动态阶数总是很高，往往是被控对象阶数的好几倍。如在 1997 年科尔和巴塔查里亚的研究表明，阶数太高的控制器将使得控制系统鲁棒性降低，变得非常脆弱。

1.5.3 布莱克放大器：高增益反馈的鲁棒性

本节将阐述如何对高度不可靠的部件利用高增益和反馈控制结构来构建鲁棒控制系统。该思想最初是由布莱克在 1926 年发明反馈放大器时提出来的。特别地，对于包含参数强不确定性的系统，考虑如何获取精确可控增益值的问题。开环控制系统结构如图 1.17 所示。

图 1.17 开环控制系统

假设系统开环传递函数 G 的增益为 100，由于组成部件的可靠性较差，增益可能会有 50% 的变化，那么实际的增益变化范围为 50~150。为了解决这个问题，布莱克设计了图 1.18 所示的反馈控制系统结构。

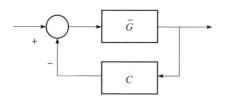

图 1.18 反馈控制系统

$\bar{G}$ 为摄动的开环增益，包含若干个不可靠的组件，但是其标称值比 100 大得多，例如取 10000，在此令 $C=0.01$，则反馈控制系统的总增益可表示为

$$\frac{\bar{G}}{1+C\bar{G}} \tag{1.49}$$

当 $\bar{G}$ 摄动 50% 时，即 $\bar{G}$ 从 5000 变化至 15000，反馈控制系统的增益变化范围为 98.039~99.338。很显然，系统的鲁棒性显著提高了，将系统不可靠带来的不确定性由 50% 降低到了 1%。这使得反馈控制在控制和电子行业领域得到了广泛应用。但从另一方面不难看出，控制系统对增益 $\bar{G}$ 摄动的鲁棒性提高了，但却是以牺牲系统对 C 变化的脆弱性为代价的。

1.5.4 高阶控制器的脆弱性

1997年，科尔和巴塔查里亚研究证实，无论采用哪种方法（l^1优化、μ控制或H_∞控制）设计的高阶控制器，对控制器参数摄动都是非常脆弱的，在极小的扰动作用下都可能导致闭环系统不稳定。他们在1997年的论文中还指出，这种鲁棒闭环控制系统的脆弱性与布莱克在1926年所提出的反馈放大器理论是一致的。正是由于高阶控制器的脆弱性，以及二次型最优化方法不能生成像PID控制器一样阶数固定的控制器，使得其在现实应用中受到了极大的限制，最终导致二次型优化方法的没落。

下面举例说明高阶控制器的脆弱性。

例1.2（基于H_∞优化幅值裕度的控制器） 应用YJBK参数化和H_∞模型跟随问题，对系统的幅值裕度上界进行优化。被控对象模型为

$$P(s) = \frac{s-1}{s^2-s-2}$$

闭环系统稳定的增益范围为[1, 3.5]，应用互补灵敏度函数的H_∞范数进行控制器的优化设计，系统期望的幅值裕度上界为3.5。最终得到的控制器为

$$C(s) = \frac{q_6^0 s^6 + q_5^0 s^5 + q_4^0 s^4 + q_3^0 s^3 + q_2^0 s^2 + q_1^0 s + q_0^0}{p_6^0 s^6 + p_5^0 s^5 + p_4^0 s^4 + p_3^0 s^3 + p_2^0 s^2 + p_1^0 s + p_0^0}$$

其中，

$q_6^0 = 379$, $p_6^0 = 3$, $q_5^0 = 39383$, $p_5^0 = -328$

$q_4^0 = 192306$, $p_4^0 = -38048$, $q_3^0 = 382993$, $p_3^0 = -179760$

$q_2^0 = 383284$, $p_2^0 = -314330$, $q_1^0 = 192175$, $p_1^0 = -239911$

$q_0^0 = 38582$, $p_0^0 = -67626$

标称控制器的极点为

174.70, −65.99, −1.86, −1.04, −0.98±j0.03

闭环系统的极点为

−0.4666±j14.2299, −5.5334±j11.3290, −1.0002

−1.0000±j0.0002, −0.9998

这说明闭环系统确实是稳定的。

图1.19为系统传递函数$P(s)C(s)$的奈奎斯特图。从图中可以看到，该系统达到了期望的幅值裕度上界。另外，系统幅值裕度和相角裕度的下界为

幅值裕度 = [1, 0.9992]

相角裕度 = [0°, 0.1681°]

较低的幅值裕度意味着系统的增益大概下降1‰，闭环系统的稳定性将遭到破坏。同样地，几乎等于0的相角裕度也极易导致系统闭环不稳定。

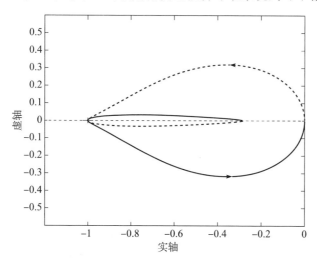

图1.19　$P(s)C(s)$的奈奎斯特图(经许可从文献[8]复制)

进一步分析，我们令控制器传递函数的系数所组成的向量为$\boldsymbol{p}$，其标称值为
$$\boldsymbol{p}^0 = [\,q_6^0 \cdots q_0^0 \quad p_6^0 \cdots p_0^0\,]$$
令$\Delta \boldsymbol{p}$表示$\boldsymbol{p}$的扰动量。在标称点处，计算l^2参数稳定裕度为
$$\rho = 0.15813903109631$$
欲使闭环系统不稳定，控制器系数的归一化变化率为
$$\frac{\rho}{\|\boldsymbol{p}^0\|_2} = 2.103407115900516\times 10^{-7}$$
这说明控制器系数改变不到$1/10^6$，闭环系统将不稳定，控制器将不再具有鲁棒性。事实上，我们完全有理由将它标记为一个脆弱的控制器。

为了证实这个结果，我们构造了一个不稳定控制器，它的参数是通过$\boldsymbol{p}=\boldsymbol{p}^0+\Delta \boldsymbol{p}$来获得的，即

$q_6 = 379.000285811$, $\quad p_6 = 3.158134748$

$q_5 = 39382.999231141$, $\quad p_5 = -327.999718909$

$q_4 = 192305.999998597$, $\quad p_4 = -38048.000776386$

$q_3 = 382993.000003775$, $\quad p_3 = -179760.000001380$

$q_2 = 383284.000000007$, $\quad p_2 = -314329.999996188$

$q_1 = 192174.999999982$, $\quad p_1 = -239910.999999993$

$q_0 = 38582.000000000$, $\quad p_0 = -67626.000000018$

含控制器的闭环系统极点为

$$0.000\pm j14.2717,\ -5.5745\pm j10.9187$$
$$-1.0067\pm j0.0158,\ -1.0044,\ -0.9820$$

这表明在 $\omega=14.27$ 时闭环根穿越至复平面的右半平面，在受到扰动时控制系统确实是不稳定的。

在 1997 年，科尔和巴塔查里亚通过实例还证实：应用 l^1 控制、μ 控制、H_∞ 控制和 H_2 控制等方法设计的高阶最优控制也都具有脆弱性。

1.6　现代 PID 控制器

本书的主题是发展新的 PID 控制器设计理论。与以前的大部分方法不同的是，本书的方法都是有解析的，并且适合应用计算机实现。这些方法是基于过去 20 年严密发展的 PID 增益空间稳定集的有效计算得来的。如果得到了稳定集合，那么就可以在子集中找出满足性能要求的控制器。最终可能得到多个设计方案，并确定给定的性能指标能否在稳定集合中实现。与鲁棒性直接相关的幅值裕度、相角裕度以及 H_∞ 范数的上确界，都是有效的性能指标。当然，有时也可以处理时域性能指标。本书的研究覆盖了连续时间系统和离散时间系统，同时也呈现了多变量控制器设计的最新研究成果。希望这些成果能够在实际控制系统中得到广泛应用，进一步激发控制器设计的基础性研究，降低高阶控制器设计的脆弱性。

1.7　注释

围绕 PID 控制有大量的研究文献资料，我们没有试图完整地对所有成果都进行引用。相反，本书中仅仅给出了与后续新结果密切相关的出版物。

巴塔查里亚和皮尔森于 1970 年和 1972 年在文献[9，10]中解决了伺服调节器设计问题。文献[9]引入内模控制解决了单输出变量控制问题。利用巴塔查里亚、皮尔森和旺汉姆(Wonham)的研究成果[11]，文献[10]将多变量伺服调节器建模为非状态稳定系统的输出归零问题并进行求解。假设信号模态与被控对象零点无关，则得到了输出反馈跟踪控制和内部稳定扰动抑制的充分必要条件。这些成果后来被旺汉姆和皮尔森在文献[73]中进行了改进，允许参考输入和扰动输入在系统零点处存在极点。在文献[33]中，弗朗西斯(Francis)、塞巴基(Sebakhy)和旺汉姆引入内模原理，论证了误差反馈的必要性和内模的必要性，以证明存在一个与被控对象不敏感且控制器参数稳定的解。戴维森(Davison)在文献[19，20]中融合了内模并研究了多变量控制器，用"鲁棒伺服调节器"特指上述的不敏感性。豪兹(Howze)和巴塔查里亚研究[43]指出，如果只要求对被控对象参数不敏感，就不需要误差反馈。费雷拉(Ferreira)在文献[31]中，以及费雷拉和巴塔查里亚在文献[32]中均提出了阻塞零点的定义，揭示了内模为误差传递函数配置"阻塞零点"的事实。迪索尔(Desoer)和王(Wang)对伺服调节器问题给出了一个清晰而有说服力的处理方法，并说道"我们让科学历史学家公正地描述这个问题的历史。"

在1.3节介绍的PID控制器成果主要集中在文献[30，53，59，65]中，在过程控制的应用可参见文献[4]。在1.3.1节介绍的PID控制器工作原理可参考文献[4，8，58，67，68]。关于PID控制器的更多细节，请参阅第1.3.2节，可参见文献[67]。在1.3.3节提出的典型的PID控制器设计方法，可参见文献[1，4，5，61，67，75]。

齐格勒-尼科尔斯法最早在文献[75]中提出。另外，继电器反馈的替代方法在文献[3]中进行了描述。继电器反馈技术及其在PID整定中的应用可见文献[3，4]。为更好地理解描述函数，可参见文献[51]。科恩-库恩法参见文献[14，67]。PID控制器整定方法的综合性文献和抗饱和技术可参见文献[4]。内模控制结构的详细解释及其在过程控制中的应用，可参见文献[18，35，41，62]。文献[4，18，44，70，74]详细介绍了主导极点配置设计方法。文献[18]介绍了基于优化的控制器设计方法。

基于幅值裕度和相角裕度的设计方法，读者可查询文献[34，67]。关于幅值裕度和相角裕度的PI控制器和PID控制器设计方法的最新研究成果，读者可参见文献[22-28]。为达到特定的幅值裕度和相角裕度，围绕带延时的一阶和二阶过程控制问题，提出了不同的PI控制器和PID控制器设计方法。相关方法的例子阐述见文献[36，39，42，56，60，66]。文献[40，54]是针对特定的幅值裕度和相角裕度指标进行PID控制器设计的综述文章。文献[41，49，62]介绍了不同的内模控制方法。文献[39，55，56]则介绍了最优化控制方法。文献[42，60，72]研究了PI控制器和PID控制器设计时的不稳定问题。文献[1，16，48，71]介绍了应用系统辨识提出的控制器设计方法。文献[17，38，64，72]介绍了一些应用图形寻找控制器增益的方法。计算控制器增益的不同方法可参见文献[15，36，69]。

更多的自适应PID控制器设计理论，读者可参见文献[2-4，6，7，13，45，63]。

对于1.4节描述的积分器饱和问题，读者可参见文献[3]。在1.5.1节介绍的卡尔曼二次型最优化方法，可参见文献[29，46，47]。1997 年由科尔和巴塔查里亚提出的关于脆弱性的研究成果可参见文献[50]。1926 年，由布莱克发明的反馈放大器可参见文献[52]。在 1.5.4 节所举的例子以及其他案例，更多细节可参见文献[50，p. 200]。

所举的关于生物学控制系统最新研究工作的例子，以论证积分反馈控制对鲁棒调节过程的存在和必要性，可参见文献[12，57]。

在总结的过程中需要指出，除了上面讨论的方法之外，还有许多其他的 PID 控制器参数整定方法，参见文献[4]。尽管如此，在被控对象阶数大于 2 时，仍然没有可以确定 PID 增益稳定集的方法。本书的主要贡献在于，对无延迟的线性时不变系统控制和带延迟的线性时不变系统控制长期存在的一些开放性问题，提出了完整的控制方法和解决方案，相关研究成果首先刊载于文献[37]。本书阐述了确定 PID 控制器完备集的有效方法，能够确保线性时不变连续时间或离散时间系统稳定，并且获得指定的控制性能指标。

参考文献

[1] Ang, K. H., Chong, G., Yun, L.: PID control system analysis, design, and technology. IEEE Trans. Control. Syst. Technol., 13, 559-576(2005)

[2] Åström, K. J.: Theory and applications of adaptive control: A survey. Automatica, 19(5), 471-486(1983)

[3] Åström, K. J., Hägglund, T.: Automatic tuning of simple regulators with specifications on phase and amplitude margins. Automatica, 20(5), 645-651(1984)

[4] Astrom, K. J., Hagglund, T.: PID Controllers: Theory, Design, and Tuning, 2nd edn. International Society of Automation, North Carolina(1995)

[5] Astrom, K. J., Hagglund, T.: The future of PID control. Control. Eng. Pract., 9(11), 1163-1175(2001)

[6] Åström, K. J., Hägglund, T., Hang, C. C., Ho, W. K.: Automatic tuning and adaptation for PID controllers-a survey. Control. Eng. Pract., 1(4), 699-714(1993)

[7] Åström, K. J., Wittenmark, B.: Adaptive Control. Courier Corporation, United States(2013)

[8] Bhattacharyya, S. P., Datta, A., Keel, L. H.: Linear Control Theory Structure, Robustness, and Optimization. CRC Press Taylor and Francis Group, Boca Raton(2009)

[9] Bhattacharyya, S. P., Pearson, J. B.: On the linear servomechanism problem. Int. J. Control, 12(5), 795-806(1970)

[10] Bhattacharyya, S. P., Pearson, J. B.: On error systems and the servomechanism problem. Int. J. Control, 15(6), 1041-1062(1972)

[11] Bhattacharyya, S. P., Pearson, J. B., Wonham, W. M.: On zeroing the output of a linear system. Inf. Control, 2, 135–142(1972)

[12] Briat, C., Gupta, A., Khammash, M.: Antithetic integral feedback ensures robust perfect adaptation in noisy biomolecular networks. Cell Syst., 2(1), 15–26(2016)

[13] Chang, W. D., Yan, J. J.: Adaptive robust PID controller design based on a sliding mode for uncertain chaotic systems. Chaos, Solitons Fractals, 26(1), 167–175(2005)

[14] Cohen, G. H., Coon, G. A.: Theoretical consideration of retarded control. Trans. Am. Soc. Mech. Eng., 76, 827–834(1953)

[15] Crowe, J., Johnson, M. A.: Automated PI control tuning to meet classical performance specifications using a phase locked loop identifier. In: American Control Conference, pp. 2186–2191(2001)

[16] Crowe, J., Johnson, M. A.: Towards autonomous pi control satisfying classical robustness specifications. IEE Proc. –Control Theory Appl., 149(1), 26–31(2002)

[17] Darwish, N. M.: Design of robust PID controllers for first-order plus time delay systems based on frequency domain specifications. J. Eng. Sci., 43(4), 472–489(2015)

[18] Datta, A., Ho, M. T., Bhattacharyya, S. P.: Structure and Synthesis of PID Controllers. Springer Science and Business Media, Berlin(2013)

[19] Davison, E. J.: The output control of linear time-invariant multivariable systems with unmeasurable arbitrary disturbances. IEEE Trans. Autom. Control AC, 17(5), 621–630(1972)

[20] Davison, E. J.: The robust control of a servomechanism problem for linear time-invariant systems. IEEE Trans. Autom. Control AC, 21(1), 25–34(1976)

[21] Desoer, C. A., Wang, Y. T.: Linear time-invariant robust servomechanism problem: a selfcontained exposition. Control. Dyn. Syst., 16, 81–129(1980)

[22] Diaz-Rodriguez, I. D.: Modern design of classical controllers: continuous-time first order controllers. In: Proceedings of the 41st Annual Conference of the IEEE Industrial Electronics Society, Student Forum. IECON, pp. 000070–000075(2015)

[23] Diaz-Rodriguez, I. D., Bhattacharyya, S. P.: A one-shot approach to classical controller design: continuous-time PI controllers. In: Proceedings of International Conference on Advances in Engineering and Technology(AET)(2015)

[24] Diaz-Rodriguez, I. D., Bhattacharyya, S. P.: Modern design of classical controllers: digital PI controllers. In: IEEE International Conference on Industrial Technology (ICIT), pp. 2112–2119(2015)

[25] Diaz-Rodriguez, I. D., Bhattacharyya, S. P.: PI controller design in the achievable gain-phase margin plane. In: IEEE 55th Conference on Decision and Control (CDC), pp. 4919–4924(2016)

[26] Diaz-Rodriguez, I. D., Han, S., Bhattacharyya, S. P.: Advanced tuning for Ziegler-Nichols plants. In: 20th World Congress of the International Federation of Automatic

Control(IFAC 2017), pp. 1805-1810(2017)

[27] Diaz-Rodriguez, I. D., Han, S., Bhattacharyya, S. P.: Stability margin based design of multivariable controllers. In: IEEE Conference on Control Technology and Applications (CCTA), pp. 1661-1666(2017)

[28] Diaz-Rodriguez, I. D., Oliveira, V., Bhattacharyya, S. P.: Modern design of classical controllers: digital PID controllers. In: Proceedings of the 24th IEEE International Symposium on Industrial Electronics, pp. 1010-1015(2015)

[29] Doyle, J. C., Stein, G.: Robustness with observers. Technical report, DTIC Document(1979)

[30] Dubonjić, L., Nedić, N., Filipović, V., Pršić, D.: Design of PI controllers for hydraulic control systems. Math. Probl. Eng., 2013, 1-10(2013)

[31] Ferreira, P. M. G.: The servomechanism problem and the method of the state space in the frequency domain. Int. J. Control, 23(2), 245-255(1976)

[32] Ferreira, P. M. G., Bhattacharyya, S. P.: On blocking zeros. IEEE Trans. Autom. Control AC, 22(2), 258-259(1977)

[33] Francis, B. A., Sebakhy, O. A., Wonham, W. M.: Synthesis of multivariable regulators: the internal model principle. Applide Math. Optim., 1, 64-86(1974)

[34] Franklin, G. F., Powell, J. D., Emami-Naeini, A.: Feedback Control of Dynamic Systems, 6th edn. Pearson Prentice Hall, New Jersey(2009)

[35] Garcia, C. E., Morari, M.: Internal model control. A unifying review and some new results. Ind. Eng. Chem. Process Des. Dev., 21(2), 308-323(1982)

[36] Hamamci, S. E., Tan, N.: Design of PI controllers for achieving time and frequency domain specifications simultaneously. ISA Trans., 45(4), 529-543(2006)

[37] Ho, M. T., Datta, A., Bhattacharyya, S. P.: A linear programming characterization of all stabilizing PID controllers. In: Proceedings of American Control Conference, pp. 3922-3928(1997)

[38] Ho, M. T., Wang, H. S.: PID controller design with guaranteed gain and phase margins. Asian J. Control, 5(3), 374-381(2003)

[39] Ho, W., Lim, K., Xu, W.: Optimal gain and phase margin tuning for PID controllers. Automatica, 34(8), 1009-1014(1998)

[40] Ho, W. K., Gan, O. P., Tay, E. B., Ang, E. I.: Performance and gain and phase margins of wellknown PID tuning formulas. IEEE Trans. Control Syst. Technol., 4(4), 473-477(1996)

[41] Ho, W. K., Lee, T. H., Han, H. P., Hong, Y.: Self-tuning IMC-PID control with interval gain and phase margins assignment. IEEE Trans. Control Syst. Technol., 9(3), 535-541(2001)

[42] Ho, W. K., Xu, W.: PID tuning for unstable processes based on gain and phase-margin specifications. IEE Proc. Control Theory Appl., 145(5), 392-396(1998)

[43] Howze, J. W., Bhattacharyya, S. P.: Robust tracking, error feedback and two degrees of freedom controllers. IEEE Trans. Autom. Control, 42(7), 980-984(1997)

[44] Hwang, S. H., Shiu, S. J.: A new autotuning method with specifications on dominant pole placement. Int. J. Control, 60(2), 265-282(1994)

[45] Ioannou, P. A., Fidan, B.: Adaptive Control Tutorial. Society for Industrial and Applied Mathematics, Philadelphia, Philadelphia, PA(2006)

[46] Kalman, R.: Contributions to the theory of optimal control. Bol. Soc. Mat. Mexicana, 5(2), 102-119(1960)

[47] Kalman, R.: When is a linear control system optimal? J. Basic Eng., 86(1), 51-60(1964)

[48] Kaya, I.: Tuning PI controllers for stable processes with specifications on gain and phase margins. ISA Trans., 43(2), 297-304(2004)

[49] Kaya, I.: Two-degree-of-freedom IMC structure and controller design for integrating processes based on gain and phase-margin specifications. IEE Proc. - Control Theory Appl., 151(4), 481-487(2004)

[50] Keel, L. H., Bhattacharyya, S. P.: Robust, fragile, or optimal? IEEE Trans. Autom. Control, 42(8), 1098-1105(1997)

[51] Khalil, H. K.: Nonlinear Systems. MacMillan, London(1992)

[52] Kline, R.: Harold Black and the negative-feedback amplifier. IEEE Control Syst., 13(4), 82-85(1993)

[53] Krohling, R. A., Jaschek, H., Rey, J. P.: Designing PI/PID controllers for a motion control system based on genetic algorithms. In: Proceedings of the IEEE International Symposium on Intelligent Control, pp. 125-130(1997)

[54] Lee, C. H.: A survey of PID controller design based on gain and phase margins. Int. J. Comput. Cogn., 2(3), 63-100(2004)

[55] Lennartson, B., Kristiansson, B.: Robust and optimal tuning of PI and PID controllers. IEE Proc. -Control Theory Appl., 149(1), 17-25(2002)

[56] Li, K.: PID tuning for optimal closed-loop performance with specified gain and phase margins. IEEE Trans. Control Syst. Technol., 21(3), 1024-1030(2013)

[57] Lillacci, G., Aoki, S., Gupta, A., Baumschlager, A., Schweingruber, D., Khammash, M.: A universal rationally-designed biomolecular integral feedback controller for robust perfect adaptation. Nat. Biotechnol. (To appear)

[58] Michael, A. J., Mohammad, H. M.: PID Control New Identification and Design Methods. Springer, London(2005)

[59] Natarajan, K.: Robust PID controller design for hydroturbines. IEEE Trans. Energy Convers., 20(3), 661-667(2005)

[60] Paraskevopoulos, P., Pasgianos, G., Arvanitis, K.: PID-type controller tuning for un-

stable first order plus dead time processes based on gain and phase margin specifications. IEEE Trans. Control Syst. Technol. , 14(5), 926-936(2006)

[61] Patel, H. B. , Chaphekar, S. N. : Developments in PID controllers: literature survey. Int. J. Eng. Innov. Res. , 1(5), 425-430(2012)

[62] Rivera, D. E. , Morari, M. , Skogestad, S. : Internal model control: PID controller design. Ind. Eng. Chem. Process Des. Dev. , 25(1), 252-265(1986)

[63] Seborg, D. E. , Edgar, T. F. , Shah, S. L. : Adaptive control strategies for process control: a survey. AIChE J. , 32(6), 881-913(1986)

[64] Senthilkumar, M. , Lincon, S. A. : Multiloop PI controller for achieving simultaneous time and frequency domain specifications. J. Eng. Sci. Technol. , 10(8), 1103-1115(2015)

[65] Singh, B. , Payasi, R. P. , Verma, K. S. , Kumar, V. , Gangwar, S. : Design of controllers PD, PI & PID for speed control of DC motor using IGBT based chopper. Ger. J. Renew. Sustain. Energy Res. (GJRSER), 1(1), 29-49(2013)

[66] Srivastava, S. , Pandit, V. S. : A PI/PID controller for time delay systems with desired closed loop time response and guaranteed gain and phase margins. J. Process Control, 37, 70-77(2016)

[67] Tan, K. K. , Wang, Q. G. , Hang, C. C. : Advances in PID Control. Springer Science and Business Media, Berlin(2012)

[68] Visioli, A. , Zhong, Q. : Control of Integral Processes with Dead Time. Springer Science and Business Media, Berlin(2010)

[69] Wang, Q. G. , Fung, H. W. , Zhang, Y. : PID tuning with exact gain and phase margins. ISA Trans. , 38(3), 243-249(1999)

[70] Wang, Q. G. , Zhang, Z. , Astrom, K. J. , Chek, L. S. : Guaranteed dominant pole placement with PID controllers. J. Process Control, 19(2), 349-352(2009)

[71] Wang, Y. G. , Shao, H. H. : PID autotuner based on gain- and phase-margin specifications. Ind. Eng. Chem. Res. , 38(8), 3007-3012(1999)

[72] Wang, Y. J. : Determination of all feasible robust PID controllers for open-loop unstable plus time delay processes with gain margin and phase margin specifications. ISA Trans. , 53(2), 628-646(2014)

[73] Wonham, W. M. , Pearson, J. B. : Regulation and internal stabilization in linear multivariable systems. SIAM J. Control, 12, 5-8(1974)

[74] Zhang, Y. , Wang, Q. G. , Astrom, K. J. : Dominant pole placement for multi-loop control systems. Automatica, 38(7), 1213-1220(2002)

[75] Ziegler, J. G. , Nichols, N. B. : Optimum settings for automatic controllers. J. Trans. ASME, 759-768

01
第一部分

PID稳定集合的计算

第 2 章
线性时不变连续系统的稳定集

在本章中,我们根据确定特征根分布的特征数方法,提出了连续时间系统 PID 控制器完备稳定集的计算算法和步骤①。首先,给出了稳定集计算的一些基本结果;其次,为稳定集的计算提供了证明和背景;再次,我们描述了具有 P、PI、PID 控制器和一阶无延迟控制器的 LTI 系统的稳定集的计算过程;最后,对给定的 σ,给出了所配置闭环极点满足实部小于 $-\sigma$ 的 PID 稳定集的计算方法。

2.1 概述

以图 2.1 所示的一般反馈系统为例,其中 $r(t)$ 为指令信号,$e(t)$ 为误差信号,$u(t)$ 为控制输入信号,$y(t)$ 为输出。$P(s)$ 为被控对象的传递函数,$C(s)$ 为待设计控制器的传递函数。假设控制器 $C(s)$ 具有如下的 PID 形式:

$$C(s) = k_p + \frac{k_i}{s} + k_d s \tag{2.1}$$

式中:k_p,k_i 和 k_d 分别表示比例增益、积分增益和微分增益。

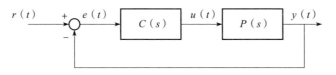

图 2.1 反馈控制系统

---

① 经 Taylor & Francis LLC Books 出版社许可,2.1 节、2.2 节和 2.3 节选自巴塔查里亚、达塔和科尔编著的《Linear System Theory: Structure, Robustness, and Optimization》

由于测量误差 $e(t)$ 是一个噪声信号，纯导数项 $k_d s$ 在实际应用中是不允许存在的。在这种情况下，我们可以考虑 PID 控制器的传递函数为

$$C(s) = \frac{sk_p + k_i + k_d s^2}{s(1+sT)}, \quad T > 0 \quad (2.2)$$

根据经验，T 通常可选为一个较小的正数。

在本章中，除非另外说明，被控对象传递函数 $P(s)$ 均假设为有理式

$$P(s) = \frac{N(s)}{D(s)} \quad (2.3)$$

式中：$N(s)$ 和 $D(s)$ 是关于拉普拉斯算子 s 的多项式，系数为实数。则式(2.1)中 $C(s)$ 的闭环特征多项式可表示为

$$\delta(s, k_p, k_i, k_d) = sD(s) + (k_i + k_p s + k_d s^2) N(s) \quad (2.4)$$

或者按照式(2.2)中的 $C(s)$，闭环特征多项式可表示为

$$\delta(s, k_p, k_i, k_d) = s(1+sT)D(s) + (k_i + k_p s + k_d s^2) N(s) \quad (2.5)$$

PID 控制系统的稳定问题就是确定 k_p、k_i 和 k_d 的值，使得闭环特征多项式满足赫尔维茨(Hurwitz)稳定条件，换句话说，特征多项式的所有根都在复平面的左半平面。由于 PID 控制器不能使初值含零点($N(0) = 0$)的被控对象镇定，所以我们从一开始就排除了这种系统。为搜索满足各种设计目标的子集，找到稳定参数的完备集是必不可少的第一步。

2.2 稳定集

定义

$$\boldsymbol{k} = [k_p, k_i, k_d] \quad (2.6)$$

并令

$$\boldsymbol{S}^\circ = \{\boldsymbol{k} : \delta(s, \boldsymbol{k}) \text{ 是赫尔维茨稳定的}\} \quad (2.7)$$

表示能够镇定式(2.3)所示传递函数 $P(s)$ 的闭环系统的 PID 控制集。由于存在对误差的积分作用，$\boldsymbol{S}^\circ$ 中的任何控制器都能够实现对阶跃输入信号的渐近跟踪和干扰抑制。一般来说，通常还需要对稳定裕度和瞬态响应附加设计性能指标，并且必须包含在集合 $\boldsymbol{S}^\circ$ 中。

三维集合 $\boldsymbol{S}^\circ$ 由式(2.7)定义，但计算不一定简单。例如，将劳斯-赫尔维茨(Routh-Hurwitz)判据简单应用于 $\delta(s, \boldsymbol{k})$，将导致 $\boldsymbol{S}^\circ$ 的描述中包含高度非线性且难解的不等式。这一点可以通过下面的示例说明。

例 2.1 考虑图 2.1 中被控对象 $P(s)$ 的稳定 PID 增益的选择问题，$C(s)$ 见式(2.1)，式(2.3)中的 $D(s)$ 和 $V(s)$ 可表示为

$$D(s) = s^5 + 8s^4 + 32s^3 + 46s^2 + 46s + 17$$
$$N(s) = s^3 - 4s^2 + s + 2$$

闭环特征多项式为

$$\begin{aligned}\delta(s, k_p, k_i, k_d) &= sD(s) + (k_i + k_p s + k_d s^2)N(s) \\ &= s^6 + (k_d + 8)s^5 + (k_p - 4k_d + 32)s^4 \\ &\quad + (k_i - 4k_p + k_d + 46)s^3 \\ &\quad + (-4k_i + k_p + 2k_d + 46)s^2 \\ &\quad + (k_i + 2k_p + 17)s + 2k_i\end{aligned}$$

使用劳斯-赫尔维茨判据来确定 k_p、k_i 和 k_d 的稳态值，则易知以下不等式成立

$k_d + 8 > 0$

$k_p k_d - 4k_d^2 - k_i + 12k_p - k_d + 210 > 0$

$k_i k_p k_d - 4k_p^2 k_d + 16k_p k_d^2 - 6k_d^3 - k_i^2 + 16k_i k_p + 63k_i k_d - 48k_p^2 + 48k_p k_d$
$\quad - 263k_d^2 + 428k_i - 336k_p - 683k_d + 6852 > 0$

$-4k_i^2 k_p k_d + 16k_i k_p^2 k_d - 52k_i k_p k_d^2 - 6k_p^3 k_d + 24k_p^2 k_d^2 - 6k_p k_d^3 - 12k_d^4 + 4k_i^3$
$\quad - 64k_i^2 k_p - 264k_i^2 k_d + 198k_i k_p^2 - 9k_i k_p k_d + 1238k_i k_d^2$
$\quad - 72k_p^3 - 213k_p^2 k_d + 957k_p k_d^2 - 1074k_d^3 - 1775k_i^2$
$\quad + 2127k_i k_p + 7688k_i k_d - 3924k_p^2 + 3027k_p k_d - 11322k_d^2$
$\quad - 10746k_i - 31338k_p - 1836k_d + 206919 > 0$

$-6k_i^3 k_p k_d + 24k_i^2 k_p^2 k_d - 84k_i^2 k_p k_d^2 - 6k_i k_p^3 k_d + 60k_i k_p^2 k_d^2 - 102k_i k_p k_d^3$
$\quad - 12k_p^4 k_d + 48k_p^3 k_d^2 - 12k_p^2 k_d^3 - 24k_p k_d^4 + 6k_i^4 - 96k_i^3 k_p - 390k_i^3 k_d$
$\quad + 294k_i^2 k_p^2 - 285k_i^2 k_p k_d + 1476k_i^2 k_d^2 - 60k_i k_p^3 + 969k_i k_p^2 k_d - 1221k_i k_p k_d^2$
$\quad - 132k_i k_d^3 - 144k_p^4 - 528k_p^3 k_d + 2322k_p^2 k_d^2 - 2250k_p k_d^3$
$\quad - 204k_d^4 - 2487k_i^3 + 273k_i^2 k_p - 2484k_i^2 k_d + 5808k_i k_p^2$
$\quad + 10530k_i k_p k_d + 34164k_i k_d^2 - 9072k_p^3 + 2433k_p^2 k_d$
$\quad - 6375k_p k_d^2 - 18258k_d^3 - 92961k_i^2 + 79041k_i k_p$
$\quad + 184860k_i k_d - 129384k_p^2 + 47787k_p k_d - 192474k_d^2$
$\quad - 549027k_i - 118908k_p - 31212k_d + 3517623 > 0$

$2k_i > 0$

显然，上面的不等式是高度非线性的，没有可以直接得到完备解集的方法。

在接下来的几节中，我们将给出计算集合 $\mathbf{S}^\circ$ 的有效方法。这些结果都是基于根计数或特征数公式。

2.3 特征数公式

令 $\delta(s)$ 表示 n 阶实系数且在 $j\omega$ 轴上无零点的多项式，即

$$\delta(s) = \underbrace{\delta_0 + \delta_2 s^2 + \cdots}_{\delta_{\text{even}}(s^2)} + s\underbrace{(\delta_1 + \delta_3 s^2 + \cdots)}_{\delta_{\text{odd}}(s^2)} \tag{2.8}$$

则

$$\delta(j\omega) = \delta_r(\omega) + j\delta_i(\omega) \tag{2.9}$$

式中：$\delta_r(\omega)$ 和 $\delta_i(\omega)$ 是关于 ω 的实系数多项式，且

$$\delta_r(\omega) = \delta_{\text{even}}(-\omega^2) \tag{2.10}$$

$$\delta_i(\omega) = \omega\delta_{\text{odd}}(-\omega^2) \tag{2.11}$$

定义 2.1 标准符号函数 sgn：$\mathbf{R} \to \{-1, 0, 1\}$ 定义为

$$\text{sgn}[x] = \begin{cases} -1 & x<0 \\ 0 & x=0 \\ 1 & x>0 \end{cases}$$

式中：$\mathbf{R}$ 表示实数集。

定义 2.2 设 $\mathbf{C}$ 表示复平面上点的集合。令 $\mathbf{C}^-$ 表示左半开平面（LHP），$\mathbf{C}^+$ 表示右半开平面（RHP），l 和 r 分别表示 $\delta(s)$ 在 $\mathbf{C}^-$ 和 $\mathbf{C}^+$ 上根的数量。令 $\angle\delta(j\omega)$ 表示 $\delta(j\omega)$ 的相角，$\Delta_{\omega_1}^{\omega_2}\angle\delta(j\omega)$ 表示频率 ω 由 ω_1 变化到 $\omega_2(\omega_2 \geq \omega_1)$ 时的相位差，单位为 rad。①

引理 2.1

$$\Delta_0^\infty \angle\delta(j\omega) = \frac{\pi}{2}(l-r) \tag{2.12}$$

证明 当 ω 从 $-\infty$ 变化至 ∞ 时，每个左半开平面的根会使 $\delta(j\omega)$ 的相角变化 π，每个右半开平面的根会使 $\delta(j\omega)$ 的相角变化 $-\pi$。由于 $\delta(s)$ 的系数为实数，根相对于实轴对称分布，式(2.12)成立。

将 $l-r$ 定义为 $\delta(s)$ 的赫尔维茨特征数（Hurwitz signature），并表示为

$$\sigma(\delta) := l-r \tag{2.13}$$

下面介绍计算 $\sigma(\delta)$ 的方法。

---

① 译者注：原文为 $\Delta_{\omega_1}^{\omega_2}\angle p(j\omega)$。

由引理 2.1 可知，计算 $\sigma(p)$ 相当于确定 $p(j\omega)$ 相角的总变化量。为计算总相角变化，考虑图 2.2 所示的 $p(j\omega)$ 的典型曲线，其中 ω 从 0 变化至 $+\infty$。由图 2.2 可知，当曲线穿过或接触实轴时，频率分别为 0，ω_1，ω_2，ω_3，ω_4。

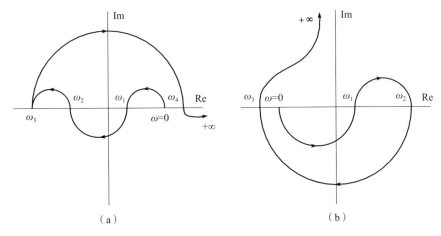

图 2.2 （a）$p(s)$ 为偶数阶时的 $p(j\omega)$；
（b）$p(s)$ 为奇数阶时的 $p(j\omega)$（经许可从文献[3]复制）

注意，在图 2.2(a) 中，ω_3 是与实轴接触但没有穿越的频率点。

在图 2.2(a) 中，可以得到

$$\Delta_0^\infty \angle \delta(j\omega) = \underbrace{\Delta_0^{\omega_1} \angle \delta(j\omega)}_{0} + \underbrace{\Delta_{\omega_1}^{\omega_2} \angle \delta(j\omega)}_{-\pi} + \underbrace{\Delta_{\omega_2}^{\omega_3} \angle \delta(j\omega)}_{0} \\ + \underbrace{\Delta_{\omega_3}^{\omega_4} \angle \delta(j\omega)}_{-\pi} + \underbrace{\Delta_{\omega_4}^{\infty} \angle \delta(j\omega)}_{0} \quad (2.14)$$

观察可知

$$\begin{cases} \Delta_0^{\omega_1} \angle \delta(j\omega) = \operatorname{sgn}[\delta_i(0^+)]\left(\operatorname{sgn}[\delta_r(0)] - \operatorname{sgn}[\delta_r(\omega_1)]\right)\dfrac{\pi}{2} \\ \Delta_{\omega_1}^{\omega_2} \angle \delta(j\omega) = \operatorname{sgn}[\delta_i(\omega_1^+)]\left(\operatorname{sgn}[\delta_r(\omega_1)] - \operatorname{sgn}[\delta_r(\omega_2)]\right)\dfrac{\pi}{2} \\ \Delta_{\omega_2}^{\omega_3} \angle \delta(j\omega) = \operatorname{sgn}[\delta_i(\omega_2^+)]\left(\operatorname{sgn}[\delta_r(\omega_2)] - \operatorname{sgn}[\delta_r(\omega_3)]\right)\dfrac{\pi}{2} \\ \Delta_{\omega_3}^{\omega_4} \angle \delta(j\omega) = \operatorname{sgn}[\delta_i(\omega_3^+)]\left(\operatorname{sgn}[\delta_r(\omega_3)] - \operatorname{sgn}[\delta_r(\omega_4)]\right)\dfrac{\pi}{2} \\ \Delta_{\omega_4}^{+\infty} \angle \delta(j\omega) = \operatorname{sgn}[\delta_i(\omega_4^+)]\left(\operatorname{sgn}[\delta_r(\omega_4)] - \operatorname{sgn}[\delta_r(\infty)]\right)\dfrac{\pi}{2} \end{cases} \quad (2.15)$$

并且

$$\begin{cases} \operatorname{sgn}[\delta_i(\omega_1^+)] = -\operatorname{sgn}[\delta_i(0^+)] \\ \operatorname{sgn}[\delta_i(\omega_2^+)] = -\operatorname{sgn}[\delta_i(\omega_1^+)] = +\operatorname{sgn}[\delta_i(0^+)] \\ \operatorname{sgn}[\delta_i(\omega_3^+)] = +\operatorname{sgn}[\delta_i(\omega_2^+)] = +\operatorname{sgn}[\delta_i(0^+)] \\ \operatorname{sgn}[\delta_i(\omega_4^+)] = -\operatorname{sgn}[\delta_i(\omega_3^+)] = -\operatorname{sgn}[\delta_i(0^+)] \end{cases} \quad (2.16)$$

而且注意到 0, ω_1, ω_2, ω_4 对应 $\delta_i(\omega)$ 的奇数重实零点, 而 ω_3 对应偶数重的实零点。根据这些关系, 忽略包含 ω_3 的偶数重根的项, 很明显式(2.14)可以重新写为

$$\begin{aligned} \Delta_0^\infty \angle \delta(j\omega) &= \Delta_0^{\omega_1} \angle \delta(j\omega) + \Delta_{\omega_1}^{\omega_2} \delta(j\omega) + \Delta_{\omega_2}^{\omega_4} \angle \delta(j\omega) + \Delta_{\omega_4}^{\infty} \angle \delta(j\omega) \\ &= \frac{\pi}{2}\big(\operatorname{sgn}[\delta_i(0^+)](\operatorname{sgn}[\delta_r(0)]-\operatorname{sgn}[\delta_r(\omega_1)]) \\ &\quad -\operatorname{sgn}[\delta_i(0^+)](\operatorname{sgn}[\delta_r(\omega_1)]-\operatorname{sgn}[\delta_r(\omega_2)]) \\ &\quad +\operatorname{sgn}[\delta_i(0^+)](\operatorname{sgn}[\delta_r(\omega_2)]-\operatorname{sgn}[\delta_r(\omega_4)]) \\ &\quad -\operatorname{sgn}[\delta_i(0^+)](\operatorname{sgn}[\delta_r(\omega_4)]-\operatorname{sgn}[\delta_r(\infty)])\big) \end{aligned} \quad (2.17)$$

式(2.17)进一步可表示为

$$\Delta_0^\infty \angle \delta(j\omega) = \frac{\pi}{2}\operatorname{sgn}[\delta_i(0^+)](\operatorname{sgn}[\delta_r(0)]-2\operatorname{sgn}[\delta_r(\omega_1)] \\ +2\operatorname{sgn}[\delta_r(\omega_2)]-2\operatorname{sgn}[\delta_r(\omega_4)]+\operatorname{sgn}[\delta_r(\infty)]) \quad (2.18)$$

对于图2.2(b)所示情形, 即当 $\delta(s)$ 为偶数阶时, 可以得到

$$\Delta_0^\infty \angle \delta(j\omega) = \underbrace{\Delta_0^{\omega_1} \angle \delta(j\omega)}_{+\pi} + \underbrace{\Delta_{\omega_1}^{\omega_2} \angle \delta(j\omega)}_{0} \\ + \underbrace{\Delta_{\omega_2}^{\omega_3} \angle \delta(j\omega)}_{-\pi} + \underbrace{\Delta_{\omega_3}^{+\infty} \angle \delta(j\omega)}_{-\frac{\pi}{2}} \quad (2.19)$$

式中: $\Delta_0^{\omega_1}\angle\delta(j\omega)$、$\Delta_{\omega_1}^{\omega_2}\angle\delta(j\omega)$ 和 $\Delta_{\omega_2}^{\omega_3}\angle\delta(j\omega)$ 的具体表述见式(2.15), 而

$$\Delta_{\omega_3}^{+\infty} \angle \delta(j\omega) = \frac{\pi}{2}\operatorname{sgn}[\delta_i(\omega_3^+)]\operatorname{sgn}[\delta_r(\omega_3)] \quad (2.20)$$

与式(2.16)类似, 可以得到

$$\operatorname{sgn}[\delta_i(\omega_j^+)] = (-1)^j \operatorname{sgn}[\delta_i(0^+)] \quad j=1,2,3 \quad (2.21)$$

对于图2.2(b), 联立式(2.19)~式(2.21)可得

$$\Delta_0^\infty \angle \delta(j\omega) = \frac{\pi}{2}\operatorname{sgn}[\delta_i(0^+)](\operatorname{sgn}[\delta_r(0)]-2\operatorname{sgn}[\delta_r(\omega_1)] \\ +2\operatorname{sgn}[\delta_r(\omega_2)]-2\operatorname{sgn}[\delta_r(\omega_3)]) \quad (2.22)$$

基于引理2.1, 我们现在可以很容易地推得上述特征数公式。

定理 2.1 设 $\delta(s)$ 是 n 阶实系数多项式，且在虚轴上没有零点，则
$$\delta(j\omega) = \delta_r(\omega) + j\delta_i(\omega)$$
且令 $\omega_0, \omega_1, \omega_3, \cdots, \omega_{l-1}$ 表示具有 $\delta_i(\omega)$ 的奇数重非负实零点，且 $\omega_0 = 0$。
如果 n 为偶数，则
$$\sigma(\delta) = \mathrm{sgn}[\delta_i(0^+)] \left(\mathrm{sgn}[\delta_r(0)] + 2\sum_{j=1}^{l-1}(-1)^j \mathrm{sgn}[\delta_r(\omega_j)] \right.$$
$$\left. + (-1)^l \mathrm{sgn}[\delta_r(\infty)] \right)$$
如果 n 为奇数，则
$$\sigma(\delta) = \mathrm{sgn}[\delta_i(0^+)] \left(\mathrm{sgn}[\delta_r(0)] + 2\sum_{j=1}^{l-1}(-1)^j \mathrm{sgn}[\delta_r(\omega_j)] \right)$$

2.4 无时滞 P 控制系统的稳定集计算

在本节中，我们利用特征数公式，对给定线性时不变系统设计常系数增益控制器的反馈镇定问题，提出了一种解决方案。虽然这个问题可以用经典的方法来解决，如奈奎斯特稳定判据和劳斯-赫尔维茨判据，但如何将这些方法扩展到更复杂的情况，如设计 PI 或 PID 控制器的情形，目前还不清楚。本节通过使用特征数公式，提出了一种比较简洁的方式，可以扩展应用到上述情况。

考虑图 2.1 所示的反馈控制系统，被控对象为
$$P(s) = \frac{N(s)}{D(s)} \tag{2.23}$$
式中：$N(s)$ 和 $D(s)$ 为互质多项式。

$C(s)$ 为待设计的控制器。对于比例控制的情形，满足
$$C(s) = k \tag{2.24}$$
所以闭环特征多项式 $\delta(s, k)$ 可写为
$$\delta(s, k) = D(s) + kN(s) \tag{2.25}$$
我们的目标是确定 k 的值，使闭环系统稳定，即 $\delta(s, k)$ 应满足赫尔维茨稳定条件。

如果考虑 $N(s)$ 和 $D(s)$ 的奇偶分解，即
$$N(s) = N_{\mathrm{even}}(s^2) + sN_{\mathrm{odd}}(s^2) \tag{2.26}$$
$$D(s) = D_{\mathrm{even}}(s^2) + sD_{\mathrm{odd}}(s^2) \tag{2.27}$$
则式(2.25)可表示为
$$\delta(s, k) = kN_{\mathrm{even}}(s^2) + D_{\mathrm{even}}(s^2) + s[kN_{\mathrm{odd}}(s^2) + D_{\mathrm{odd}}(s^2)] \tag{2.28}$$

从这个表达式可以很明显看出，$\delta(s, k)$ 的偶数和奇数部分都与 k 有关。现在我们将构建一个只有奇数部分与 k 有关的新多项式。

假设 $D(s)$ 的阶数是 n，而 $N(s)$ 的阶数是 m，且满足 $m<n$，将 $\delta(s, k)$ 乘以

$$N(-s) = N_{even}(s^2) - sN_{odd}(s^2) \tag{2.29}$$

则可以得到下面的引理。

引理 2.2 $\delta(s, k)$ 是赫尔维茨稳定的，当且仅当

$$\sigma(\delta(s, k)N(-s)) = n - [l(N(s)) - r(N(s))] \tag{2.30}$$

式中：$l(N(s))$ 和 $r(N(s))$ 分别为 $N(s)$ 在 $\mathbf{C}^-$ 和 $\mathbf{C}^+$ 上根的个数，当然也包含重根情形。

证明 对于多项式 $a(s)$ 和 $b(s)$，满足

$$l(a(s) \cdot b(s)) = l(a(s)) + l(b(s)) \tag{2.31}$$

$$r(a(s) \cdot b(s)) = r(a(s)) + r(b(s)) \tag{2.32}$$

则

$$l(\delta(s, k)N(-s)) - r(\delta(s, k)N(-s))$$
$$= l(\delta(s, k)) - r(\delta(s, k)) + l(N(-s)) - r(N(-s)) \tag{2.33}$$
$$= l(\delta(s, k)) - r(\delta(s, k)) - [l(N(s)) - r(N(s))] \tag{2.34}$$

当且仅当 $l(\delta(s, k)) = n$ 且 $r(\delta(s, k)) = 0$ 时，n 阶多项式 $\delta(s, k)$ 是赫尔维茨稳定的。则式(2.13)可进一步表示为

$$\sigma(\delta(s, k)N(-s)) = l(\delta(s, k)N(-s)) - r(\delta(s, k)N(-s)) \tag{2.35}$$

因此，存在

$$\sigma(\delta(s, k)N(-s)) = n - [l(N(s)) - r(N(s))] \tag{2.36}$$

证毕。 □

为了解决我们的问题，需要确定 k 值使式(2.30)成立。值得注意的是，在这个表达式中，n 和 $l(N(s)) - r(N(s))$ 的值是已知且固定的。

利用 $N(s)$ 和 $D(s)$ 的奇偶分解，可以得到

$$\delta(s, k)N(-s) = h_1(s^2) + kh_2(s^2) + sg(s^2) \tag{2.37}$$

式中

$$h_1(s^2) = D_{even}(s^2)N_{even}(s^2) - s^2 D_{odd}(s^2)N_{odd}(s^2) \tag{2.38}$$

$$h_2(s^2) = N_{even}(s^2)N_{even}(s^2) - s^2 N_{odd}(s^2)N_{odd}(s^2) \tag{2.39}$$

$$g(s^2) = D_{odd}(s^2)N_{even}(s^2) - D_{even}(s^2)N_{odd}(s^2) \tag{2.40}$$

将 $s = j\omega$ 代入式(2.37)

$$\delta(j\omega, k)N(-j\omega) = p(\omega, k) + jq(\omega) \tag{2.41}$$

式中

$$p(\omega, k) = p_1(\omega) + kp_2(\omega) \quad (2.42)$$

$$p_1(\omega) = D_{\text{even}}(-\omega^2)N_{\text{even}}(-\omega^2) + \omega^2 D_{\text{odd}}(-\omega^2)N_{\text{odd}}(-\omega^2) \quad (2.43)$$

$$p_2(\omega) = N_{\text{even}}(-\omega^2)N_{\text{even}}(-\omega^2) + \omega^2 N_{\text{odd}}(-\omega^2)N_{\text{odd}}(-\omega^2) \quad (2.44)$$

$$q(\omega) = \omega[D_{\text{odd}}(-\omega^2)N_{\text{even}}(-\omega^2) - D_{\text{even}}(-\omega^2)N_{\text{odd}}(-\omega^2)] \quad (2.45)$$

注意，虚部 $q(\omega)$ 的零点与 k 是无关的。为便于表述，在正式介绍本节的主要结果之前，我们先给出几个定义。

定义 2.3 预先确定整数 m、n 和函数 $q(\omega)$ 的值。令 $\omega_1 < \omega_2 < \cdots < \omega_{l-1}$ 为具有 $q(\omega)$ 的奇数重非负互异有限实零点，并令 $\omega_0 = 0$，$\omega_l = \infty$。定义数列 i_0, i_1, i_2, $\cdots$, i_l 如下。

(i) i_0 取值为

$$i_0 = \begin{cases} \text{sgn}[p_1^{(k_n)}(0)] & N(-s) \text{ 在原点有 } k_n \text{ 重零点时} \\ \alpha & \text{其他} \end{cases} \quad (2.46)$$

其中 $\alpha \in \{+1, -1\}$。

(ii) 对于 $t = 1, 2, \cdots, l-1$，有

$$i_t = \begin{cases} 0 & N(-j\omega_t) = 0 \\ \alpha & \text{其他} \end{cases} \quad (2.47)$$

(iii) i_l 取值为

$$i_l = \begin{cases} \alpha & n+m \text{ 为偶数} \\ 0 & n+m \text{ 为奇数} \end{cases} \quad (2.48)$$

按照上述方式定义的 i_0, i_1, $\cdots$，可被进一步定义为

$$\mathbf{I} = \{i_0, i_1, \cdots, i_l\} \quad (2.49)$$

定义 $\mathbf{A}$ 为能够满足上述条件的所有 $\mathbf{I}$ 的集合。

定义 2.4 预先确定整数 m、n 和函数 $q(\omega)$ 的值。令 $\omega_1 < \omega_2 < \cdots < \omega_{l-1}$ 为具有 $q(\omega)$ 的奇数重非负互异有限实零点，并令 $\omega_0 = 0$，$\omega_l = \infty$。对于 $\mathbf{A}$ 中的任意数列 $\mathbf{I} = \{i_0, i_1, \cdots, i_l\}$，设 $\gamma(\mathbf{I})$ 表示与数列 $\mathbf{I}$ 相对应的"特征数"，定义为

$$\gamma(\mathbf{I}) = (-1)^{l-1}\text{sgn}[q(\infty)] \cdot [i_0 - 2i_1 + 2i_2 + \cdots + (-1)^{l-1}2i_{l-1} + (-1)^l i_l] \quad (2.50)$$

定义 2.5 定义 $\mathbf{F}$ 为常增益稳定问题可行数列 $\mathbf{I}$ 的集合：

$$\mathbf{F} = \{\mathbf{I} \in \mathbf{A} \mid \gamma(\mathbf{I}) = n - (l(N(s)) - r(N(s)))\} \tag{2.51}$$

下面说明本节的主要结论。

定理 2.2(常增益稳定) 对于给定无时滞被控系统 $P(s)$，采用比例控制器时的稳定集是非空的，当且仅当满足下列条件。

(1) 集合 $\mathbf{F}$ 非空，即存在至少一个可行的 $\mathbf{I}$。

(2) 存在一个 $\mathbf{I} = \{i_0, i_1, \cdots\} \in \mathbf{F}$，使得

$$\max_{\{t:i_t>0\}} L_t < \min_{\{t:i_t<0\}} U_t \tag{2.52}$$

式中，

$$L_t = -\frac{p_1(\omega_t)}{p_2(\omega_t)} \quad i_t \in \mathbf{I}, i_t > 0 \tag{2.53}$$

$$U_t = -\frac{p_1(\omega_t)}{p_2(\omega_t)} \quad i_t \in \mathbf{I}, i_t < 0 \tag{2.54}$$

式中：$p_1(\omega_t)$ 与 $p_2(\omega_t)$ 分别由式(2.43)和式(2.44)给出，$\omega_0, \omega_1, \cdots$ 为已定义的量。

此外，如果多个可行的 $\mathbf{I}_1, \mathbf{I}_2, \cdots, \mathbf{I}_s \in \mathbf{F}$ 满足上述条件，则所有镇定控制器的集合由下式给出

$$\mathbf{K} = \bigcup_{r=1}^{s} \mathbf{K}_r \tag{2.55}$$

式中

$$\mathbf{K}_r = (\max_{\{t:i_t>0, i_t\in I\}} L_t, \min_{\{t:i_t<0, i_t\in I\}} U_t) \tag{2.56}$$

证明 由引理 2.2 可知，若 $\delta(s, k)$ 是赫尔维茨稳定的，当且仅当满足条件：

$$\sigma(\delta(s, k)N(-s)) = n - (l(N(s)) - r(N(s))) \tag{2.57}$$

这样当且仅当 $\mathbf{I} \in \mathbf{F}$ 时 $\delta(s, k)$ 即是赫尔维茨稳定的，则

$$\mathbf{F} = \{\mathbf{I} \in \mathbf{A} \mid \gamma(\mathbf{I}) = n - (l(N(s)) - r(N(s)))\} \tag{2.58}$$

且

$$\mathbf{I} = i_0, i_1, \cdots \tag{2.59}$$

$$i_0 = \mathrm{sgn}[p^{(k_n)}(\omega_0, k)] \tag{2.60}$$

$$i_t = \mathrm{sgn}[p(\omega_t, k)] \quad t = 1, 2, \cdots, l-1 \tag{2.61}$$

$$i_l = \begin{cases} \mathrm{sgn}[p(\omega_l, k)] & n+m \text{ 是偶数} \\ 0 & n+m \text{ 是奇数} \end{cases} \tag{2.62}$$

考虑如下两种情形：

情形 1 $N(-s)$ 在虚轴上没有任何零点。在这种情况下，对于所有增益 k 的稳定值，$\delta(s,k)N(-s)$ 在 $j\omega$ 轴上都不会存在任何零点，因此对于 $t=0,1,2,\cdots,l-1$，$i_t \in \{-1,1\}$，且 $i_l \in \{-1,0,1\}$。下面考虑两种可能性。

（1）如果 $i_t>0$，则稳定性条件为

$$p_1(\omega_t)+kp_2(\omega_t)>0 \tag{2.63}$$

由式(2.44)可得

$$p_2(\omega)=|N(j\omega)|^2 \tag{2.64}$$

由于 $N(-s)$ 在 $j\omega$ 轴上没有任何零点，则 $p_2(\omega_t)>0$，则

$$k>-\frac{p_1(\omega)}{p_2(\omega)} \tag{2.65}$$

（2）如果 $i_t<0$，则稳定性条件为

$$p_1(\omega_t)+kp_2(\omega_t)<0 \tag{2.66}$$

与(1)类似，由于 $p_2(\omega_t)>0$，则

$$k<-\frac{p_1(\omega)}{p_2(\omega)} \tag{2.67}$$

情形 2 $N(-s)$ 在虚轴上有一个或多个零点，且在原点处包含 k_n 重零点。在这种情况下，对于所有增益 k 的稳定值，$\delta(s,k)N(-s)$ 也包含相同的位于 $j\omega$ 轴上的零点集合。很显然这些零点都是 $\{\omega_0,\omega_1,\cdots,\omega_{l-1}\}$ 的子集。因为零点的位置取决于 $N(-s)$，而与增益 k 无关，则认为在 ω_m 处的零点对 k 没有施加任何额外的约束条件是合理的。相反，它只会将 $i_m \in \mathbf{I}$ 限制为一个特定的值。下面我们将严格地证明这些结论。考虑以下两种可能性。

（1）$m \neq 0$。此时 $N(-s)$ 在 $j\omega_m$ ($\omega_m \neq 0$) 处存在一个零点。这意味着

$$N_{\text{even}}(-\omega_m^2)=N_{\text{odd}}(-\omega_m^2)=0 \tag{2.68}$$

因此由式(2.43)和式(2.44)可得

$$p_1(\omega_m)=0 \quad 且 \quad p_2(\omega_m)=0 \tag{2.69}$$

则 $i_m=0$ 与 k 无关，且对 $\mathbf{I}$ 的约束已经包含在 $\mathbf{A}$ 的定义中了。

（2）$m=0$。此时 $N(-s)$ 在原点处有 k_n 重零点。由于

$$N(-s)|_{s=j\omega}=N_{\text{even}}(-\omega^2)-j\omega N_{\text{odd}}(-\omega^2) \tag{2.70}$$

则 $N_{\text{even}}(-\omega^2)$ 和 $\omega N_{\text{odd}}(-\omega^2)$ 在原点处必然有至少 k_n 重零点。因此由式(2.44)可以看出 $p_2(\omega)$ 在原点处有 $2k_n$ 重零点，则对于 $k_n>1$，有

$$p_2^{(k_n)}(0)=0 \tag{2.71}$$

由于

$$p^{(k_n)}(0, k) = p_1^{(k_n)}(0) + kp_2^{(k_n)}(0) \qquad (2.72)$$

则当 $k_n = 1$ 时，有

$$p^{(k_n)}(0, k) = p_1^{(k_n)}(0) \qquad (2.73)$$

与 k 无关。因此，即使没有出现对 k 的约束条件，我们仍然可得到

$$i_0 = \text{sgn}[p_1^{(k_n)}(0)] \qquad (2.74)$$

同样，我们注意到这个条件已经被明确地包含在集合 **A** 的定义中。

在上面讨论的两种情况中，只有情形 1 对 k 施加了式 (2.65) 和式 (2.67) 所给出的约束。由此可以得出结论，对 $\mathbf{I} \in \mathbf{F}$ 中的每个 $i_t > 0$，都对 k 存在一个下界，而每个 $i_t < 0$ 则都对 k 存在一个上界。因此，如果 $\mathbf{I} \in \mathbf{F}$ 与一个稳定的 k 相对应，则

$$\max_{i_t \in \mathbf{I}, i_t > 0} \left[-\frac{p_1(\omega_t)}{p_2(\omega_t)} \right] < \min_{i_t \in \mathbf{I}, i_t < 0} \left[-\frac{p_1(\omega_t)}{p_2(\omega_t)} \right] \qquad (2.75)$$

对应定理 2.2 描述中的条件 (2)。这就证明了存在一个使系统稳定的 k 的充要条件。现在，稳定的 k 的集合可以通过求解所有满足定理 2.2 条件 (2) 的可行 **I** 中 k 的并集来确定。 □

注 2.1 因为

$$P(s) = \frac{N(s)}{D(s)} = \frac{N_{\text{even}}(s^2) + sN_{\text{odd}}(s^2)}{N_{\text{even}}(s^2) + sD_{\text{odd}}(s^2)} \qquad (2.76)$$

可得

$$\frac{1}{P(j\omega)} = \frac{N_{\text{even}}(-\omega^2) + j\omega D_{\text{odd}}(-\omega^2)}{N_{\text{even}}(-\omega^2) + j\omega N_{\text{odd}}(-\omega^2)} \qquad (2.77)$$

$$= \frac{[N_{\text{even}}(-\omega^2) + j\omega D_{\text{odd}}(-\omega^2)][N_{\text{even}}(-\omega^2) - j\omega N_{\text{odd}}(-\omega^2)]}{[N_{\text{even}}(-\omega^2) + j\omega N_{\text{odd}}(-\omega^2)][N_{\text{even}}(-\omega^2) - j\omega N_{\text{odd}}(-\omega^2)]} \qquad (2.78)$$

$$= \frac{N_{\text{even}}(-\omega^2)N_{\text{even}}(-\omega^2) + \omega^2 D_{\text{odd}}(-\omega^2)N_{\text{odd}}(-\omega^2)}{N_{\text{even}}(-\omega^2)N_{\text{even}}(-\omega^2) + \omega^2 N_{\text{odd}}(-\omega^2)N_{\text{odd}}(-\omega^2)}$$

$$+ j\frac{\omega[N_{\text{even}}(-\omega^2)D_{\text{odd}}(-\omega^2) - N_{\text{even}}(-\omega^2)N_{\text{odd}}(-\omega^2)]}{N_{\text{even}}(-\omega^2)N_{\text{even}}(-\omega^2) + \omega^2 N_{\text{odd}}(-\omega^2)N_{\text{odd}}(-\omega^2)} \qquad (2.79)$$

$$= \frac{p_1(\omega) + jq(\omega)}{p_2(\omega)} \qquad (2.80)$$

对于有限的 ω_t，由于 $q(\omega_t) = 0$，则对于所有的频率点

$$-\frac{p_1(\omega_t)}{p_2(\omega_t)} = -\frac{1}{P(\mathrm{j}\omega_t)} \tag{2.81}$$

注 2.2 需要指出的是，定理 2.2 的条件(1)和条件(2)确实提供了所有可通过常值增益来镇定被控对象的特性。还需要注意，**F** 非空的一个必要条件是

当 $m+n$ 为偶数时，有

$$l \geqslant \frac{|n-(l(N(s))-r(N(s)))|}{2} \tag{2.82}$$

当 $m+n$ 为奇数时，有

$$l \geqslant \frac{|n-(l(N(s))-r(N(s)))|+1}{2} \tag{2.83}$$

下面的例子说明了定理 2.2 的结论在求解常增益镇定问题时是非常有效的。

例 2.2 考虑如下的系统

$$D(s) = s^4 + 5s^3 + 10s^2 + 4s + 6 \tag{2.84}$$

$$N(s) = s^3 + 3s^2 + 2s - 2 \tag{2.85}$$

闭环特征多项式为

$$\delta(s, k) = D(s) + kN(s) \tag{2.86}$$

式中：$N_{\text{even}}(s^2) = 3s^2 - 2$ 且 $N_{\text{odd}}(s^2) = s^2 + 2$，则

$$N(-s) = N_{\text{even}}(s^2) - sN_{\text{odd}}(s^2) \tag{2.87}$$

那么

$$\begin{aligned} \delta(s, k)N(-s) = & (-2s^6 + 14s^4 - 10s^2 - 12) \\ & + k(-s^6 + 5s^4 - 16s^2 + 4) \\ & + s(-s^6 + 3s^4 - 24s^2 - 20) \end{aligned} \tag{2.88}$$

所以存在

$$\delta(\mathrm{j}\omega)N(-\mathrm{j}\omega) = p_1(\omega) + kp_2(\omega) + \mathrm{j}q(\omega) \tag{2.89}$$

其中

$$p_1(\omega) = 2\omega^6 + 14\omega^4 + 10\omega^2 - 12 \tag{2.90}$$

$$p_2(\omega) = \omega^6 + 5\omega^4 + 16\omega^2 + 4 \tag{2.91}$$

$$q(\omega) = \omega(\omega^6 + 3\omega^4 + 24\omega^2 - 20) \tag{2.92}$$

具有 $q(\omega)$ 的奇数重非负实有限且互异的零点为

$$\omega_0 = 0, \quad \omega_1 = 0.8639 \tag{2.93}$$

由于 $n+m=7$ 为奇数，且 $N(-s)$ 在 $\mathrm{j}\omega$ 轴上无特征根，结合定义 2.3 可知

$$A = \begin{Bmatrix} \{-1, -1, 0\} & \{1, -1, 0\} \\ \{-1, 1, 0\} & \{1, 1, 0\} \end{Bmatrix} \tag{2.94}$$

因为 $l(N(s)) - r(N(s)) = 1$ 且 $(-1)^{l-1}\mathrm{sgn}[q(\infty)] = -1$，则根据定义 2.5 可知，为保证稳定性每一个 $\mathbf{I} = \{i_0, i_1, i_2\} \in \mathbf{F}$ 必定满足

$$-(i_0 - 2i_1 + i_2) = 3 \tag{2.95}$$

在这里 $\mathbf{F} = \{\mathbf{I}_1\}$ 是可行的，其中 $\mathbf{I}_1 = \{-1, 1, 0\}$，则

$$U_0 = -\frac{p_1(\omega_0)}{p_2(\omega_0)} = 3 \tag{2.96}$$

$$L_1 = -\frac{p_1(\omega_1)}{p_2(\omega_1)} = -0.2139 \tag{2.97}$$

由定理 2.2 可得，对于 $\mathbf{I}_1$ 有

$$K_1 = (-0.2139, 3) \tag{2.98}$$

因此只有当 $k \in (-0.2139, 3)$ 时，$\delta(s, k)$ 是赫尔维茨稳定的。

例 2.3 考虑如下系统的常增益镇定问题

$$D(s) = s^5 + 11s^4 + 22s^3 + 60s^2 + 47s + 25 \tag{2.99}$$

$$N(s) = s^4 + 6s^3 + 12s^2 + 54s + 16 \tag{2.100}$$

闭环特征多项式为

$$\delta(s, k) = D(s) + kN(s) \tag{2.101}$$

式中：$N_{\text{even}}(s^2) = s^4 + 12s^2 + 16$ 且 $N_{\text{odd}}(s^2) = 6s^2 + 54$，则

$$N(-s) = N_{\text{even}}(s^2) - sN_{\text{odd}}(s^2) \tag{2.102}$$

那么

$$\begin{aligned}\delta(s, k)N(-s) = &(5s^8 + 6s^6 - 549s^4 - 1278s^2 + 400) \\ &+ k(s^8 - 12s^6 - 472s^4 - 2532s^2 + 256) \\ &+ s(s^8 - 32s^6 - 627s^4 - 2474s^2 - 598)\end{aligned} \tag{2.103}$$

所以存在

$$\delta(j\omega, k)N(-j\omega) = p_1(\omega) + kp_2(\omega) + jq(\omega) \tag{2.104}$$

其中

$$p_1(\omega) = 5\omega^8 - 6\omega^6 - 549\omega^4 + 1278\omega^2 + 400 \tag{2.105}$$

$$p_2(\omega) = \omega^8 + 12\omega^6 - 472\omega^4 + 2532\omega^2 + 256 \tag{2.106}$$

$$q(\omega) = \omega(\omega^8 + 32\omega^6 - 627\omega^4 + 2474\omega^2 - 598) \tag{2.107}$$

具有 $q(\omega)$ 的奇数重非负实有限且互异的零点为

$$\omega_0 = 0, \quad \omega_1 = 0.50834,$$
$$\omega_2 = 2.41735, \quad \omega_3 = 2.91515 \tag{2.108}$$

由于 $n+m=9$ 为奇数，且 $N(-s)$ 在 $j\omega$ 轴上无特征根，结合定义 2.3 可知

$$A = \begin{Bmatrix} \{-1,\ -1,\ -1,\ -1,\ 0\} & \{1,\ -1,\ -1,\ -1,\ 0\} \\ \{-1,\ -1,\ -1,\ 1,\ 0\} & \{1,\ -1,\ -1,\ 1,\ 0\} \\ \{-1,\ -1,\ 1,\ -1,\ 0\} & \{1,\ -1,\ 1,\ -1,\ 0\} \\ \{-1,\ -1,\ 1,\ 1,\ 0\} & \{1,\ -1,\ 1,\ 1,\ 0\} \\ \{-1,\ 1,\ -1,\ -10\} & \{1,\ 1,\ -1,\ -1,\ 0\} \\ \{-1,\ 1,\ -1,\ 1,\ 0\} & \{1,\ 1,\ -1,\ 1,\ 0\} \\ \{-1,\ 1,\ 1,\ -1,\ 0\} & \{1,\ 1,\ 1,\ -1,\ 0\} \\ \{-1,\ 1,\ 1,\ 1,\ 0\} & \{1,\ 1,\ 1,\ 1,\ 0\} \end{Bmatrix} \tag{2.109}$$

因为 $l(N(s)) - r(N(s)) = 4$ 且 $(-1)^{l-1}\mathrm{sgn}[q(\infty)] = -1$，则根据定义 2.5 可知，为保证稳定性每一个 $\mathbf{I} = \{i_0,\ i_1,\ i_2,\ i_3,\ i_4\} \in \mathbf{F}$ 必定满足

$$-(i_0 - 2i_1 + 2i_2 - 2i_3 + i_4) = 1 \tag{2.110}$$

因此 $F = \{\mathbf{I}_1,\ \mathbf{I}_2,\ \mathbf{I}_3\}$ 为可行 $\mathbf{I}$ 的集合，其中

$$\mathbf{I}_1 = \{1,\ -1,\ -1,\ 1,\ 0\} \tag{2.111}$$
$$\mathbf{I}_2 = \{1,\ 1,\ 1,\ 1,\ 0\} \tag{2.112}$$
$$\mathbf{I}_3 = \{1,\ 1,\ -1,\ -1,\ 0\} \tag{2.113}$$

进而

$$-\frac{p_1(\omega_0)}{p_2(\omega_0)} = -1.56250 \tag{2.114}$$

$$-\frac{p_1(\omega_1)}{p_2(\omega_1)} = -0.78898 \tag{2.115}$$

$$-\frac{p_1(\omega_2)}{p_2(\omega_2)} = 2.50345 \tag{2.116}$$

$$-\frac{p_1(\omega_3)}{p_2(\omega_3)} = 22.49390 \tag{2.117}$$

将式 (2.114)~式 (2.117) 代入式 (2.56)，可得

$$\begin{cases} \mathbf{K}_1 = \varnothing & \text{对 } \mathbf{I}_1 \text{ 而言} \\ \mathbf{K}_2 = (22.49390,\ \infty) & \text{对 } \mathbf{I}_2 \text{ 而言} \\ \mathbf{K}_3 = (-0.78898,\ 2.50345) & \text{对 } \mathbf{I}_3 \text{ 而言} \end{cases} \tag{2.118}$$

因此，当 $k \in (-0.78898,\ 2.50345) \cup (22.49390,\ \infty)$ 时，$\delta(s, k)$ 是赫尔维茨稳定的。

2.5　无时滞 PI 控制系统的稳定集计算

考虑图 2.1 所示的控制结构，被控对象是线性时不变无时滞系统 $P(s)$，控制器 $C(s)$ 是比例积分控制，即

$$C(s)=k_{\mathrm{p}}+\frac{k_{\mathrm{i}}}{s} \tag{2.119}$$

对于带 PI 控制器的无时滞系统，完备稳定集的计算过程如下。
（1）计算图 2.1 所示系统的特征方程：

$$\delta(s)=sD(s)+(k_{\mathrm{p}}s+k_{\mathrm{i}})N(s) \tag{2.120}$$

（2）构建新的多项式：

$$\nu(s):=\delta(s)N(-s) \tag{2.121}$$

（3）在式(2.121)中，多项式 $\nu(s)$ 的偶数分解和奇数分解为

$$\nu(s)=\nu_{\mathrm{even}}(s^{-2},\ k_{\mathrm{i}})+s\nu_{\mathrm{odd}}(s^{-2},\ k_{\mathrm{p}}) \tag{2.122}$$

（4）固定 $k_{\mathrm{p}}=k_{\mathrm{p}}^{*}$，令 $0<\omega_1<\omega_2<\cdots<\omega_{l-1}$ 为有限的频率，且为下面方程的奇数重正实根：

$$\nu_{\mathrm{odd}}(-\omega^2,\ k_{\mathrm{p}}^{*})=0 \tag{2.123}$$

令 $\omega_0=0$，$\omega_l=\infty$。
（5）令

$$j=\mathrm{sgn}[\nu_{\mathrm{odd}}(0^+,\ k_{\mathrm{p}})] \tag{2.124}$$

且 $\deg[D(s)]=n$，$\deg[N(s)]=m(m\leqslant n)$，令 z^+、z^- 分别表示 $N(s)$ 在 $\mathbf{C}^+$ 和 $\mathbf{C}^-$ 中的零点数。令 i_0，i_1，$\cdots$ 表示数列，且 $i_t\in\{+1,\ -1\}$，$\forall t\in\{0,\ \cdots,\ l\}$。如果 $n+m$ 为奇数，则为确保系统稳定符号数特征数需满足

$$j(i_0-2i_1+2i_2+\cdots+(-1)^{l-1}2i_{l-1}+(-1)^l i_l)=n-m+1+2z^+ \tag{2.125}$$

如果 $n+m$ 为偶数，为确保系统稳定，特征数需满足

$$j(i_0-2i_1+2i_2+\cdots+(-1)^{l-1}2i_{l-1})=n-m+1+2z^+ \tag{2.126}$$

（6）令 $\mathbf{I}_1$，$\mathbf{I}_2$，$\mathbf{I}_3$，$\cdots$ 表示 i_0，i_1，$\cdots$ 的不同数列，满足特征数条件式(2.125)或式(2.126)。对于一个固定的 $k_{\mathrm{p}}=k_{\mathrm{p}}^{*}$，$k_{\mathrm{i}}$ 空间中的稳定集，可以通过求解如下线性不等式得到

$$\nu_{\mathrm{even}}(-\omega_t^2,\ k_{\mathrm{i}})i_t>0 \tag{2.127}$$

式中：当 $n+m$ 为奇数时，下标 $t\in\{0,\ 1,\ \cdots,\ l\}$；当 $n+m$ 为偶数时，下标 $t\in\{0,\ 1,\ \cdots,\ l-1\}$。

（7）在前面步骤中的每个数列 $\mathbf{I}_j$ 创建了一个稳定区域 $\mathbf{S}_j^\mathrm{o}(k_{\mathrm{p}}^{*})$。由于它是

线性(或仿射)不等式的交集,该区域是一个凸集。这样 k_p 固定在 k_p^*,稳定域是以下凸集的并集

$$\mathbf{S}^o(k_p^*) = \cup_j \mathbf{S}_j^o(k_p^*) \tag{2.128}$$

(8) 按照上面的步骤,在实轴上遍历所有的 k_p,可以计算得到 (k_p, k_i) 空间中的稳定集。

例2.4 考虑图2.1所示的连续时间系统,被控对象为

$$P(s) = \frac{s-5}{s^2+1.6s+0.2} \tag{2.129}$$

控制器为

$$C(s) = k_p + \frac{k_i}{s} \tag{2.130}$$

闭环特征多项式可表示为

$$\delta(s, k_p, k_i) = s^3 + (k_p+1.6)s^2 + (k_i-5k_p+0.2)s - 5k_i \tag{2.131}$$

在这里,$n=2$,$m=1$,$N(-s)=-s-5$。因此,根据式(2.121)可以得到

$$\begin{aligned}\nu(s) &= \delta(s, k_p, k_i)N(-s) \\ &= -s^4 - (6.6+k_p)s^3 - (8.2+k_i)s^2 + (25k_p-1)s + 25k_i\end{aligned} \tag{2.132}$$

从而按照式(2.122)进行奇偶分解,得到

$$\nu(j\omega, k_p, k_i) = \underbrace{\left[-\omega^4 + (k_i+8.2)\omega^2 + 25k_i\right]}_{\nu_{\text{even}}(-\omega^2, k_i)} + j\omega\underbrace{\left[(k_p+6.6)\omega^2 + (25k_p-1)\right]}_{\nu_{\text{odd}}(-\omega^2, k_p)} \tag{2.133}①$$

由于 $z^+=1$,为保证稳定性,赫尔维茨特征数 $\sigma(\nu)$ 为

$$n-m+1+2z^+ = 4 \tag{2.134}$$

由于 $n+m$ 是奇数,从式(2.123)和式(2.125)可以看出,$\nu_{\text{odd}}(-\omega^2, k_p)$ 一定至少存在一个奇数重的正实根。对式(2.123)中的项重新排列,我们可以将 k_p 重新表示为 ω 的形式

$$k_p(\omega) = \frac{-6.6\omega^2+1}{\omega^2+25} \tag{2.135}$$

式(2.135)说明 $k_p(\omega)$ 至少有一个奇数重的、正的、互异的、有限的实零点,可以确定 $k_p(\omega)$ 的范围为 $k_p \in (-6.5, 0.04)$,如图2.3所示。这个范围被称为 k_p 的可容许范围。

---

① 译者注:式(2.133)原著为 ω^3,应改为 ω^2。

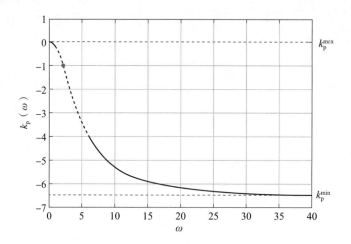

图2.3 例2.4中至少有一个正实根的 k_p 的范围

为了便于说明，固定 $k_p^* = -1$，这个值包含在 k_p 的可容许范围内。相应的根是 $\omega = 2.1547$，如图2.4所示。同样令 $\omega_0 = 0$，$\omega_\infty = \infty$。

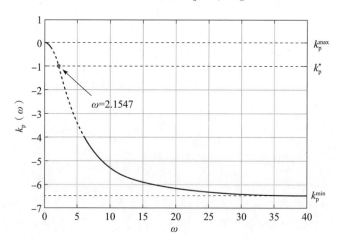

图2.4 例2.4中 $k_p^* = -1$ 时 $k_p(\omega)$ 的根

由式(2.124)计算 j。对于 0^+，有 $\omega = 0.001$，$k_p = -1$，则

$$j = \mathrm{sgn}[(-1+6.6)(0.001)^3 + (25(-1)-1)(0.001)] = -1 \quad (2.136)$$

由此，赫尔维茨特征数公式(2.125)可表示为

$$-(i_0 - 2i_1 + i_2) = 4 \quad (2.137)$$

令 $\mathbf{I}_1 = \{-1, +1, -1\}$ 表示满足特征数条件式(2.137)的 $\{i_0, i_1, i_2\}$。对于一个固定的 $k_p^* = -1$，在 (k_p, k_i) 空间中的稳定集是由下述不等式组的交集得到

$$\begin{cases} k_i < 0 \\ 29.6427k_i + 16.5154 > 0 \\ (k_i + 8.2) \cdot \infty + 25k_i < \infty \end{cases} \tag{2.138}$$

因此，对于一个固定的 $k_p^* = -1$，稳定集为

$$-0.5571 < k_i < 0 \tag{2.139}$$

在区间 $(-6.5, 0.04)$ 内遍历不同的 k_p 值，可得到 (k_p, k_i) 空间中的稳定增益集，可用于选择使系统稳定的 k_p 和 k_i 值，如图 2.5 所示。

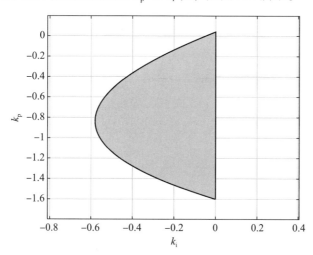

图 2.5　例 2.4 中的稳定集

2.6　无时滞 PID 控制系统的稳定集计算

控制系统结构如图 2.1 所示，被控对象为 $P(s)$，采用的 PID 控制器形式如下：

$$C(s) = k_p + \frac{k_i}{s} + k_d s \tag{2.140}$$

稳定集的计算步骤如下。

(1) 根据图 2.1，计算得到特征方程为

$$\delta(s) = sD(s) + (k_d s^2 + k_p s + k_i) N(s) \tag{2.141}$$

(2) 建立新的多项式：

$$\nu(s) = \delta(s) N(-s) \tag{2.142}$$

(3) 对式 (2.124) 中的多项式 $\nu(s)$ 进行偶数和奇数分解：

$$\nu(s) = \nu_{\text{even}}(s^2, k_i, k_d) + s\nu_{\text{odd}}(s^2, k_p) \tag{2.143}$$

(4) 固定 $k_p = k_p^*$，令 $0 < \omega_1 < \omega_2 < \cdots < \omega_{l-1}$ 为有限频率，表示下式的奇数重正实根

$$\nu_{\text{odd}}(-\omega^2, k_p^*) = 0 \tag{2.144}$$

令 $\omega_0 = 0$，$\omega_l = \infty$。

(5) 令

$$j = \text{sgn}[\nu_{\text{odd}}(0^+, k_p)] \tag{2.145}$$

且 $\deg[D(s)] = n$，$\deg[N(s)] = m (m \leq n)$。令 z^+、z^- 分别表示被控对象在 $\mathbf{C}^+$ 和 $\mathbf{C}^-$ 中的零点数。令 $i_0, i_1, \cdots$ 表示数列，且 $i_t \in \{+1, -1\}$，$\forall t \in \{0, \cdots, l\}$。如果 $n+m$ 为奇数，为确保系统稳定，特征数需满足

$$j(i_0 - 2i_1 + 2i_2 + \cdots + (-1)^{l-1} 2i_{l-1} + (-1)^l i_l) = n - m + 1 + 2z^+ \tag{2.146}$$

如果 $n+m$ 为偶数，为确保系统稳定，特征数需满足

$$j(i_0 - 2i_1 + 2i_2 + \cdots + (-1)^{l-1} 2i_{l-1}) = n - m + 1 + 2z^+ \tag{2.147}$$

(6) 令 $\mathbf{I}_1, \mathbf{I}_2, \mathbf{I}_3, \cdots$ 表示 $i_0, i_1, \cdots$ 的不同数列集，满足特征数条件式(2.146)或式(2.147)。对于一个固定的 $k_p = k_p^*$，通过求解如下的线性不等式集，可以计算出 (k_i, k_d) 空间中的稳定集

$$\nu_{\text{even}}(-\omega_t^2, k_i, k_d) i_t > 0 \tag{2.148}$$

式中：当 $n+m$ 为奇数时，则下标 $t \in \{0, \cdots, l\}$；当 $n+m$ 为偶数时，则下标 $t \in \{0, \cdots, l-1\}$。

(7) 上述步骤中的每个数集 $\mathbf{I}_j$ 都创建了一个稳定域 $\mathbf{S}_j^o(k_p^*)$。由于它是线性(或仿射)不等式的交集，该区域是一个凸集。固定 $k_p = k_p^*$ 时的稳定域为以下凸集的并集：

$$\mathbf{S}^o(k_p^*) = \bigcup_j \mathbf{S}_j^o(k_p^*) \tag{2.149}$$

(8) 按照上面的步骤，在实轴上遍历所有的 k_p，可以计算得到 (k_p, k_i, k_d) 空间的稳定集。

例 2.5 考虑被控对象

$$P(s) = \frac{s-3}{s^3 + 4s^2 + 5s + 2} \tag{2.150}$$

控制器为

$$C(s) = \frac{k_d s^2 + k_p s + k_i}{s} \tag{2.151}$$

闭环特征多项式为

$$\delta(s, k_p, k_i, k_d) = s^4 + (k_d + 4)s^3 + (k_p - 3k_d + 5)s^2 + (k_i - 3k_p + 2)s - 3k_i \tag{2.152}$$

在这里，$n=3$，$m=1$，$N(-s)=-s-3$，将式(2.152)代入式(2.142)，可以得到

$$\begin{aligned}\nu(s) &= \delta(s, k_p, k_i, k_d)N(-s) \\ &= -s^5+(-k_d-7)s^4+(-k_p-17)s^3 \\ &\quad +(9k_d-k_i-17)s^2+(9k_p-6)s+9k_i\end{aligned} \quad (2.153)$$

对式(2.153)进行奇偶分解得到

$$\begin{aligned}\nu(j\omega, k_p, k_i, k_d) &= (-k_d-7)\omega^4+(k_i-9k_d+17)\omega^2+9k_i \\ &\quad +j[-\omega^5+(k_p+17)\omega^3+(9k_p-6)\omega] \\ &= p(\omega)+jq(\omega)\end{aligned} \quad (2.154)$$

$z^+=1$，为保证稳定性，$\nu(s)$ 的赫尔维茨特征数 $\sigma(\nu)$ 为

$$n-m+1+2z^+=5 \quad (2.155)$$

由于 $\nu(s)$ 的阶数是奇数，我们使用式(2.147)计算赫尔维茨特征数。可以看到，根据特征数公式，具有 $q(\omega)$ 必须至少有两个奇数重的正实根。由于 $q(\omega, k_p)$ 的根至少有两个不同的有限正实零点，k_p 的可容许范围确定为 $k_p \in (-4, 0.65)$，如图2.6所示。根据 $q(\omega)$ 的表达式(2.154)，可以将 k_p 重新表示为 ω 的形式

$$k_p(\omega) = \frac{\omega^4-17\omega^2+6}{\omega^2+9} \quad (2.156)$$

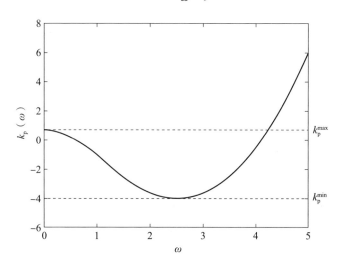

图2.6 例2.5中至少有两个正实根的 k_p 的范围

为了便于说明，固定 $k_p^*=-1$，这个值包含在 k_p 的可容许范围内。根据图2.6可以找到系统的根。相应的根为 $\omega_1=1$，$\omega_2=3.873$，如图2.7所示。考

虑 $\omega_0=0$,$\omega_1=1$,$\omega_2=3.873$。对于较小的值 0^+,在此设 $\omega=0.001$,则

$$j=\text{sgn}[-(0.001)^5+(-1+17)(0.001)^3+(9(-1)-6)]=-1 \quad (2.157)$$

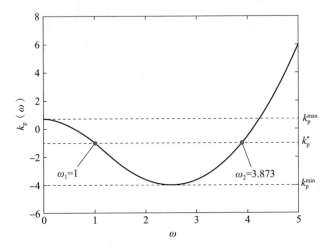

图 2.7 例 2.5 中 $k_p^*=-1$ 时 $k_p(\omega)$ 的根

那么特征数表达式(2.147)可表示为

$$-(i_0-2i_1+2i_1)=5 \quad (2.158)$$

令 $\mathbf{I}_1=\{-1,+1,-1\}$ 表示满足特征数条件式(2.158)的数列 $\{i_0,i_1,i_2\}$。对于固定的 $k_p^*=-1$,可通过求解以下不等式组,得到在 (k_p,k_i,k_d) 空间中的稳定集,即

$$\begin{cases} k_i<0 \\ -k_d+k_i+1>0 \\ -15k_d+k_i-55<0 \end{cases} \quad (2.159)$$

因此,对于固定的 $k_p^*=-1$,其稳定集如图 2.8 所示。

在区间 $(-4,0.65)$ 内遍历不同的 k_p 值,得到 (k_p,k_i,k_d) 空间的稳定增益集,如图 2.9 所示。

注 2.3 PID 稳定集 $\mathbf{S}$ 的特征数计算方法适用于如下几类控制器稳定集的计算:

$$C_1(s)=\frac{k_2s^2+k_1s+k_0}{s^2}$$

$$C_2(s)=\frac{k_2s^2+k_1s+k_0}{s^2+\omega_r^2}$$

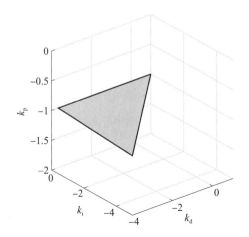

图 2.8 例 2.5 中 $k_p^* = -1$ 时的二维稳定集

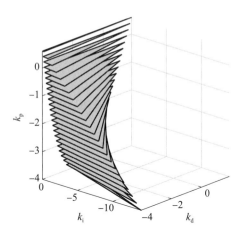

图 2.9 例 2.5 中的三维完备稳定集

$C_1(s)$ 可使输出 $y(t)$ 跟踪阶跃和斜坡输入 $r(t)$，并在闭环系统中抑制阶跃和斜坡扰动。$C_2(s)$ 被称为谐振控制器，可使输出跟踪正弦输入 $r(t)$，并抑制频率为 ω_r 的正弦扰动。

计算稳定集的主要区别在于特征多项式 $\delta(s)$。PID 控制器的 $sD(s)$ 分别由 $C_1(s)$ 的 $s^2D(s)$ 和 $C_2(s)$ 的 $(s^2+\omega_r)D(s)$ 取代。

对 $C_1(s)$ 和 $C_2(s)$ 而言，保证系统稳定的特征数需满足

$$\sigma(\nu) = n - m + 2 + 2z^+$$

对被控对象 $P(s)$ 由谐振控制器 $C_2(s)$ 进行控制的前提是，在 $\omega = \omega_r$ 处没有 $j\omega$ 轴的零点，则闭环系统无法稳定。

2.7 σ-赫尔维茨稳定性

在某些应用中，可能需要把闭环特征根置于直线 $s = -\sigma$ 左边以加快时域响应。在本节中，我们创造性地提出了 $\mathbf{S}$ 子集 $\mathbf{S}(\sigma)$ 的确定方法，使闭环极点的实部小于 $-\sigma$。通过这种方式，可以确定给定被控系统最大可实现 σ 的。简言之，就是取 σ 最小值使 $\mathbf{S}(\sigma) = \varnothing$。

将 n 阶实系数首一多项式 $\delta(s)$ 写为

$$\delta(s) = (s - \lambda_1)\cdots(s - \lambda_n) \tag{2.160}$$

式中：$\lambda_i \in \mathbf{C}$，$\forall i \in \{1, \cdots, n\}$。

定义 2.6 对于 $\sigma \geq 0$，若 $\delta(s)$ 的所有根实部小于 $-\sigma$，即对任意的 i 满足

$\mathrm{Re}\{\lambda_i\} < -\sigma$，则称其为 σ-赫尔维茨稳定。

定义 s' 使 $s = s' - \sigma$，$\delta'(s') := \delta(s' - \sigma)$，则可得到以下结论。

结论 2.1 当且仅当 $\delta(s)$ 为 σ-赫尔维茨稳定时，$\delta'(s')$ 赫尔维茨稳定。

注 2.4 赫尔维茨多项式是 σ-赫尔维茨多项式在 $\sigma = 0$ 时的特殊情形。

2.7.1　σ-赫尔维茨 PID 稳定集

1. 问题描述①

考虑如图 2.1 所示的单位反馈控制系统，被控对象与 PID 控制器分别为

$$P(s) = \frac{N(s)}{D(s)} \tag{2.161}$$

$$C(s) = k_p + \frac{k_i}{s} + k_d s \tag{2.162}$$

令

$$\mathbf{S}(\sigma) = \{(k_p, k_i, k_d) : \delta(s, k_p, k_i, k_d) \text{ 是 } \sigma\text{-赫尔维茨稳定的}\} \tag{2.163}$$

表示使得 $P(s)$ 稳定的 PID 控制器集合，即特征多项式 $\delta(s, k_p, k_i, k_d)$ 是 σ-赫尔维茨稳定的。

结论 2.2 如果 $0 \leqslant \sigma_1 \leqslant \sigma_2$，则 $\mathbf{S}(\sigma_1) \supseteq \mathbf{S}(\sigma_2)$。

下面将为给定的 σ 确定 $\mathbf{S}(\sigma)$。此外，我们创造性地确定了使得 $\mathbf{S}(\sigma)$ 为空的最大可实现 σ（$\sigma < \infty$）。

2. σ-赫尔维茨多项式的特征数法

根据结论 2.1，为了使 $\delta(s)$ 是 σ-赫尔维茨稳定的，我们检查 $\delta'(s')$ 是否为赫尔维茨稳定的。观察到

$$\delta'(s') = \delta(s' - \sigma) \tag{2.164}$$

$$= (s' - \sigma)\underbrace{D(s' - \sigma)}_{=: D'(s')} + [k_i + k_p(s' - \sigma) + k_d(s' - \sigma)^2]\underbrace{N(s' - \sigma)}_{=: N'(s')} \tag{2.165}$$

$N'_{\text{even}}(s'^2)$，$N'_{\text{odd}}(s'^2)$，$D'_{\text{even}}(s'^2)$ 和 $D'_{\text{odd}}(s'^2)$ 满足

$$N'(s') = N'_{\text{even}}(s'^2) + s'N'_{\text{odd}}(s'^2) \tag{2.166}$$

$$D'(s') = D'_{\text{even}}(s'^2) + s'D'_{\text{odd}}(s'^2) \tag{2.167}$$

那么

$$N'(-s') = N'_{\text{even}}(s'^2) - s'N'_{\text{odd}}(s'^2) \tag{2.168}$$

---

① 本节中，σ 是一个正实数，而不是赫尔维茨特征数。我们暂将赫尔维茨特征数简称为"特征数"（signature）。

令 $\mathbf{C}_\sigma^-$ 表示直线 $\text{Re}\{s\}=-\sigma$ 的左半开平面，$\mathbf{C}_\sigma^+$ 表示 $\text{Re}\{s\}=-\sigma$ 右半封闭平面。令 z_σ^- 和 z_σ^+ 分别表示 $N'(s')$ 在 $\mathbf{C}_\sigma^-$ 和 $\mathbf{C}_\sigma^+$ 上根的个数。那么 $N'(-s')$ 在 $\mathbf{C}_\sigma^-$ 有 z_σ^+ 个根，在 $\mathbf{C}_\sigma^+$ 有 z_σ^- 个根。

假设 $N(s)$ 在 $\text{Re}\{s\}=-\sigma$ 上面没有根。$N(s)|_{s=-\sigma+\mathrm{j}\omega}$ 的相角从 $\omega=0$ 至 $\omega=\infty$ 的变化量相当于 $N'(s')|_{s'=\mathrm{j}\omega}$ 的相角变化量，且

$$\Delta_{\omega=0}^{\infty} \angle N'(\mathrm{j}\omega) = \frac{\pi}{2}(z_\sigma^- - z_\sigma^+) \tag{2.169}$$

称 $z_\sigma^- - z_\sigma^+$ 为 $N'(s')$ 的 σ-特征数，并将其表示为

$$\sigma\text{-signature}(N') = z_\sigma^- - z_\sigma^+ \tag{2.170}$$

建立新的多项式：

$$\nu'(s') = \delta'(s')N'(-s') \tag{2.171}$$

并针对形式为 $\nu'(s')$ 的闭环系统，其 σ-赫尔维茨稳定性条件表述为如下的定理。

定理 2.3 当且仅当

$$\sigma\text{-signature}(\nu') = n+1-m+2z_\sigma^+ \tag{2.172}$$

时，闭环系统为 σ-赫尔维茨稳定的。

证明 根据结论 2.1 可知，$\delta'(s')$ 是赫尔维茨稳定的。条件等价于

$$\sigma\text{-signature}(\nu') = n+1-z_\sigma^-+z_\sigma^+ = n+1-m+2z_\sigma^+$$

将式(2.166)~式(2.168)代入式(2.171)，可以得到

$$\begin{aligned}\nu'(s') &= \delta'(s')N'(-s') \\ &= Q_0(s') + (k_2+k_3s'^2)Q_1(s') + k_1 s' Q_1(s')\end{aligned} \tag{2.173}$$

其中

$$Q_0(s') = (s'-\sigma)(D'_{\text{even}}(s')+s'D'_{\text{odd}}(s'))(N'_{\text{even}}(s')-s'N'_{\text{odd}}(s'))$$

$$Q_1(s') = N'^2_{\text{even}}(s) - s'^2 N'^2_{\text{odd}}(s)$$

$$k_1 = k_\text{p} - 2\sigma k_\text{d}, \quad k_2 = -\sigma k_\text{p} + k_\text{i} + \sigma^2 k_\text{d}, \quad k_3 = k_\text{d}$$

很容易看到，从 k_p，k_i，k_d 到 k_1，k_2，k_3 的转换是一个线性映射，且对所有 σ 是可逆的，则

$$\begin{bmatrix} k_\text{p} \\ k_\text{i} \\ k_\text{d} \end{bmatrix} = \begin{bmatrix} 1 & 0 & 2\sigma \\ \sigma & 1 & \sigma^2 \\ 0 & 0 & 1 \end{bmatrix} \begin{bmatrix} k_1 \\ k_2 \\ k_3 \end{bmatrix} \tag{2.174}$$

从式(2.174)中可以得出，用 k_1，k_2，k_3 表示的 $\nu'(s')$ 具有参数分离性质，用 k_p，k_i，k_d 表示与 $\nu(s)$ 时具有相同的性质。

通过固定 $k_1 = k_1^*$，可以确定 $\nu'(\mathrm{j}\omega)$ 虚部的零点。对于这样固定的 k_1^* 存在关于

k_2、k_3 的线性不等式组。通过与每组不等式对应的半平面求交集，可以得到(k_2, k_3)空间中的稳定集。通过遍历不同的 k_1 值，可以得到(k_1, k_2, k_3)空间中的稳定集。通过式(2.174)的变换，可得到对于给定 σ 的(k_p, k_i, k_d)空间中的 $\mathbf{S}(\sigma)$。最大可实现的 σ 值，可以通过增加 σ 值直到 $\mathbf{S}(\sigma)$ 为空时得到。

2.7.2 可达 σ 的计算

本节列举了 3 个例子，来说明求解 $\mathbf{S}(\sigma)$，以及给定 σ 时稳定集 $\mathbf{S}$ 子集的计算过程。

例 2.6 考虑如下的被控对象和控制器：

$$P(s) = \frac{s-2}{s^2+4s+3}, \quad C(s) = k_p + \frac{k_i}{s} \tag{2.175}$$

令 $k_d = 0$，将式(2.175)代入式(2.3)和式(2.1)，可得

$$N(s) = s-2, \quad N'(s') = s'-\sigma-2 \tag{2.176}$$

$$N'_{\text{even}}(s'^2) = -\sigma-2, \quad N'_{\text{odd}}(s'^2) = 1 \tag{2.177}$$

$$D(s) = s^2+4s+3 \tag{2.178}$$

$$D'(s') = 2^+4(s'-\sigma)+3 \tag{2.179}$$
$$= s'^2+(4-2\sigma)s'+\sigma^2-4\sigma+3$$

$$D'_{\text{even}}(s'^2) = s'^2+\sigma^2-4\sigma+3, \quad D'_{\text{odd}}(s'^2) = -2\sigma+4 \tag{2.180}$$

将式(2.177)、式(2.180)代入式(2.173)，求 $\nu'(s')$ 在 $s' = j\omega$ 处的值，可得

$$\nu'(j\omega) = p(\omega, \sigma, k_2) + jq(\omega, \sigma, k_1) \tag{2.181}$$

其中

$$p(\omega, \sigma, k_2) = p_1(\omega, \sigma) + k_2 p_2(\omega, \sigma) \tag{2.182}$$

$$q(\omega, \sigma, k_1) = q_1(\omega, \sigma) + k_1 q_2(\omega, \sigma) \tag{2.183}$$

且

$$p_1(\omega, \sigma) = -\omega^4 + (11-10\sigma)\omega^2 + (\sigma^4-2\sigma^3-5\sigma^2+6\sigma)$$

$$p_2(\omega, \sigma) = \omega^2 + \sigma^2 + 4\sigma + 4$$

$$q_1(\omega, \sigma) = (6-2\sigma)\omega^3 - (2\sigma^3+2\sigma^2-16\sigma+6)\omega$$

$$q_2(\omega, \sigma) = \omega(\omega^2+\sigma^2+4\sigma+4)$$

假设 $\sigma = 0.5$，根据定理 2.3，为了实现 σ-赫尔维茨稳定，需满足

$$\sigma\text{-signature}(\nu') = n+1-m+2z_\sigma^+ \tag{2.184}$$

$$\sigma\text{-signature}(\nu') = 2+1-1+2\times 1 \tag{2.185}$$

$$\sigma\text{-signature}(\nu') = 4 \tag{2.186}$$

k_1 的可容许范围需使得 $q(\omega, \sigma=0.5, k_1)$ 必须至少含有一个奇数重的正零点。结合图 2.10，可确定 k_1 取值为 $(-5, -0.2)$。

对于固定的 $k_1 \in (-5, -0.2)$，如取 $k_1=-1$，则

$$q(\omega, \sigma=0.5, k_1=-1) = 4\omega^3 - 5\omega \tag{2.187}$$

由此可见，$q(\omega, \sigma=0.5, k_1=-1)$ 具有奇数重的非负互异零点，分别为

$$\omega_0=0, \quad \omega_1=\frac{\sqrt{5}}{2} \tag{2.188}$$

定义 $\omega_2=\infty$，由

$$\text{sgn}[q(0^+, 0.5, -1)] = -1$$

可知与 $k_1=-1$ 对应的稳定 k_2 值必须满足如下的不等式组

$$p_1(\omega_0, \sigma=0.5) + k_2 p_2(\omega_0, \sigma=0.5) < 0 \tag{2.189}$$

$$p_1(\omega_1, \sigma=0.5) + k_2 p_2(\omega_1, \sigma=0.5) > 0 \tag{2.190}$$

$$p_1(\omega_2, \sigma=0.5) + k_2 p_2(\omega_2, \sigma=0.5) < 0 \tag{2.191}$$

将 ω_0，ω_1 和 ω_2 代入式(2.189)、式(2.190)和式(2.191)，可以得到

$$1.5625 + 6.25 k_2 < 0 \tag{2.192}$$

$$7.499 + 7.499 k_2 > 0 \tag{2.193}$$

由此可得 $-1 < k_2 < -0.25$。

利用式(2.174)表示 (k_1, k_2) 空间中的线段

$$\{(k_1, k_2): k_1=-1, -1<k_2<-0.25\} \tag{2.194}$$

映射到 (k_p, k_i) 空间中的线段为

$$\{(k_p, k_i): k_p=-1, -1.5<k_i<-0.75\} \tag{2.195}$$

通过遍历 $(-5, -0.2)$ 区间内不同的 k_1 值，并重复这个过程，可以得到 (k_1, k_2) 空间中的稳定集，最后将这个集合映射到 (k_p, k_i) 空间中，则可得到 $\sigma=0.5$ 时的 $\mathbf{S}(\sigma)$。

图 2.10 显示了不同 σ 值的集合 $\mathbf{S}(\sigma)$。图中，黄色部分表示赫尔维茨稳定集合，当 $\sigma=0$ 时，它与 $\mathbf{S}(\sigma)$ 是一致的。观察可知 $\mathbf{S}(\sigma)$ 随着 σ 的增加而伸缩，这与结论 2.2 相一致。它在 $\sigma=1.1$ 附近消失。由此可以确定最大可容许的 σ 值约为 1.1。

为了验证闭环极点的运动情况，从不同 σ 值的 $\mathbf{S}(\sigma)$ 集合的边界点选择控制器，闭环极点如图 2.11 所示。很明显随着 σ 的增加，极点被推向左边。在这个例子中，与 $\mathbf{S}(\sigma)$ 类似，闭环极点也是伸缩的。

由于被控对象是二阶的，控制器是一阶的，因此闭环系统有 3 个极点。一些复杂的共轭极点似乎超过给定的 σ，如图 2.11 中虚线椭圆标记处，但第三

个根位于 $s=-\sigma$ 处。应该注意的是,最右边的极点不是复共轭极点,而是 $s=-\sigma$ 处的实根。

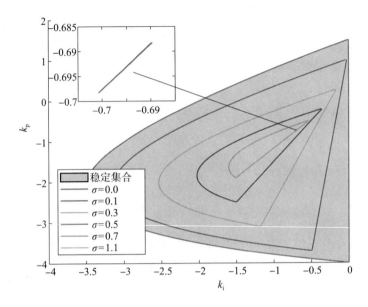

图 2.10 (见彩图)不同 σ 值的 $\mathbf{S}(\sigma)$ 集合(经许可从文献[7]复制)

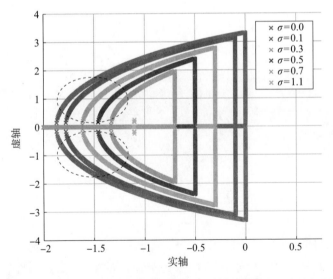

图 2.11 (见彩图)不同 σ 对应的闭环极点(经许可从文献[7]复制)

几个 PI 控制器的闭环极点位置和相应的阶跃响应如图 2.12 所示。我们选择 PI 增益使每个闭环系统都有一对复数极点,它们的虚部在 0.2 左右。观察可知随着 σ 的增加,调整时间按照预期在减少,但下超调量却在增加。当 $\sigma=1.1$ 时,闭环极点排列在直线 $\text{Re}\{s\}=-\sigma$ 上。

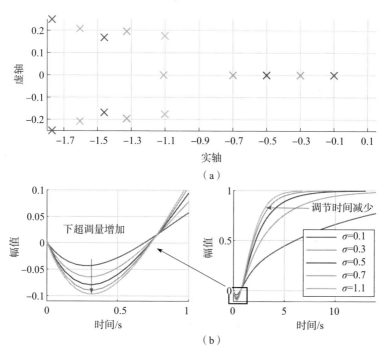

图 2.12 (见彩图)σ 对应的闭环极点(a)和阶跃响应(b)(经许可从文献[7]复制)

例 2.7 考虑如下的被控对象和控制器

$$P(s)=\frac{N(s)}{D(s)}, \quad C(s)=k_\text{p}+\frac{k_\text{i}}{s}+k_\text{d}s \tag{2.196}$$

其中

$$N(s)=s^3-2s^2-s-1 \tag{2.197}$$

$$D(s)=s^6+2s^5+32s^4+26s^3+65s^2-8s+1 \tag{2.198}$$

结合式(2.197)和式(2.198),可得

$$N'_\text{even}(s'^2)=-3\sigma s'^2-\sigma^3-2\sigma^2+\sigma-1 \tag{2.199}$$

$$N'_\text{odd}(s'^2)=s'^2+3\sigma^2+4\sigma-1 \tag{2.200}$$

$$\begin{aligned}D'_\text{even}(s'^2)=&s'^6+(15\sigma^2-10\sigma+32)s'^4\\&+(15\sigma^4-20\sigma^3+192\sigma^2-78\sigma+65)s'^2\\&+\sigma^6-2\sigma^5+32\sigma^4-26\sigma^3+65\sigma^2+8\sigma+1\end{aligned} \tag{2.201}$$

$$D'_{odd}(s'^2) = (2-6\sigma)s'^4 - (20\sigma^3 - 20\sigma^2 + 128\sigma - 26)s'^2 \\ -6\sigma^5 + 10\sigma^4 - 128\sigma^3 + 78\sigma^2 - 130\sigma - 8 \quad (2.202)$$

将式(2.199)~式(2.202)代入式(2.173)，求 $v'(s')$ 在 $s'=j\omega$ 处的值

$$v'(j\omega) = p(\omega, \sigma, k_2, k_3) + jq(\omega, \sigma, k_1) \quad (2.203)$$

式中

$$p(\omega, \sigma, k_2, k_3) = p_1(\omega, \sigma) + (k_2 - \omega^2 k_3) p_2(\omega, \sigma) \quad (2.204)$$

$$q(\omega, \sigma, k_1) = q_1(\omega, \sigma) + k_1 q_2(\omega, \sigma) \quad (2.205)$$

且

$$p_1(\omega, \sigma) = N'_{odd}(-\omega^2)(D'_{even}(-\omega^2) - \sigma D'_{odd}(-\omega^2))\omega^2 - D'_{odd}(-\omega^2)N'_{even}(-\omega^2)\omega^2 - \sigma D'_{even}(-\omega^2)N'_{even}(-\omega^2) \quad (2.206)$$

$$p_2(\omega, \sigma) = (N'_{odd}(-\omega^2))^2 \omega^2 + (N'_{even}(-\omega^2))^2 \quad (2.207)$$

$$q_1(\omega, \sigma) = D'_{odd}(-\omega^2)N'_{odd}(-\omega^2)\omega^3 + \sigma D'_{even}(-\omega^2)N'_{odd}(-\omega^2)\omega + N'_{even}(-\omega^2)(D'_{even}(-\omega^2) - \sigma D'_{odd}(-\omega^2))\omega \quad (2.208)$$

$$q_2(\omega, \sigma) = \omega[(N'_{odd}(-\omega^2))^2 \omega^2 + (N'_{even}(-\omega^2))^2] \quad (2.209)$$

集合 $\mathbf{S}(\sigma)$ 如图 2.13~图 2.15 所示。得到最大可达的 σ 值为 0.1655。通过该算法可以直观地观察到这些变化的集合是如何随着 σ 的增加而缩小的。当然，因为线性不等式的数目增加，稳定集的计算复杂度将随着系统的阶数增加而增大。

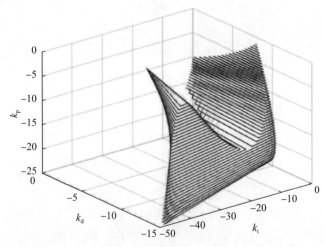

图 2.13 $\sigma=0$ 时的 $\mathbf{S}(\sigma)$（经许可从文献[7]复制）

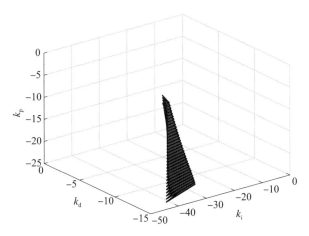

图 2.14　$\sigma=0.1$ 时的 $\mathbf{S}(\sigma)$（经许可从文献[7]复制）

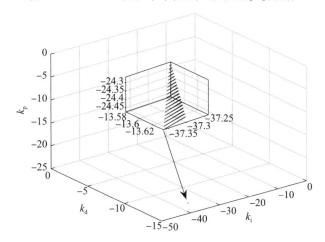

图 2.15　$\sigma=0.1655$ 时的 $\mathbf{S}(\sigma)$（经许可从文献[7]复制）

2.8　无时滞一阶控制系统的稳定集计算

在控制工程中，为了提高系统的稳定裕度，超前控制器和滞后控制器经常用来调整控制回路的频率响应。然而，所使用的设计方法往往是基于实验反复试凑得到的，而十分有效的方法还是广泛使用的一阶控制器。实际上，在重要性和有用性方面它们仅次于 PID 控制器。

在本节中，对于给定的线性时不变连续时间系统镇定问题，我们给出了一阶控制器的计算过程。这些控制器可以在二维或三维参数空间中直观显示。主要利用的工具是尼马克（Neimark）最初在 1949 年提出的 D 分解。

2.8.1 根分布的不变域

通过将多项式的边界映射到系数或参数空间，尼马克的 D 分解技术确定多项式相对于复平面上根分布的不变域。对于赫尔维茨稳定性问题，所讨论的边界是虚轴，包括无穷远处的点。这一概念可应用于特征多项式来确定系统的稳定集，系统包含的一阶控制器为

$$C(s) = \frac{x_1 s + x_2}{s + x_3} \quad (2.210)$$

串联在单位反馈控制回路的被控对象是有理且为真的[①]，表示为

$$P(s) = \frac{N(s)}{D(s)} \quad (2.211)$$

其中，$N(s)$ 和 $D(s)$ 互质。闭环特征多项式为

$$\begin{aligned}\delta(s) &= D(s)(s+x_3) + N(s)(x_1 s + x_2) \\&= (D_{even}(s^2) + s D_{odd}(s^2))(s + x_3) \\&\quad + (N_{even}(s^2) + s N_{odd}(s^2))(x_1 s + x_2) \\&= (s^2 D_{odd}(s^2) + x_3 D_{even}(s^2) + x_2 N_{even}(s^2) + x_1 s^2 N_{odd}(s^2)) \\&\quad + s(D_{even}(s^2) + x_3 D_{odd}(s^2) + x_2 N_{odd}(s^2) + x_1 N_{even}(s^2))\end{aligned} \quad (2.212)$$

令 $s = j\omega$ 并代入式(2.212)，可得

$$\begin{aligned}\delta(j\omega) &= (-\omega^2 N_{odd}(-\omega^2) x_1 + N_{even}(-\omega^2) x_2 + D_{even}(-\omega^2) x_3 \\&\quad -\omega^2 D_{odd}(-\omega^2)) + j\omega(N_{even}(-\omega^2) x_1 \\&\quad + N_{odd}(-\omega^2) x_2 + D_{odd}(-\omega^2) x_3 + D_{even}(-\omega^2))\end{aligned} \quad (2.213)$$

在 x_1, x_2, x_3 空间中，复数根的边界可由如下方程给出

$$\delta(j\omega) = 0, \quad \omega \in (0, +\infty) \quad (2.214)$$

实数根边界为

$$\delta(0) = 0, \quad \delta_{n+1} = 0 \quad (2.215)$$

式中：δ_{n+1} 为 $\delta(s)$ 的首项系数。

因此存在

$$-\omega^2 N_{odd}(-\omega^2) x_1 + N_{even}(-\omega^2) x_2 + D_{even}(-\omega^2) x_3 - \omega^2 D_{odd}(-\omega^2) = 0 \quad (2.216)$$

$$\omega(N_{even}(-\omega^2) x_1 + N_{odd}(-\omega^2) x_2 + D_{odd}(-\omega^2) x_3 + D_{even}(-\omega^2)) = 0 \quad (2.217)$$

由此可得

$$N_{even}(0) x_2 + D_{even}(0) x_3 = 0 \quad (2.218)$$

---

① 译者注：当被控对象的分子、分母多项式的阶次相同时，称被控对象是真的。

$$d_n + x_1 n_n = 0 \tag{2.219}$$

式中：d_n 和 n_n 分别为 s^n 在 $D(s)$ 和 $N(s)$ 中的系数。

将式(2.216)和式(2.217)表示为矩阵形式

$$\underbrace{\begin{bmatrix} \omega^2 N_{odd}(-\omega^2) & -N_{even}(-\omega^2) \\ N_{even}(-\omega^2) & N_{odd}(-\omega^2) \end{bmatrix}}_{A(\omega)} \begin{bmatrix} x_1 \\ x_2 \end{bmatrix} = \begin{bmatrix} D_{even}(-\omega^2)x_3 - \omega^2 D_{odd}(-\omega^2) \\ -D_{odd}(-\omega^2)x_3 - D_{even}(-\omega^2) \end{bmatrix}$$

$$\tag{2.220}$$

首先考虑 $\omega>0$ 时 $|A(\omega)| \neq 0$ 的情形，则

$$|A(\omega)| = \omega^2 N_{odd}^2(-\omega^2) + N_{even}^2(-\omega^2) > 0 \quad \forall\, \omega>0 \tag{2.221}$$

对于每一个 x_3，式(2.220)在每一个 $\omega>0$ 点都有唯一的解 $x_1(\omega)$ 和 $x_2(\omega)$，即

$$x_1(\omega) = \frac{1}{|A(\omega)|}[(N_{odd}(-\omega^2)D_{even}(-\omega^2) - N_{even}(-\omega^2)D_{odd}(-\omega^2))x_3 \\ -\omega^2 N_{odd}(-\omega^2)D_{odd}(-\omega^2) - N_{even}(-\omega^2)D_{even}(-\omega^2)]$$

$$\tag{2.222}$$

$$x_2(\omega) = \frac{1}{|A(\omega)|}[(-N_{even}(-\omega^2)D_{even}(-\omega^2) - \omega^2 N_{odd}(-\omega^2)D_{odd}(-\omega^2))x_3 \\ + \omega^2 N_{even}(-\omega^2)D_{odd}(-\omega^2) - \omega^2 N_{odd}(-\omega^2)D_{even}(-\omega^2)]$$

$$\tag{2.223}$$

令 x_3 为一个固定值，让 ω 从 0 变化到 ∞。上述方程在 (x_1, x_2) 平面上画出了一条与复根空间边界相对应的曲线，该曲线沿着式(2.218)和式(2.219)的直线将参数空间划分为一组开放的根分布不变域。最后遍历 x_3，找到这块区域。

$\omega \neq 0$ 时，$|A(\omega)| = 0$ 很容易看出 $D(s)$ 和 $N(s)$ 在 $s = \pm j\omega$ 上有一个共同的根，通常该情形可以忽略。

2.8.2 一阶稳定集的计算过程

一阶控制器稳定集的计算步骤如下。
（1）根据图 2.1 计算特征多项式，见式(2.212)。
（2）将 $s = j\omega$ 代入式(2.212)，见式(2.213)。
（3）见式(2.215)，设 $\delta(j0) = 0$，求 $\omega = 0$ 处复根的稳定边界。
（4）利用式(2.222)和式(2.223)，求复根在 $\omega > 0$ 时的稳定边界。
令 x_3 为固定值，$\omega > 0$，可知 (x_1, x_2) 平面上的曲线代表复根的稳定边界。形成的每个区域对应一组具有固定数量的右半开平面根的特征多项式。

(5) 对于固定的 x_3，在每个区域内选取一个点，计算特征方程的根。选择没有右半开平面根的区域，遍历 x_3，就能在三维空间中得到给定被控对象的稳定区域(如果稳定区域存在)。

下面的示例详细说明了上述计算过程。

例 2.8 考虑图 2.1 所示的连续时间系统，被控对象为

$$P(s) = \frac{s-2}{s^2+0.6s-0.1} \tag{2.224}$$

控制器为

$$C(s) = \frac{x_1 s + x_2}{s + x_3} \tag{2.225}$$

根据 2.8.2 节给出的稳定集计算过程，第一步为

$$\begin{cases} N_{\text{even}}(s^2) = -2 \\ N_{\text{odd}}(s^2) = 1 \\ D_{\text{even}}(s^2) = s^2 - 0.1 \\ D_{\text{odd}}(s^2) = 0.6 \end{cases} \tag{2.226}$$

那么由式(2.212)可得特征多项式

$$\delta(s) = [(x_1+x_3+0.6)s^2 - 0.1x_3 - 2x_2] + s[s^2 - 2x_1 + x_2 + 0.6x_3 - 0.1] \tag{2.227}$$

将 $s = j\omega$ 代入特征方程式(2.227)，可以得到

$$\delta(j\omega) = [-(x_1+x_3+0.6)\omega^2 - 2x_2 - 0.1x_3] + j\omega[-\omega^2 - 2x_1 + x_2 + 0.6x_3 - 0.1] \tag{2.228}$$

对于稳定性边界，需要满足式(2.218)和式(2.219)这两个条件。

对于 $\omega = 0$，可以得到

$$-2x_2 - 0.1x_3 = 0 \tag{2.229}$$

存在一个实根边界

$$x_2 = -0.05x_3 \tag{2.230}$$

对于 $\omega > 0$，结合式(2.222)和式(2.223)，可得

$$\begin{aligned} x_1(\omega) &= \frac{(-\omega^2 - 0.1)x_3 - 2.6\omega^2 - 0.2}{\omega^2 + 4} \\ x_2(\omega) &= \frac{(-2.6\omega^2 - 0.2)x_3 + \omega^4 - 1.1\omega^2}{\omega^2 + 4} \end{aligned} \tag{2.231}$$

为了便于说明，令 $x_3 = 1$，则对应的稳定区域如图 2.16 所示。将各区域进行编号，以表示特征数不变的根区域，我们可以选择区域中包含的任何值并检验根

的分布情况。可以发现，编号为 4 的区域是稳定域。将 x_3 从 -0.4 遍历至 8，得到如图 2.17 所示的三维图形，表示式(2.224)中被控对象 $P(s)$ 的稳定集。

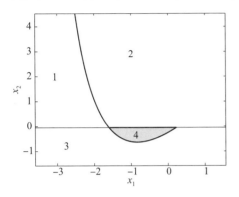

图 2.16　例 2.8 中 $x_3=1$ 时的根不变区域
（经许可从文献[5]复制）

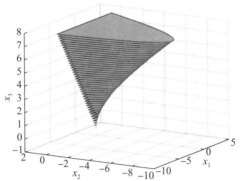

图 2.17　例 2.8 中 $-0.4<x_3<8$ 的稳定域
（经许可从文献[5]复制）

2.9　注释

对于给定的无时滞线性时不变系统，所有 PID 镇定控制器的特性描述见何(Ho)、达塔和巴塔查里亚的文献[8]。关于拓展性的说明，读者可参考由达塔、何和巴塔查里亚撰写的《PID 控制器的结构与综合》[4]。

2.2 节和 2.3 节的研究结果来自巴塔查里亚、达塔和科尔所著的《线性控制理论：结构、鲁棒性和优化》[3]。此外，对于一阶控制器和连续时间 PI 和 PID 控制器的研究成果，可在文献[9]中获取更多的详细信息。

文献[1]基于状态反馈，提出了稳定度的概念，即给定 σ 设计线性二次型调节器(LQR)。控制律使二次性能指标最小化，闭环极点的实部小于 $-\sigma$。文献[2]针对系统受参数扰动的情形，提出了一种基于分支定界算法的稳定度计算方法。文献[11]给定阻尼比和稳定度，提出了状态反馈控制器设计方法，该算法基于闭环极点在指定圆域内设计控制律。

文献[13]提出了一种基于最优稳定度计算 PID 增益的方法，假设被控对象模型为全极点，即没有零点。文献[6,14]提出了基于主导极点配置的 PID 控制器设计方法。在主导极点配置中，由设计者选择一对极点的期望位置，并基于期望的主导极点来选择 PID 增益。进一步调节增益，使其余极点的实部比主导极点的实部小。文献[10]中的一阶控制器和文献[12]中的比例积分延迟(proportional-integral-retarded，PIR)控制器采用了类似的方法。

参考文献

[1] Anderson, B. D., Moore, J. B.: Linear system optimisation with prescribed degree of stability. Proc. Inst. Electr. Eng. 116(12), 2083–2087(1969)

[2] Balakrishnan, V., Boyd, S., Balemi, S.: Branch and bound algorithm for computing the minimum stability degree of parameter-dependent linear systems. Int. J. Robust Nonlinear Control, 1(4), 295–317(1991)

[3] Bhattacharyya, S. P., Datta, A., Keel, L. H.: Linear Control Theory: Structure, Robustness, and Optimization. CRC Press Taylor & Francis Group(2009)

[4] Datta, A., Ho, M.-T., Bhattacharyya, S. P.: Structure and Synthesis of PID Controllers. Springer, Berlin(2000)

[5] Diaz-Rodriguez, I. D.: Modern design of classical controllers: continuous-time first order controllers. In: Proceedings of the 41st Annual Conference of the IEEE Industrial Electronics Society, Student Forum. IECON, pp. 000070–000075(2015)

[6] Dincel, E., Söylemez, M. T.: Limitations on dominant pole pair selection with continuous PI and PID controllers. In: 2016 International Conference on Control, Decision and Information Technologies(CoDIT), pp. 741–745(2016)

[7] Han, S., Bhattacharyya, S.: PID controller synthesis using a σ–Hurwitz stability criterion. IEEE Control Syst. Lett. 2(3), 525–530(2018)

[8] Ho, M.-T., Datta, A., Bhattacharyya, S. P.: A linear programming characterization of all stabilizing PID controllers. In: Proceedings of the 1997 American Control Conference, pp. 3922–3928(1997)

[9] Keel, L. H., Bhattacharyya, S. P.: Controller synthesis free of analytical models: three term controllers. IEEE Trans. Autom. Control, 53(6), 1353–1369(2008)

[10] Madady, A., Reza-Alikhani, H.-R.: First-order controllers design employing dominant pole placement. In: 2011 19th Mediterranean Conference on Control & Automation(MED), pp. 1498–1503(2011)

[11] Misra, P.: LQR design with prescribed damping and degree of stability. In: 1996 Proceedings of the 1996 IEEE International Symposium on Computer-Aided Control System Design, pp. 68–70. IEEE(1996)

[12] Ramírez, A., Mondié, S., Garrido, R.: Proportional integral retarded control of second order linear systems. In: 2013 IEEE 52nd Annual Conference on Decision and Control (CDC), pp. 2239–2244(2013)

[13] Shubladze, A.: A procedure for calculating the optimal stability of PID controls. 2. Autom. Remote Control 48(6), 748–756(1987)

[14] Srivastava, S., Pandit, V.: A PI/PID controller for time delay systems with desired closed loop time response and guaranteed gain and phase margins. J. Process Control, 37, 70–77(2016)

第3章
Ziegler-Nichols 系统的稳定集

本章研究一阶时滞系统的 PID 镇定问题。这种系统被称为齐格勒-尼科尔斯(Ziegler-Nichols)系统，人们对其 PID 控制器的设计非常感兴趣。2002 年，P、PI 和 PID 控制器稳定集的确定问题得到了完全解决。解决方案是将经典的埃尔米特-比勒(Hermite-Biehler)多项式定理推广到准多项式。在这里，我们以算法的形式总结了结果，省略了证明的细节。读者若有兴趣，可参考"注释和参考文献"部分引用的资源。

3.1 概述

线性时不变系统经常涉及时间延迟问题，可能是由控制过程的通信、运输、传输延迟或惯性效应等因素引起的。在电气、化工、液压和气动系统以及传输线、机器人和工业过程中都可能发生时间延迟。最常研究的案例之一是 Ziegler-Nichols 系统，因为许多工业过程都可以近似为这种类型的系统。研究这类时滞系统产生的特征方程，称之为准多项式。庞德里亚金是最早研究这类准多项式的研究人员之一，他给出了一个准多项式的根具有负实部的充分必要条件。在庞德里亚金工作的基础上，研究人员对埃尔米特-比勒定理进行了适当的推广，研究了些类型的准多项式的稳定性。2001 年，吉尔莫、达塔和巴塔查里亚研究得到了计算 Ziegler-Nichols 系统稳定集的完备解。

3.2 Ziegler-Nichols 系统的 PI 控制稳定集

考虑如下 Ziegler-Nichols 的线性时不变系统

$$P(s) = \frac{k}{1+Ts} \mathrm{e}^{-Ls} \tag{3.1}$$

PI 控制器为

$$C(s)=\frac{k_p s+k_i}{s} \tag{3.2}$$

式中：k 为稳态增益，L 为延迟时间，T 为系统的时间常数，k_p，k_i 为控制器增益。目的是分析确定 (k_p, k_i) 参数空间中闭环系统稳定的区域。

当模型延迟时间 $L=0$ 时，闭环系统的特征方程为

$$\delta(s)=Ts^2+(kk_p+1)s+kk_i \tag{3.3}$$

结合式(3.3)，为保证无延迟系统的闭环稳定性，存在以下不等式成立

$$kk_i>0, \quad kk_p+1>0, \quad T>0 \tag{3.4}$$

或

$$kk_i<0, \quad kk_p+1<0, \quad T<0 \tag{3.5}$$

显然，开环稳定系统必须满足式(3.4)，而开环不稳定系统必须满足式(3.5)。假设系统稳态增益 k 为正，则可得如下的无时滞系统闭环稳定条件

$$k_p>-\frac{1}{k}, \quad k_i>0 \text{ 开环稳定系统}, T>0 \tag{3.6}$$

$$k_p<-\frac{1}{k}, \quad k_i<0 \text{ 开环不稳定系统}, T<0 \tag{3.7}$$

对于 $L>0$，系统的闭环特征方程为

$$\delta(s)=(kk_i+kk_p)e^{-Ls}+(1+Ts)s \tag{3.8}$$

下面总结席尔瓦(Silva)、达塔和巴塔查里亚在 2001 年提出的 PI 完备稳定集的计算步骤，包括两种不同的情形：开环稳定的 Ziegler-Nichols 系统和开环不稳定的 Ziegler-Nichols 系统。

3.2.1 开环稳定的 Ziegler-Nichols 系统

对于采用 PI 控制器的开环稳定的 Ziegler-Nichols 系统，有 $T>0$，进一步假设 $k>0$，$L>0$。计算 PI 稳定集的步骤如下。

步骤 1 对于 $L=0$，特征方程为

$$\delta(s)=Ts^2+(kk_p+1)s+kk_i \tag{3.9}$$

为了保证稳定，必有以下不等式成立

$$k_p>-\frac{1}{k}, \quad k_i>0 \tag{3.10}$$

步骤 2 对于 $L>0$，特征方程为

$$\delta(s)=(kk_i+kk_p)e^{-Ls}+(1+Ts)s \tag{3.11}$$

考虑到 $\delta^*(s)=e^{Ls}\delta(s)$，可得

$$\delta^*(s) = (kk_i + kk_p s) + (1 + Ts)se^{Ls} \tag{3.12}$$

步骤 3　计算

$$\delta^*(j\omega) = \delta_r(\omega) + j\delta_i(j\omega) \tag{3.13}$$

其中,

$$\delta_r(\omega) = kk_i - \omega\sin(L\omega) - T\omega^2\cos(L\omega) \tag{3.14}$$

$$\delta_i(\omega) = \omega[kk_p + \cos(L\omega) - T\omega\sin(L\omega)] \tag{3.15}$$

步骤 4　作变量代换即令 $z = L\omega$,并计算 $\delta^*(z)$ 新的实部和虚部

$$\delta_r(z) = k(k_i - a(z)) \tag{3.16}$$

$$\delta_i(z) = \frac{z}{L}\left(kk_p + \cos z - \frac{T}{L}z\sin z\right) \tag{3.17}$$

其中,

$$a(z) = \frac{z}{kL}\left(\sin z + \frac{T}{L}z\cos z\right) \tag{3.18}$$

步骤 5　取 $k_p = k_p^*$,且满足条件:

$$-\frac{1}{k} < k_p < \frac{T}{kL}\sqrt{\alpha_1^2 + \frac{L^2}{T^2}} \tag{3.19}$$

式中:$\alpha = \alpha_1$ 位于区间 $\left(\frac{\pi}{2}, \pi\right)$ 中,是方程式(3.20)的解。

$$\tan\alpha = -\frac{T}{L}\alpha \tag{3.20}$$

步骤 6　令 z_j 表示 $\delta_i(z)$ 的第 j 个实根,换句话说,是以下方程的第 j 个实根:

$$kk_p^* + \cos z - \frac{T}{L}z\sin z = 0 \tag{3.21}$$

对以下几种情形,可以用图形法找到根。

(1) $-\frac{1}{k} < k_p^* < \frac{1}{k}$:确定函数 $\frac{kk_p^* + \cos z}{\sin z}$ 和 $\frac{T}{L}z$ 的交点。

(2) $k_p^* = \frac{1}{k}$:确定函数 $kk_p + \cos z$ 和 $\frac{T}{L}z\sin z$ 的交点。

(3) $\frac{1}{k} < k_p^* < \frac{T}{kL}\sqrt{\alpha_1^2 + \frac{L^2}{T^2}}$:确定函数 $\frac{kk_p^* + \cos z}{\sin z}$ 和 $\frac{T}{L}z$ 的交点。

步骤 7　利用式(3.18)计算参数 $a_j = a(z)|_{z=z_j}$。

步骤 8　如果 $\cos z_j > 0$,则进入下一步。否则,令 $j = j+2$,转到步骤 6。

步骤 9　由下式确定 k_i 的上、下限:

$$0 < k_i < \min_{l=1,3,5,\cdots,j}\{a_l\} \tag{3.22}$$

步骤 10　由式(3.19)更新 k_p^*，重复步骤 6～步骤 10，直到遍历完式(3.19)范围内所有的 k_p。

通过下面的示例演示上述过程。

例 3.1　考虑如下开环稳定的 Ziegler-Nichols 系统

$$P(s) = \frac{1}{2s+1}e^{-0.3s} \tag{3.23}$$

PI 控制器如式(3.2)所示，特征方程为

$$\delta(s) = (2s+1)s + (k_p s + k_i)e^{-0.3s} \tag{3.24}$$

由式(3.12)可得

$$\delta^*(s) = e^{0.3s}(2s+1)s + (k_p s + k_i) \tag{3.25}$$

对于 $L=0$，有

$$\delta(s) = 2s^2 + (k_p + 1)s + k_i \tag{3.26}$$

为了保证稳定性，需要满足 $k_p > -1$，$k_i > 0$。

对于 $L>0$，结合式(3.8)可得

$$\delta^*(j\omega) = \delta_r(\omega) + j\delta_i(j\omega) \tag{3.27}$$

式中

$$\delta_r(\omega) = k_i - \omega\sin(0.3\omega) - 2\omega^2\cos(0.3\omega) \tag{3.28}$$

$$\delta_i(\omega) = \omega[k_p + \cos(0.3\omega) + 2\omega\sin(0.3\omega)] \tag{3.29}$$

为保证稳定性，根据式(3.18)可以计算出 k_p 的范围：

$$-1 < k_p < 6.6667\sqrt{\alpha_1^2 + 0.0225} \tag{3.30}$$

按照上述步骤，得到带 PI 控制器开环稳定 Ziegler-Nichols 系统的稳定集，如图 3.1 所示。

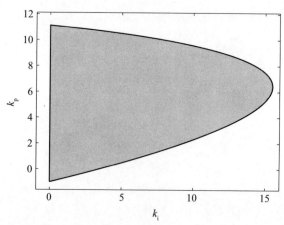

图 3.1　例 3.1 中带 PI 控制器的开环稳定的 Ziegler-Nichols 系统的稳定集

3.2.2 开环不稳定的 Ziegler-Nichols 系统

对于带 PI 控制器的开环不稳定的 Ziegler-Nichols 系统,有 $T<0$,$k>0$ 和 $L>0$。为了保证无延迟系统的闭环稳定性,需要满足

$$k_\mathrm{p}<-\frac{1}{k},\quad k_\mathrm{i}<0 \tag{3.31}$$

PI 稳定集的计算步骤如下。

步骤 1 对于 $L=0$,特征方程可描述为

$$\delta(s)=Ts^2+(kk_\mathrm{p}+1)s+kk_\mathrm{i} \tag{3.32}$$

为了保证稳定,需要满足

$$k_\mathrm{p}<-\frac{1}{k},\quad k_\mathrm{i}<0 \tag{3.33}$$

步骤 2 计算特征方程

$$\delta(s)=(kk_\mathrm{i}+kk_\mathrm{p})\mathrm{e}^{-Ls}+(1+Ts)s \tag{3.34}$$

令 $\delta^*(s)=\mathrm{e}^{Ls}\delta(s)$,得到

$$\delta^*(s)=(kk_\mathrm{i}+kk_\mathrm{p}s)+(1+Ts)s\mathrm{e}^{Ls} \tag{3.35}$$

步骤 3 计算

$$\delta^*(\mathrm{j}\omega)=\delta_\mathrm{r}(\omega)+\mathrm{j}\delta_\mathrm{i}(\mathrm{j}\omega) \tag{3.36}$$

式中

$$\delta_\mathrm{r}(\omega)=kk_\mathrm{i}-\omega\sin(L\omega)-T\omega^2\cos(L\omega) \tag{3.37}$$

$$\delta_\mathrm{i}(\omega)=\omega[kk_\mathrm{p}+\cos(L\omega)-T\omega\sin(L\omega)] \tag{3.38}$$

步骤 4 作变量代换,即令 $z=L\omega$,计算 $\delta^*(z)$ 新的实部和虚部

$$\delta_\mathrm{r}(z)=k(k_\mathrm{i}-a(z)) \tag{3.39}$$

$$\delta_\mathrm{i}(z)=\frac{z}{L}\left(kk_\mathrm{p}+\cos z-\frac{T}{L}z\sin z\right) \tag{3.40}$$

式中

$$a(z)=\frac{z}{kL}\left(\sin z+\frac{T}{L}z\cos z\right) \tag{3.41}$$

步骤 5 取 $k_\mathrm{p}=k_\mathrm{p}^*$,且满足

$$\frac{T}{kL}\sqrt{\alpha_1^2+\frac{L^2}{T^2}}<k_\mathrm{p}<-\frac{1}{k} \tag{3.42}$$

式中:α_1 为方程式(3.43)在区间 $\left(0,\dfrac{\pi}{2}\right)$ 内的解。

$$\tan\alpha = -\frac{T}{L}\alpha \tag{3.43}$$

步骤6 令 z_j 表示 $\delta_i(z)$ 的第 j 个实根，即以下方程的第 j 个实根：

$$kk_p^* + \cos z - \frac{T}{L}z\sin z = 0 \tag{3.44}$$

对以下这种情形，可以用图形法找到根。

$\frac{T}{kL}\sqrt{\alpha_1^2 + \frac{L^2}{T^2}} < k_p^* < -\frac{1}{k}$：确定函数 $\frac{kk_p^* + \cos z}{\sin z}$ 和 $\frac{T}{L}z$ 的交点。

步骤7 利用式(3.41)计算参数 $a_j = a(z)|_{z=z_j}$。

步骤8 如果 $\cos z_j > 0$，则进入下一步。否则，令 $j = j+2$，转到步骤6。

步骤9 由下式确定 k_i 的上、下限：

$$\min_{l=1,3,5,\cdots,j}\{a_l\} < k_i < 0 \tag{3.45}$$

步骤10 由式(3.42)更新 k_p^* 的值，重复步骤6～步骤10，直到遍历式(3.42)中所有的 k_p。

下面通过示例说明上述过程。

例3.2 考虑如下带PI控制器的开环不稳定的Ziegler-Nichols系统：

$$P(s) = \frac{5}{-12s+1}e^{-0.5s} \tag{3.46}$$

采用式(3.2)所示的PI控制器，系统的特征方程为

$$\delta(s) = (-12s+1)s + 5(k_p s + k_i)e^{-0.5s} \tag{3.47}$$

由式(3.35)可得

$$\delta^*(s) = e^{0.5s}(-12s+1)s + 5(k_p s + k_i) \tag{3.48}$$

对于 $L=0$，有

$$\delta(s) = -12s^2 + (5k_p + 1)s + 5k_i \tag{3.49}$$

为了保持稳定，需要满足 $k_p < -\frac{1}{5}$，$k_i < 0$。

对于 $L>0$，结合式(3.37)和式(3.38)，可得

$$\delta^*(j\omega) = \delta_r(\omega) + j\delta_i(j\omega) \tag{3.50}$$

式中

$$\delta_r(\omega) = 5k_i - \omega\sin(0.5\omega) + 12\omega^2\cos(0.5\omega) \tag{3.51}$$

$$\delta_i(\omega) = \omega[5k_p + \cos(0.5\omega) + 12\omega\sin(0.5\omega)] \tag{3.52}$$

根据式(3.42)计算 k_p 的稳定范围：

$$-4.8\sqrt{\alpha_1^2 + 0.0017} < k_p < -\frac{1}{5} \tag{3.53}$$

按照前述计算步骤，得到带 PI 控制器的开环不稳定的 Ziegler-Nichols 系统的稳定集，如图 3.2 所示。

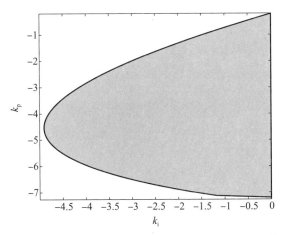

图 3.2　例 3.2 中带 PI 控制器的开环不稳定 Ziegler-Nichols 系统的稳定集

3.3　Ziegler-Nichols 系统的 PID 控制稳定集

考虑如下线性时不变系统

$$P(s)=\frac{k}{1+Ts}\mathrm{e}^{-Ls} \tag{3.54}$$

式中：k 为稳态增益；L 为延迟时间；T 为系统的时间常数。

考虑 PID 控制器

$$C(s)=\frac{k_d s^2+k_p s+k_i}{s} \tag{3.55}$$

式中：k_p 为比例增益，k_i 为积分增益，k_d 为微分增益。目标是分析确定使闭环系统稳定的控制器参数集合 (k_p, k_i, k_d)。

首先分析无延迟时间的系统，即 $L=0$。这种情况下系统的闭环特征方程为

$$\delta(s)=(T+kk_d)s^2+(1+kk_p)s+kk_i \tag{3.56}$$

由于这是一个二阶多项式，所以闭环稳定性等价于所有系数同号。假设系统的稳态增益 k 为正，则条件为

$$k_p>-\frac{1}{k},\quad k_i>0\quad 且\quad k_d>-\frac{T}{k} \tag{3.57}$$

或

$$k_p<-\frac{1}{k},\quad k_i<0\quad 且\quad k_d<-\frac{T}{k} \tag{3.58}$$

对任何控制设计的最低要求是无延迟的闭环系统稳定。因此,本节假设镇定延迟系统的 PID 增益总是满足条件式(3.57)或式(3.58)。

接下来考虑系统模型延迟不为零的情况,可以得到系统的闭环特征方程为

$$\delta(s) = (kk_i + kk_p s + kk_d s^2) e^{-Ls} + (1+Ts)s \tag{3.59}$$

下面我们总结了完备 PID 稳定集的计算步骤,同样包括两种不同的情形:开环稳定的 Ziegler-Nichols 系统和开环不稳定的 Ziegler-Nichols 系统。

3.3.1 开环稳定的 Ziegler-Nichols 系统

对于带 PID 控制器的开环稳定的 Ziegler-Nichols 系统,有 $T>0$,$k>0$ 和 $L>0$。PID 稳定集的计算步骤如下。

步骤 1 对于 $L=0$,特征方程为

$$\delta(s) = (T + kk_d)s^2 + (kk_p + 1)s + kk_i \tag{3.60}$$

为了保证稳定,要求

$$k_p > -\frac{1}{k}, \quad k_i > 0, \quad k_d > -\frac{T}{k} \tag{3.61}$$

步骤 2 对于 $L>0$,特征方程为

$$\delta(s) = (kk_i + kk_p s + kk_d s^2) e^{-Ls} + (1+Ts)s \tag{3.62}$$

设 $\delta^*(s) = e^{Ls}\delta(s)$,可得

$$\delta^*(s) = (kk_i + kk_p s + kk_d s^2) + (1+Ts)s e^{Ls} \tag{3.63}$$

步骤 3 计算

$$\delta^*(j\omega) = \delta_r(\omega) + j\delta_i(j\omega) \tag{3.64}$$

式中

$$\delta_r(\omega) = kk_i - kk_d \omega^2 - \omega\sin(L\omega) - T\omega^2\cos(L\omega) \tag{3.65}$$

$$\delta_i(\omega) = \omega[kk_p + \cos(L\omega) - T\omega\sin(L\omega)] \tag{3.66}$$

步骤 4 作变量代换,即令 $z=L\omega$,计算 $\delta^*(z)$ 新的实部和虚部

$$\delta_r(z) = kk_i - \frac{kk_d}{L^2}z^2 - \frac{1}{L}z\sin(z) - \frac{T}{L^2}z^2\cos z \tag{3.67}$$

$$\delta_i(z) = \frac{z}{L}\left(kk_p + \cos z - \frac{T}{L}z\sin z\right) \tag{3.68}$$

步骤 5 取 $k_p = k_p^*$,且满足

$$-\frac{1}{k} < k_p < \frac{1}{k}\left(\frac{T}{L}\alpha_1\sin\alpha_1 - \cos\alpha_1\right) \tag{3.69}$$

式中:$\alpha = \alpha_1$ 为在区间 $(0, \pi)$ 中方程式(3.70)的解,则

$$\tan\alpha = -\frac{T}{T+L}\alpha \tag{3.70}$$

第 3 章　Ziegler-Nichols 系统的稳定集

步骤 6　由下式寻找 $\delta_i(z)$ 的根 z_1 和 z_2

$$kk_p^* + \cos z - \frac{T}{L} z \sin z = 0 \tag{3.71}$$

对以下几种情形，可以用图形法找到根。

(1) $-\dfrac{1}{k} < k_p^* < \dfrac{1}{k}$：确定函数 $\dfrac{kk_p^* + \cos z}{\sin z}$ 和 $\dfrac{T}{L} z$ 的交点。

(2) $k_p^* = \dfrac{1}{k}$：确定函数 $kk_p + \cos z$ 和 $\dfrac{T}{L} z \sin z$ 的交点。

(3) $\dfrac{1}{k} < k_p^* < \dfrac{T}{kL}\left(\dfrac{T}{L}\alpha_1 \sin\alpha_1 - \cos\alpha_1\right)$：确定函数 $\dfrac{kk_p^* + \cos z}{\sin z}$ 和 $\dfrac{T}{L} z$ 的交点。

步骤 7　计算参数 $m_j(z_j)$ 和 $b_j(z_j)$，其中 $j=1, 2$，且

$$m(z) = \frac{L^2}{z^2} \tag{3.72}$$

$$b(z) = -\frac{L}{kz}\left(\sin z + \frac{T}{L} z \cos z\right) \tag{3.73}$$

步骤 8　利用图 3.3 计算 (k_i, k_d) 的稳定集。

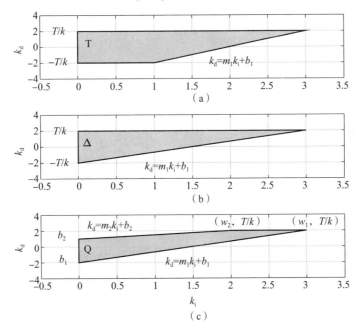

图 3.3　(k_i, k_d) 的稳定域（经许可从文献[9]复制）

(a) $-\dfrac{1}{k} < k_p < \dfrac{1}{k}$；(b) $k_p = \dfrac{1}{k}$；(c) $\dfrac{1}{k} < k_p < \dfrac{T}{kL}\left(\dfrac{T}{L}\alpha_1 \sin\alpha_1 - \cos\alpha_1\right)$。

步骤9　转至步骤5，在式(3.69)的范围内更新参数k_p^*。重复步骤6~步骤9，直到遍历完式(3.69)中所有的k_p值。

下面通过示例来说明上述过程。

例3.3　考虑如下带PID控制器的开环稳定的连续时间的Ziegler-Nichols系统

$$P(s) = \frac{1}{2s+1}e^{-2s} \tag{3.74}$$

PID控制器如式(3.55)所示，特征方程为

$$\delta(s) = (2s+1)s + (k_d s^2 + k_p s + k_i)e^{-2s} \tag{3.75}$$

根据式(3.63)可得

$$\delta^*(s) = e^{2s}(2s+1)s + (k_d s^2 + k_p s + k_i) \tag{3.76}$$

对于$L=0$，有

$$\delta(s) = (k_d+2)s^2 + (k_p+1)s + k_i \tag{3.77}$$

为了保证稳定性，要求

$$k_p > -1, \quad k_i > 0, \quad k_d > -2 \tag{3.78}$$

对于$L>0$，有

$$\delta^*(j\omega) = \delta_r(\omega) + j\delta_i(j\omega) \tag{3.79}$$

式中

$$\delta_r(\omega) = k_i - k_d\omega^2 - \omega\sin(2\omega) - 2\omega^2\cos(2\omega) \tag{3.80}$$

$$\delta_i(\omega) = \omega[k_p + \cos(2\omega) - 2\omega\sin(2\omega)] \tag{3.81}$$

为保证稳定性，结合式(3.69)，可以计算出k_p的范围为

$$-1 < k_p < (\alpha_1 \sin\alpha_1 - \cos\alpha_1) \tag{3.82}$$

按照前述计算步骤，得到带PID控制器的开环稳定的Ziegler-Nichols系统的稳定集，如图3.4所示。

3.3.2　开环不稳定的Ziegler-Nichols系统

考虑带PID控制器的开环不稳定的Ziegler-Nichols系统的PID稳定问题，这种情况下式(3.54)中的$T<0$。此外，假设$k>0$且$L>0$。若存在稳定控制器，则需要满足$\left|\frac{T}{L}\right| > 0.5$。当$\left|\frac{T}{L}\right| > 0.5$时，PID稳定集的计算过程如下。

步骤1　对于$L=0$，计算特征方程为

$$\delta(s) = (T+kk_d)s^2 + (kk_p+1)s + kk_i \tag{3.83}$$

为了保证稳定性，需满足

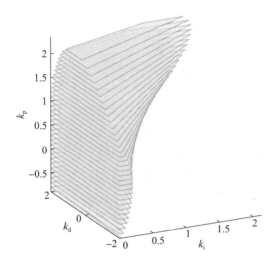

图 3.4 例 3.3 中带 PID 控制器的开环稳定 Ziegler-Nichols 系统的稳定集

$$k_p < -\frac{1}{k}, \quad k_i < 0, \quad k_d < -\frac{T}{k} \tag{3.84}$$

步骤 2 对于 $L>0$，计算特征方程为

$$\delta(s) = (kk_i + kk_p s + kk_d s^2) e^{-Ls} + (1+Ts)s \tag{3.85}$$

令 $\delta^*(s) = e^{Ls}\delta(s)$，可得

$$\delta^*(s) = (kk_i + kk_p s + kk_d s^2) + (1+Ts)se^{Ls} \tag{3.86}$$

步骤 3 计算

$$\delta^*(j\omega) = \delta_r(\omega) + j\delta_i(j\omega) \tag{3.87}$$

式中

$$\delta_r(\omega) = kk_i - kk_d \omega^2 - \omega\sin(L\omega) - T\omega^2\cos(L\omega) \tag{3.88}$$

$$\delta_i(\omega) = \omega[kk_p + \cos(L\omega) - T\omega\sin(L\omega)] \tag{3.89}$$

步骤 4 作变量代换，即令 $z = L\omega$，计算 $\delta^*(z)$ 新的实部和虚部

$$\delta_r(z) = kk_i - \frac{kk_d}{L^2}z^2 - \frac{1}{L}z\sin z - \frac{T}{L^2}z^2\cos z \tag{3.90}$$

$$\delta_i(z) = \frac{z}{L}\left(kk_p + \cos z - \frac{T}{L}z\sin z\right) \tag{3.91}$$

步骤 5 对于 $\left|\frac{T}{L}\right| > 0.5$，在如下范围内取一个 $k_p = k_p^*$ 的值：

$$\frac{1}{k}\left(\frac{T}{L}\alpha_1\sin\alpha_1 - \cos\alpha_1\right) < k_p < -\frac{1}{k} \tag{3.92}$$

式中：α_1 为方程式(3.93)在区间$(0, \pi)$内的解。

$$\tan\alpha = -\frac{T}{T+L}\alpha \tag{3.93}$$

当 $\left|\dfrac{T}{L}\right| = 1$ 时，$\alpha_1 = \dfrac{\pi}{2}$。

步骤6　根据下式找到实根 z_1 和 z_2

$$kk_p^* + \cos z - \frac{T}{L}z\sin z = 0 \tag{3.94}$$

对以下这种情形，可以用图形法找到根。

$\dfrac{1}{k}\left(\dfrac{T}{L}\alpha_1\sin\alpha_1 - \cos\alpha_1\right) < k_p^* < -\dfrac{1}{k}$：确定函数 $\dfrac{kk_p^* + \cos z}{\sin z}$ 和 $\dfrac{T}{L}z$ 的交点。

步骤7　计算参数 $m_j = m(z)\big|_{z=z_j}$ 和 $b_j = b(z)\big|_{z=z_j}$ $(j = 1, 2)$，且

$$m(z) = \frac{L^2}{z^2} \tag{3.95}$$

$$b(z) = -\frac{L}{kz}\left(\sin z + \frac{T}{L}z\cos z\right) \tag{3.96}$$

步骤8　计算(k_i, k_d)的稳定集，如图3.5所示。

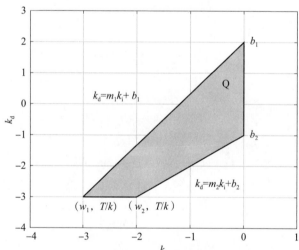

图3.5　$\dfrac{1}{k}\left(\dfrac{T}{L}\alpha_1\sin\alpha_1 - \cos\alpha_1\right) < k_p < -\dfrac{1}{k}$ 时 (k_i, k_d) 的稳定域（经许可从文献[9]复制）

w_1 和 w_2 为直线 $k_d = \dfrac{T}{k}$ 分别与 $k_d = m_1k_i + b_1$ 和 $k_d = m_2k_i + b_2$ 的交点。

步骤9　转至步骤5，在式(3.92)的范围内更新 k_p^* 的值。重复步骤6~步骤9，直到遍历完式(3.92)中所有的 k_p 值。

下面通过示例来说明上述过程。

例 3.4 考虑如下开环不稳定的 Ziegler-Nichols 系统

$$P(s) = \frac{2}{-3s+1}e^{-0.5s} \tag{3.97}$$

PID 控制器如式(3.55)所示。

当 $L=0$ 时,特征方程为

$$\delta(s) = (-3+2k_d)s^2 + (2k_p+1)s + 2k_i \tag{3.98}$$

为了保持稳定性,要求

$$k_p < -\frac{1}{2}, \quad k_i < 0, \quad k_d < \frac{3}{2} \tag{3.99}$$

当 $L>0$ 时,有

$$\delta^*(j\omega) = \delta_r(\omega) + j\delta_i(j\omega) \tag{3.100}$$

式中

$$\delta_r(\omega) = 2k_i - 2k_d\omega^2 - \omega\sin(0.5\omega) + 3\omega^2\cos(0.5\omega) \tag{3.101}$$

$$\delta_i(\omega) = \omega[2k_p + \cos(0.5\omega) + 3\sin(0.5\omega)] \tag{3.102}$$

为保证稳定性,根据式(3.92)可以计算 k_p 的范围

$$\frac{1}{2}\left(-\frac{3}{2}\alpha_1\sin\alpha_1 - \cos\alpha_1\right) < k_p < -\frac{1}{2} \tag{3.103}$$

按照上述计算步骤,得到带 PID 控制器的开环不稳定的 Ziegler-Nichols 系统的稳定集,如图 3.6 所示。

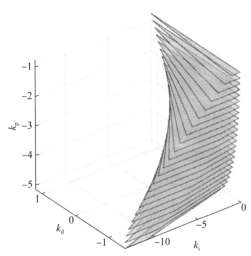

图 3.6 例 3.4 中带 PID 控制器的开环不稳定的 Ziegler-Nichols 系统的稳定集

3.4 注释

有关庞德里亚金研究成果的完整描述请参考其原始论文[7]。关于准多项式的其他结果，读者可以参考贝尔曼和库克（Cooke）的著作[1]。作为庞德里亚金研究成果的应用，时滞系统的稳定性研究一直是控制领域的热点问题，早期的研究结果可以参见文献[4-6]。

席尔瓦、达塔和巴塔查里亚在文献[8,9]中首先描述了一阶时滞系统 PI 和 PID 控制器的所有镇定特性。达塔、何和巴塔查里亚的著作[3]中介绍了常增益和纯积分控制器。在文献[2]和文献[10]中对给定的 Ziegler-Nichols 系统，给出了所有稳定的 PI 和 PID 控制器的数学推导，并提供了详细的证明和数值例子。在本书的第 6 章，这些结果拓展应用至综合给定幅值裕度和相角裕度的 PI 控制器和 PID 控制器中。

参考文献

[1] Bellman, R.E., Cooke, K.L.: Differential-Difference Equations

[2] Bhattacharyya, S.P., Datta, A., Keel, L.H.: Linear Control Theory Structure, Robustness, and Optimization. CRC Press Taylor and Francis Group, Boca Raton(2009)

[3] Datta, A., Ho, M.-T., Bhattacharyya, S.P.: Structure and Synthesis of PID Controllers. Springer, Berlin(2000)

[4] Karmarkar, J., Siljak, D.: Stability analysis of systems with time delay. In: Proceedings of the Institution of Electrical Engineers(IET), vol. 117, pp. 1421-1424(1970)

[5] Malek-Zavarei, M., Jamshidi, M.: Time-delay Systems: Analysis, Optimization and Applications. Elsevier Science Inc., Amsterdam(1987)

[6] Marshall, J.E.: Control of Time-Delay Systems. IEE Control Engineering Series, vol. 10. The Institution of Electrical Engineers, London, U.K. and Peter Peregrinus Ltd. Stevenage, U.K.(1979)

[7] Pontryagin, L.S.: On the zeros of some elementary transcendental functions. Amer. Math. Soc. Transl, 2(1), 95-110(1955)

[8] Silva, G.J., Datta, A., Bhattacharyya, S.P.: PI stabilization of first-order systems with time delay. Automatica, 2025-2031(2001)

[9] Silva, G.J., Datta, A., Bhattacharyya, S.P.: New results on the synthesis of PID controllers. IEEE Trans. Autom. Control, 47, 241-252(2002)

[10] Silva, G.J., Datta, A., Bhattacharyya, S.P.: PID Controllers for Time Delay Systems. Birkhuser, Basel(2004)

第4章
线性时不变离散系统的稳定集

本章介绍了数字 PID 控制器的综合和设计，它可以实现对常值参考信号和干扰离散信号的跟踪和干扰抑制。为镇定线性时不变离散系统，我们提出了确定 PID 控制器稳定集的过程和算法。该算法基于单一参数遍历的双变量线性规划，确定了 3 个 PID 控制参数的稳定集。

4.1 概述

数字控制在运动控制、过程控制、机器人和大量其他应用中无处不在。许多伺服机构都采用数字控制。在这些系统中，信号在给定的采样周期内进行离散时间处理。最常见的问题是，当存在离散时间常值扰动时，系统输出渐近跟踪离散时间阶跃输入。这可以通过一个数字 PI 控制器或 PID 控制器来实现，它包含了数字积分作用，并能够稳定离散时间系统。这个镇定问题将在本章得以解决。

主要的结果是建立在一些与根计数相关的初等数学基础上的。首先，我们提出了复平面中基于圆上的多项式或有理函数的切比雪夫图像表示方法；其次，为保证舒尔(Schur)稳定性建立了埃尔米特-比勒(Hermite-Biehler)定理，即多项式的根位于单位圆内；最后，提出了特征数公式，即可以通过多项式或有理函数在单位圆上的值来计算单位圆内的根数。结合这些结果，我们提出了确定 PID 稳定集的算法。计算过程相当于一个基于单一参数遍历的双变量线性规划问题，给出了计算实例和说明性的设计应用实例。

考虑采样数据或离散时间反馈控制系统，如图 4.1 所示。对于参考信号和干扰信号为任意的离散时间阶跃输入，如果数字控制器 $C(z)$ 包括离散时间积分器且闭环稳定，则跟踪误差 $e[n]$ 将渐近收敛于零。包括积分器将为 $C(z)$ 带来 $z=1$ 的极点。闭环稳定则归结为要求闭环特征多项式是 Schur 稳定的，即其所有根都在单位圆内。我们排除了控制传递函数有 $z=1$ 零点的系统,因为这样的系统不能被数字 PID 控制器稳定。对于能够使闭环特征多项式 Schur 稳定的控制器增益集,称为稳定集。我们的目标是提出创新的方法来计算这个集合。有了稳定集,就可以搜索实现各种设计目标的子集,具体见下面的内容。

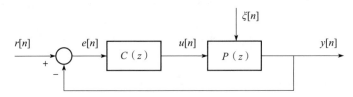

图 4.1 离散时间反馈控制系统(经许可从文献[1]复制)

在中心为原点、半径为 ρ 的圆上,确定一个实多项式或有理函数的复平面图像。它是由第一类和第二类切比雪夫(Tchebyshev)多项式来确定和表示的。根据这种切比雪夫表示法,得到了计算圆形区域内根个数的公式。这是保证 Schur 稳定性的埃尔米特-比勒形式。利用这些结果,我们证明了如何将 PID 控制器重新参数化,从而使稳定集变为求固定第三个变量时的双变量线性不等式集的解。通过对第三个变量的扫描或网格化,可以建设性地确定完整的稳定集。结果表明,对任意离散线性时不变(DTLTI)对象,其稳定集如果非空,则由 PID 增益空间中凸多边形的并集组成。

利用上述计算,我们进一步解决了两个设计问题。第一个问题与有限拍控制有关,在有限拍控制中,令所有闭环特征根都在原点,以便在有限步长内使瞬态响应归零。在一般情况下,采用 PID 控制器是不可能实现有限拍控制的,较为合理的目标是将闭环特征根尽可能靠近原点,使瞬态误差迅速衰减。根据文献研究,这种设计方法适用于有关采样数据的控制系统。本章展示了如何利用提出稳定解决方案给出这种"最大"有限拍设计。第二个问题是确定在 PID 控制下给定系统控制所能容许的最大延迟。基于给定的离散线性时不变系统,我们展示了如何根据解决方案来确定系统的最大延迟时间。

4.2 预备知识

考虑如图 4.2 所示的离散时间单位反馈控制系统,该系统由以 z 域传递函数 $P(z)$ 表示的单输入单输出(SISO)对象和单位反馈控制器 $C(z)$ 组成。

图 4.2 中传递函数是有理函数,可写为

$$P(z) = \frac{N(z)}{D(z)}, \quad C(z) = \frac{N_C(z)}{D_C(z)}$$

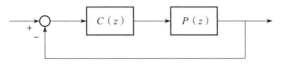

图 4.2 离散时间单位反馈控制系统

闭环系统的特征多项式为

$$\delta(z)=D_C(z)D(z)+N_C(z)N(z)$$

闭环控制系统稳定的充分必要条件为特征根($\delta(z)$的零点)的模值小于 1。该条件通常被称为 $\delta(z)$ 的 Schur 稳定。

稳定问题可以描述为,对于给定的对象 $P(z)$,确定控制器 $C(z)$,使得闭环特征多项式 $\delta(z)$ 是 Schur 稳定的。对于一个结构固定的控制器,如 PID 控制器,$C(z)$ 包含一组增益 **K**(PID 的 3 个增益参数)。并且尽可能选择合适的增益使得 $\delta(z)$ 稳定。多目标设计中非常重要的一个问题是要建设性地确定稳定增益的整个集合 **S**。**S** 应该能够允许设计者施加各种性能约束条件测试可行性,也可在稳定集内选取控制器参数检查可达性。

4.3 切比雪夫表达式和根簇

根据稳定结果,要求在一个中心为原点、半径为 ρ 的圆上,确定多项式和有理函数的复平面图像。该图像用于确定设计时需要的根计数公式,而这些公式又依赖于本章讨论的切比雪夫表达式。

4.3.1 实多项式的切比雪夫表达式

考虑实系数多项式 $P(z)=a_n z^n+a_{n-1}z^{n-1}+\cdots+a_0$。在中心为原点、半径为 ρ 的圆 C_ρ 上取 $P(z)$ 的图形为

$$\{P(z): z=\rho e^{j\theta}, \quad 0\leq\theta\leq 2\pi\} \tag{4.1}$$

对于所有 $i=0, 1, \cdots, n$,a_i 为实数,$P(\rho e^{j\theta})$ 和 $P(\rho e^{-j\theta})$ 为复数共轭,因此上半圆可表述为

$$\{P(z): z=\rho e^{j\theta} \quad 0\leq\theta\leq\pi\} \tag{4.2}$$

由于

$$z^k\big|_{z=\rho e^{j\theta}}=\rho^k[\cos(k\theta)+j\sin(k\theta)] \tag{4.3}$$

易知

$$P(\rho e^{j\theta})=\underbrace{(a_n\rho^n\cos(n\theta)+\cdots+a_1\rho\cos\theta+a_0)}_{\bar{R}(\rho,\theta)}+j\underbrace{(a_n\rho^n\sin(n\theta)+\cdots+a_1\rho\sin\theta)}_{\bar{I}(\rho,\theta)}$$

$$=\bar{R}(\rho, \theta)+j\bar{I}(\rho, \theta) \tag{4.4}$$

众所周知，利用切比雪夫多项式，$\cos(k\theta)$ 和 $\dfrac{\sin(k\theta)}{\sin\theta}$ 可表示为关于 $\cos\theta$ 的多项式。不妨定义 $u=-\cos\theta$，则当 θ 从 $0\to\pi$ 时，u 从 -1 变化至 $+1$，有

$$e^{j\theta}=\cos\theta+j\sin\theta=-u+j\sqrt{1-u^2} \tag{4.5}$$

且

$$c_k(u)=\cos(k\theta),\quad s_k(u)=\frac{\sin(k\theta)}{\sin\theta} \tag{4.6}$$

式中：$c_k(u)$ 和 $s_k(u)$ 为关于 u 的实多项式，分别称为第一类和第二类切比雪夫多项式。

容易证明

$$s_k(u)=-\frac{c'_k(u)}{k}\quad k=1,2,\cdots \tag{4.7}$$

而且切比雪夫多项式满足递归关系

$$c_{k+1}(u)=-uc_k(u)-(1-u^2)s_k(u)\quad k=1,2,\cdots \tag{4.8}$$

根据式(4.6)~式(4.8)，即可确定 $c_k(u)$ 和 $s_k(u)$ ($k=1,2,3,\cdots$)。

易知

$$(\rho e^{j\theta})^k=\rho^k\cos(k\theta)+j\rho^k\sin(k\theta) \tag{4.9}$$

定义广义切比雪夫多项式为

$$c_k(u,\rho)=\rho^k c_k(u),\quad s_k(u,\rho)=\rho^k s_k(u)\quad k=0,1,2\cdots \tag{4.10}$$

注意到

$$s_k(u,\rho)=-\frac{1}{k}\times\frac{\mathrm{d}(c_k(u,\rho))}{\mathrm{d}u}\quad k=1,2,\cdots \tag{4.11}$$

$$c_{k+1}(u,\rho)=-\rho u c_k(u,\rho)-(1-u^2)\rho s_k(u,\rho)\quad k=1,2,\cdots \tag{4.12}$$

依次分别取 $k=1,2,3,4,5,\cdots$ 下得到的广义切比雪夫多项式如表4.1所列。

表4.1 第一类和第二类切比雪夫多项式（经许可从文献[1]复制）

k	$c_k(u,\rho)$	$s_k(u,\rho)$
1	$-\rho u$	ρ
2	$\rho^2(2u^2-1)$	$-2\rho^2 u$
3	$\rho^3(-4u^3+3u)$	$\rho^3(4u^2-1)$
4	$\rho^4(8u^4-8u^2+1)$	$\rho^4(-8u^3+4u)$
5	$\rho^5(-16u^5+20u^3-5u)$	$\rho^5(16u^4-12u^2+1)$
⋮	⋮	⋮

根据式(4.10)可知
$$P(\rho e^{j\theta}) = R(u, \rho) + j\sqrt{1-u^2}\, T(u, \rho) =: P_c(u, \rho) \qquad (4.13)$$
式中
$$R(u, \rho) = a_n c_n(u, \rho) + a_{n-1} c_{n-1}(u, \rho) + \cdots + a_1 c_1(u, \rho) + a_0 \qquad (4.14)$$
$$T(u, \rho) = a_n s_n(u, \rho) + a_{n-1} s_{n-1}(u, \rho) + \cdots + a_1 s_1(u, \rho) \qquad (4.15)$$

$R(u, \rho)$ 和 $T(u, \rho)$ 是关于 u 和 ρ 的多项式。z 遍历圆 C_ρ 的上半部分得到 $P(z)$ 的复平面图像，相当于使 u 从 -1 变化至 $+1$ 时对应的 $P_c(u, \rho)$。

引理 4.1 对于固定的 $\rho > 0$，有 4 种情况。

(1) 如果 $P(z)$ 在半径 $\rho > 0$ 的圆上没有根，对于 $u \in [-1, 1]$ 和 $R(\pm 1, \rho) \neq 0$，$(R(u, \rho), T(u, \rho))$ 没有共同的根。

(2) 如果 $P(z)$ 在 $z = -\rho(z = +\rho)$ 有 $2m$ 个根，则 $R(u, \rho)$ 和 $T(u, \rho)$ 在 $u = +1(u = -1)$ 都有 m 个根。

(3) 如果 $P(z)$ 在 $z = -\rho(z = +\rho)$ 有 $2m-1$ 个根，则 $R(u, \rho)$ 和 $T(u, \rho)$ 在 $u = +1(u = -1)$ 分别有 m 和 $m-1$ 个根。

(4) 如果 $P(z)$ 在 $z = -\rho u_i \pm j\rho\sqrt{1-u_i^2}$ 上有 q_i 对共轭复根，$u_i \neq \pm 1$，则 $R(u, \rho)$ 和 $T(u, \rho)$ 在 $u = u_i$ 处都有 q_i 个实根。

证明 对于情形(1)，注意对于 $\theta \in [0, \pi]$ 有 $P(\rho e^{j\theta}) \neq 0$，因此对于 $u \in [-1, +1]$ 存在 $P_c(u, \rho) \neq 0$；由此通过直接计算，易证得上述情形(2)~情形(4)成立。 $\square$

对于所关注的单位圆，$\rho = 1$，可将 $P_c(u, 1)$ 简写为 $P_c(u)$，且
$$R(u, 1) = R(u), \quad T(u, 1) = T(u)$$

4.3.2 根簇的交错条件和 Schur 稳定

4.3.1 节的公式可用作推导根严格位于半径为 ρ 圆形区域内的条件，为了保证 Schur 稳定，只需要令 $\rho = 1$ 即可。如前所述，设 $P(z)$ 是 n 阶实多项式，且
$$P(\rho e^{j\theta}) = R(\theta, \rho) + j I(\theta, \rho) = R(u, \rho) + j\sqrt{1-u^2}\, T(u, \rho) \quad u = -\cos\theta$$
$$(4.16)$$

式中：$R(u, \rho)$ 和 $T(u, \rho)$ 分别为对固定的 ρ 关于 u 的 n 阶和 $n-1$ 阶实多项式。

定理 4.1 $P(z)$ 的零点严格位于 C_ρ 内，当且仅当满足以下条件。

(1) $R(u, \rho)$ 在 $(-1, 1)$ 中有 n 个互异的实零点 $r_i (i = 1, 2, \cdots, n)$。

(2) $T(u, \rho)$ 在 $(-1, 1)$ 中有 $n-1$ 个互异的实零点 $t_j (j = 1, 2, \cdots, n-1)$。

(3) 零点 r_i 和 t_j 满足
$$-1 < r_1 < t_1 < r_2 < t_2 < \cdots < t_{n-1} < r_n < +1$$

证明 令

$$t_j = -\cos\alpha_j, \quad \alpha_j \in (0, \pi) \quad j=1, 2, \cdots, n-1$$

或

$$\alpha_j = -\arccos t_j \quad j=1, 2, \cdots, n-1$$
$$\alpha_0 = 0$$
$$\alpha_n = \pi$$

且令

$$\beta_i = -\arccos r_i \quad i=1, 2, \cdots, n, \quad \beta_i \in (0, \pi)$$

那么$(\alpha_0, \alpha_1, \cdots, \alpha_n)$为$\bar{I}(\theta, \rho) = 0$的$n+1$个零点，$(\beta_1, \beta_2, \cdots, \beta_{n-1})$为$\bar{R}(\theta, \rho) = 0$的$n$个零点。条件(3)意味着$\alpha_i$和$\beta_j$满足

$$0 = \alpha_0 < \beta_1 < \alpha_1 < \beta_2 < \cdots < \beta_{n-1} < \alpha_n = \pi \tag{4.17}$$

条件(1)~条件(3)表明，在$\theta \in [0, \pi]$上$P(\rho e^{j\theta})$的图像逆时针旋转经过$2n$个象限，相当于在圆C_ρ内$P(z)$有n个零点。

注 定理4.1给出的条件(1)、(2)和(3)可以称为$R(u, \rho)$和$T(u, \rho)$的交错条件。通过设置$\rho=1$得到$R(u)$和$T(u)$零点交错的舒尔稳定条件。这进一步构成了舒尔稳定性的类埃尔米特-比勒定理。

4.3.3 有理函数的切比雪夫表达式

设$Q(z)$是两个实多项式$P_1(z)$和$P_2(z)$的比值。我们计算并绘制$Q(z)$在C_ρ上的图像，将其写为相应的切比雪夫表达式$Q_c(u, \rho)$。

令

$$P_i(z)\big|_{z=-\rho u + j\rho\sqrt{1-u^2}} = R_i(u, \rho) + j\sqrt{1-u^2}\, T_i(u, \rho) \quad i=1, 2 \tag{4.18}$$

则

$$Q(z)\big|_{z=-\rho u + j\rho\sqrt{1-u^2}} = \frac{P_1(z)}{P_2(z)}\bigg|_{z=-\rho u + j\rho\sqrt{1-u^2}} = \frac{P_1(z)P_2(z^{-1})}{P_2(z)P_2(z^{-1})}\bigg|_{z=-\rho u + j\rho\sqrt{1-u^2}}$$

$$= \frac{\big(R_1(u, \rho) + j\sqrt{1-u^2}\, T_1(u, \rho)\big)\big(R_2(u, \rho) - j\sqrt{1-u^2}\, T_2(u, \rho)\big)}{\big(R_2(u, \rho) + j\sqrt{1-u^2}\, T_2(u, \rho)\big)\big(R_2(u, \rho) - j\sqrt{1-u^2}\, T_2(u, \rho)\big)} \tag{4.19}$$

$$= \underbrace{\left(\frac{R_1(u, \rho)R_2(u, \rho) + (1-u^2)T_1(u, \rho)T_2(u, \rho)}{R_2^2(u, \rho) + (1-u^2)T_2^2(u, \rho)}\right)}_{= R(u, \rho)}$$

$$+ j\sqrt{1-u^2} \underbrace{\left(\frac{T_1(u, \rho)R_2(u, \rho) - R_1(u, \rho)T_2(u, \rho)}{R_2^2(u, \rho) + (1-u^2)T_2^2(u, \rho)}\right)}_{= T(u, \rho)}$$

即可表示为

$$Q_c(u, \rho) = R(u, \rho) + j\sqrt{1-u^2}\, T(u, \rho) \qquad (4.20)$$

注意到 $R(u, \rho)$ 和 $T(u, \rho)$ 是实变量 u 从 -1 变化至 $+1$ 的有理函数。这种表示形式将用于解决后面的最大有限拍问题。

4.4 根计数公式

在本节中，我们提出了用于计算实多项式和实有理函数在圆 C_ρ 上根分布的公式。这些公式对解决稳定问题至关重要，但也有其独特的意义。下面建立根分布与相位差之间的联系。

4.4.1 相位差和根分布

令 $\phi_P(\theta) = \angle P(\rho e^{j\theta})$ 表示多项式 $P(z)$ 在 $z = \rho e^{j\theta}$ 处的相角，并令 $\Delta_{\theta_1}^{\theta_2}[\phi_P(\theta)]$ 表示 θ 从 θ_1 变化至 θ_2 时 $P(\rho e^{j\theta})$ 的相位差。对于有理函数 $Q(z)$ 及其切比雪夫表达式 $Q_c(u, \rho)$，不妨采用同样的表示方法。令 $\phi_{Q_c}(u) = \angle Q_c(u, \rho)$ 表示 $Q_c(u, \rho)$ 的相角，令 $\Delta_{u_1}^{u_2}[\phi_{Q_c}(u)]$ 表示 u 从 u_1 变化至 u_2 时 $Q_c(u, \rho)$ 的相位差。

引理 4.2　设实多项式 $P(z)$ 在圆 C_ρ 的内部有 i 个根，而在圆上没有根，则

$$\Delta_0^\pi[\phi_P(\theta)] = \pi i$$

证明　从几何方面考虑，易知圆内每个根对 $\Delta_0^{2\pi}[\phi_P(\theta)]$ 贡献的相角为 2π。根据根分布关于实轴的对称性，圆内部根对 $\Delta_0^\pi[\phi_P(\theta)]$ 贡献的总相位为 πi。

下面给出了关于有理函数的相应结果。这个证明过程与引理 4.1 相似，在此省略。

引理 4.3　令 $Q(z) = \dfrac{P_1(z)}{P_2(z)}$，其中实多项式 $P_1(z)$ 和 $P_2(z)$ 在圆 C_ρ 内分别有 i_1 和 i_2 个根，而在圆上没有根，则

$$\Delta_0^\pi[\phi_Q(\theta)] = \pi(i_1 - i_2) = \Delta_{-1}^{+1}[\varphi_{Q_c}(u)]$$

4.4.2 根计数和切比雪夫表达式

本节首先根据切比雪夫表达式确定了实多项式在圆 C_ρ 内根的个数。对于前述实多项式 $P(z)$，其切比雪夫表达式为

$$P_c(u,\rho) = R(u,\rho) + j\sqrt{1-u^2}\,T(u,\rho)$$

令 $t_1, t_2, \cdots, t_k$ 分别表示 $u \in (-1, 1)$ 时具有 $T(u,\rho)$ 的奇数重的互异实零点，并按大小排列为

$$-1 < t_1 < t_2 < \cdots < t_k < +1$$

假设 $T(u,\rho)$ 在 $u = -1$ 时有 p 个零点，令 $f^{(i)}(x_0)$ 表示 $f(x)$ 在 $x = x_0$ 处的第 i 次微分。定义

$$\operatorname{sgn}[x] = \begin{cases} -1 & x<0 \\ 0 & x=0 \\ 1 & x>0 \end{cases}$$

定理 4.2 若 $P(z)$ 为实多项式，在圆 C_ρ 上没有根，且假设 $T(u,\rho)$ 在 $u = -1$ 处有 p 个零点。那么，$P(z)$ 在圆 C_ρ 内根的个数为

$$i = \frac{1}{2}\operatorname{sgn}[T^{(p)}(-1,\rho)]\Big(\operatorname{sgn}[R(-1,\rho)] + 2\sum_{j=1}^{k}(-1)^j \operatorname{sgn}[R(t_j,\rho)] + (-1)^{k+1}\operatorname{sgn}[R(+1,\rho)]\Big) \tag{4.21}$$

证明 由于

$$P(\rho e^{j\theta}) = \bar{R}(\theta,\rho) + j\bar{I}(\theta,\rho)$$

定义 $\theta_i(i=1,2,\cdots,k)$，使得对于 $\theta_i \in [0,\pi]$，存在

$$t_i = -\cos\theta_i$$

式中：t_i 为 $u \in (-1,1)$ 时 $T(u,\rho)$ 的奇数重零点。

令 $\theta_0 = 0$，$t_0 = -1$，$\theta_{k+1} = \pi$，注意到 $\theta_i(i=0,1,\cdots,k+1)$ 为 $\bar{I}(\theta,\rho)$ 的零点。该定理依赖于以下容易证明的基本事实，（下面，θ_i^+ 表示紧挨着 θ_i 右边的点）。

$$\Delta_0^\pi[\phi(\theta)] = \pi i \tag{a}$$

$$\Delta_0^\pi[\phi(\theta)] = \Delta_0^{\theta_1}[\phi(\theta)] + \Delta_{\theta_1}^{\theta_2}[\phi(\theta)] + \cdots + \Delta_{\theta_k}^\pi[\phi(\theta)] \tag{b}$$

$$\Delta_{\theta_i}^{\theta_{i+1}}[\phi(\theta)] = \frac{\pi}{2}\operatorname{sgn}[\bar{I}(\theta_i^+,\rho)](\operatorname{sgn}[\bar{R}(\theta_i,\rho)] - \operatorname{sgn}[\bar{R}(\theta_{i+1},\rho)]) \quad i=0,1,\cdots,k \tag{c}$$

$$\operatorname{sgn}[\bar{I}(\theta_i^+,\rho)] = -\operatorname{sgn}[\bar{I}(\theta_{i+1}^+,\rho)] \quad i=0,1,\cdots,k \tag{d}$$

$$\operatorname{sgn}[\bar{I}(0^+,\rho)] = \operatorname{sgn}[T^{(p)}(-1,\rho)] \tag{e}$$

$$\operatorname{sgn}[\bar{R}(\theta_i,\rho)] = \operatorname{sgn}[R(t_i,\rho)] \quad i=0,1,\cdots,k \tag{f}$$

利用式(a)~式(f)，可得

$$\pi i = \Delta_0^\pi [\phi(\theta)]$$

$$= \Delta_0^{\theta_1}[\phi(\theta)]+\cdots+\Delta_{\theta_k}^{\pi}[\phi(\theta)] \qquad \text{根据式(a)和式(b)}$$

$$= \frac{\pi}{2}\{\text{sgn}[\bar{I}(0^+,\rho)](\text{sgn}[\bar{R}(0,\rho)]-\text{sgn}[\bar{R}(\theta_1,\rho)])+\cdots$$

$$+\text{sgn}[\bar{I}(\theta_k^+,\rho)](\text{sgn}[\bar{R}(\theta_k,\rho)]-\text{sgn}[\bar{R}(\pi,\rho)])\} \qquad \text{根据式(c)}$$

$$= \frac{\pi}{2}\text{sgn}[\bar{I}(0^+,\rho)]\{(\text{sgn}[\bar{R}(0,\rho)]-\text{sgn}[\bar{R}(\theta_1,\rho)])$$

$$-(\text{sgn}[\bar{R}(\theta_1,\rho)]-\text{sgn}[\bar{R}(\theta_2,\rho)])+\cdots$$

$$+(-1)^k(\text{sgn}[\bar{R}(\theta_k,\rho)]-\text{sgn}[\bar{R}(\pi,\rho)])\} \qquad \text{根据式(d)}$$

$$= \frac{\pi}{2}\text{sgn}[T^{(p)}(-1,\rho)]\{\text{sgn}[\bar{R}(0,\rho)]-2\text{sgn}[\bar{R}(\theta_1,\rho)]$$

$$+2\text{sgn}[\bar{R}(\theta_2,\rho)]+\cdots+(-1)^k\text{sgn}[\bar{R}(\theta_k,\rho)]$$

$$+(-1)^{k+1}\text{sgn}[\bar{R}(\pi,\rho)]\} \qquad \text{根据式(e)}$$

$$= \frac{\pi}{2}\text{sgn}[T^{(p)}(-1,\rho)]\{\text{sgn}[R(-1,\rho)]-2\text{sgn}[R(t_1,\rho)]$$

$$+2\text{sgn}[R(t_2,\rho)]+\cdots+(-1)^k 2\text{sgn}[R(t_k,\rho)]$$

$$+(-1)^{k+1}\text{sgn}[R(+1,\rho)]\} \qquad \text{根据式(f)}$$

由此可得式(4.21)结论成立。 □

上述推导的结果可以扩展至有理函数的情况。令 $Q(z)=\dfrac{P_1(z)}{P_2(z)}$,其中 $P_i(z)(i=1,2)$ 为实系数多项式。

令

$$R_i(u,\rho)+\mathrm{j}\sqrt{1-u^2}T_i(u,\rho) \quad i=1,2$$

表示 $P_i(z)(i=1,2)$ 的切比雪夫表达式。令 $Q_C(u,\rho)$ 表示 $Q(z)$ 在圆 C_ρ 上的切比雪夫表达式,定义

$$R(u,\rho)=R_1(u,\rho)R_2(u,\rho)+(1-u^2)T_1(u,\rho)T_2(u,\rho)$$

$$T(u,\rho)=T_1(u,\rho)R_2(u,\rho)-R_1(u,\rho)T_2(u,\rho)$$

假设 $T(u,\rho)$ 在 $u=-1$ 处有 p 个零点,令 $t_1,t_2,\cdots,t_k$ 表示 $T(u,\rho)$ 的奇数重互异实零点,且从小到大排列为

$$-1<t_1<t_2<\cdots<t_k<+1$$

定理 4.3 假设 $Q(z)=\dfrac{P_1(z)}{P_2(z)}$,其中 $P_i(z)(i=1,2)$ 为实多项式,在圆 C_ρ

内分别有 i_1 和 i_2 个零点，在圆 C_ρ 上没有零点。则

$$i_1 - i_2 = \frac{1}{2} \text{sgn}[T^{(p)}(-1, \rho)] \left(\text{sgn}[R(-1, \rho)] + 2 \sum_{j=1}^{k} (-1)^j \text{sgn}[R(t_j, \rho)] \right.$$
$$\left. + (-1)^{k+1} \text{sgn}[R(+1, \rho)] \right) \tag{4.22}$$

证明 该定理的证明基于式(4.20)得到的表达式 $Q_c(u, \rho)$。由于式(4.20)的分母对于 $u \in [-1, +1]$ 而言是严格为正的，因此可以从分子来计算相位差。剩下的证明过程与多项式的情形类似，在此不再赘述。□

4.5 数字 PI、PD 和 PID 控制器

在本节中，我们分别给出了 PI、PD 和 PID 控制器的参数 K_0、K_1 和 K_2。这些参数后续将用于计算稳定集。T 表示采样周期。

（1）对于 PI 控制器，有

$$C(z) = k_p + k_i T \frac{z}{z-1} = \frac{(k_p + k_i T)z - k_p}{z-1}$$

$$= \frac{(k_p + k_i T)\left(z - \frac{k_p}{k_i T + k_p}\right)}{z-1}$$

进一步表示为

$$C(z) = \frac{K_1 z + K_0}{z-1} \tag{4.23}$$

式中

$$k_p = -K_0, \quad k_i = \frac{K_1 + K_0}{T} \tag{4.24}$$

（2）对于 PD 控制器，存在

$$C(z) = k_p + \frac{k_d}{T} \cdot \frac{z-1}{z} = \frac{(k_p T + k_d)z - k_d}{Tz}$$

$$= \frac{\left(k_p + \frac{k_d}{T}\right)\left(z - \frac{\frac{k_d}{T}}{k_p + \frac{k_d}{T}}\right)}{z}$$

进一步表示为

$$C(z) = \frac{K_1 z + K_0}{z} \tag{4.25}$$

式中

$$k_p = K_0 + K_1, \qquad k_d = -K_0 T \tag{4.26}$$

(3) 基于数据的因果关系，利用向后差分计算进行微分，离散时间 PID 控制器的通用表达式为

$$C(z) = k_p + k_i T \cdot \frac{z}{z-1} + \frac{k_d}{T} \cdot \frac{z-1}{z}$$

$$= \frac{\left(k_p + k_i T + \frac{k_d}{T}\right) z^2 + \left(-k_p - \frac{2k_d}{T}\right) z + \frac{k_d}{T}}{z(z-1)}$$

更一般的表达形式为

$$C(z) = \frac{K_2 z^2 + K_1 z + K_0}{z(z-1)} \tag{4.27}$$

式中

$$k_p = -K_1 - 2K_0, \quad k_i = \frac{K_0 + K_1 + K_2}{T} \tag{4.28}$$

且

$$k_d = K_0 T \tag{4.29}$$

4.6 稳定集的计算

上述关于切比雪夫表达式、根计数和根簇、数字 PID 控制器的表达式等结果，可用于计算稳定集。其主要的思想是构造一个多项式或有理函数，以尽可能地将控制器参数的实部和虚部分离开。通过对该函数应用根计数公式，通常可以使问题线性化。需要强调的是，其他的根计数公式，如朱里(Jury)所做的尝试，应用于该问题将导致难以解决的非线性问题。我们将阐述该技术如何用于 PI 和 PID 控制器，并在下一节中提供一个完整的推导过程和示例。

4.7 PI 控制器

考虑图 4.2 所示的离散时间控制系统，被控对象为

$$P(z) = \frac{N(z)}{D(z)} \tag{4.30}$$

式中：分母的阶数 $\deg[D(z)] = n$ 且分子的阶数 $\deg[N(z)] \leq n$。

PI 控制器可表示为

$$C(z) = \frac{K_1 z + K_0}{z-1} \tag{4.31}$$

PI 稳定集的计算步骤总结如下。

(1) 式(4.30)中的多项式 $N(z)$ 和 $D(z)$ 可表示为

$$D(e^{j\theta}) = R_D(u) + j\sqrt{1-u^2}\, T_D(u) \tag{4.32}$$

$$N(e^{j\theta}) = R_N(u) + j\sqrt{1-u^2}\, T_N(u) \tag{4.33}$$

式中

$$N(z) = a_n z^n + a_{n-1} z^{n-1} + \cdots + a_1 z + a_0 \tag{4.34}$$

$$D(z) = b_n z^n + b_{n-1} z^{n-1} + \cdots + b_1 z + b_0 \tag{4.35}$$

式中：a_0，a_1，$\cdots$，a_n 和 b_0，b_1，$\cdots$，b_n 均为实数，且

$$\begin{cases} R_N(u) = a_n c_n(u) + a_{n-1} c_{n-1}(u) + \cdots + a_1 c_1(u) + a_0 \\ T_N(u) = a_n s_n(u) + a_{n-1} s_{n-1}(u) + \cdots + a_1 s_1(u) \\ R_D(u) = b_n c_n(u) + b_{n-1} c_{n-1}(u) + \cdots + b_1 c_1(u) + b_0 \\ T_D(u) = b_n s_n(u) + b_{n-1} s_{n-1}(u) + \cdots + b_1 s_1(u) \end{cases} \tag{4.36}$$

式中

$$c_k(u) = \cos(k\theta) \text{ 和 } s_k(u) = \frac{\sin(k\theta)}{\sin\theta} \quad k = 1, 2, 3, \cdots, n \tag{4.37}$$

分别为第一类和第二类切比雪夫多项式，且

$$u = -\cos\theta, \quad z = e^{j\theta} = -u + j\sqrt{1-u^2} \tag{4.38}$$

得到广义切比雪夫多项式如表4.1所列，其中 $s_k(u)$ 和 $c_k(u)$ 可由下式递归得到，即

$$s_k(u) = -\frac{1}{k} \times \frac{d[c_k(u)]}{du} \tag{4.39}$$

$$c_{k+1}(u) = -u c_k(u) - (1-u^2) s_k(u) \tag{4.40}$$

(2) 计算图4.2闭环系统的特征多项式：

$$\delta(z) = (z-1)D(z) + (K_0 + K_1 z)N(z) \tag{4.41}$$

(3) 确定

$$\delta(z) N(z^{-1}) = (z-1) D(z) N(z^{-1}) + (K_0 + K_1 z) N(z) N(z^{-1}) \tag{4.42}$$

(4) 利用切比雪夫表达式计算：

$$\begin{aligned} \delta(z) N(z^{-1}) \big|_{z = e^{j\theta}, u = -\cos\theta} \\ = (-u - 1 + j\sqrt{1-u^2})(P_1(u) + j\sqrt{1-u^2}\, P_2(u)) \\ + j K_1 \sqrt{1-u^2}\, P_3(u) - K_1 u P_3(u) + K_0 P_3(u) \end{aligned} \tag{4.43}$$

其中，
$$\begin{cases} P_1(u) = R_D(u)R_N(u) + (1-u^2)T_D(u)T_N(u) \\ P_2(u) = R_N(u)T_D(u) - T_N(u)R_D(u) \\ P_3(u) = R_N^2(u) + (1-u^2)T_N^2(u) \end{cases} \qquad (4.44)$$

式中：$R_N(u)$，$R_D(u)$，$T_N(u)$ 和 $T_D(u)$ 由式(4.36)计算得到。

令 $N_r(z)$ 表示 $N(z)$ 的逆多项式，且

$$\delta(z)N(z^{-1})\big|_{z=e^{j\theta}, u=-\cos\theta} = \frac{\delta(z)N_r(z)}{z^l}\bigg|_{z=e^{j\theta}, u=-\cos\theta} \qquad (4.45)$$

$$= R(u, K_0, K_1) + \sqrt{1-u^2}\, T(u, K_1)$$

其中，
$$R(u, K_0, K_1) = -(u+1)P_1(u) - (1-u^2)P_2(u)$$
$$\qquad\qquad - (K_1 u - K_0)P_3(u)$$
$$T(u, K_1) = P_1(u) - (u+1)P_2(u) + K_1 P_3(u) \qquad (4.46)$$

(5) 固定 K_1 为一特定的值，则对 $u \in (-1, +1)$，可计算 $T(u, K_1)$ 的奇数重互异实零点 t_i，排列为

$$-1 < t_1 < t_2 < \cdots < t_k < +1 \qquad (4.47)$$

(6) 对于这个固定的 K_1，计算符号串集合的实部 $R(t_j, K_0, K_1)$，对应的稳定性满足

$$(n+1) + i_{N_r} - l = \frac{1}{2}\mathrm{sgn}[T^{(p)}(-1)](\mathrm{sgn}[R(-1, K_0, K_1)]$$
$$+ 2\sum_{j=1}^{k}(-1)^j \mathrm{sgn}[R(t_j, K_0, K_1)] \qquad (4.48)$$
$$+ (-1)^{k+1}\mathrm{sgn}[R(+1, K_0, K_1)])$$

式中：i_{N_r} 为单位圆内 $N_r(z)$ 的零点个数。对于固定的 K_1，这将会产生关于 K_0 的线性不等式。

(7) 遍历 K_1 的取值范围，在 $(-1, +1)$ 中取足够数量 k 的实根 t_k，且满足式(4.48)。数量的下界是 $n+1+i_{N_r}-l$。

例 4.1 考虑图 4.2 所示的离散时间控制系统，其中 $P(z)$ 和 $C(z)$ 分别为

$$P(z) = \frac{z-0.1}{z^3+0.1z-0.25}, \quad C(z) = \frac{K_0+K_1 z}{z-1} \qquad (4.49)$$

利用 $\rho=1$ 时的切比雪夫表达式，可得

$$\begin{cases} R_N(u) = -u - 0.1 \\ T_N(u) = 1 \\ R_D(u) = -4u^3 + 2.9u - 0.25 \\ T_D(u) = 4u^2 - 0.9 \\ P_1(u) = 0.4u^3 + 2u^2 - 0.04u - 0.875 \\ P_2(u) = 0.34 - 0.4u^2 - 2u \\ P_3(u) = 0.2u + 1.01 \end{cases} \quad (4.50)$$

则

$$R(u, K_0, K_1) = -0.8u^4 - 4.4u^3 - (1.22 + 0.2K_1)u^2 \\ + (2.915 - 1.01K_1 + 0.2K_0)u + (0.535 + 1.01K_0)$$

$$T(u, K_1) = 0.8u^3 + 4.4u^2 + (1.62 + 0.5K_1)u + (-1.215 + 1.01K_1) \quad (4.51)$$

因为 $P(z)$ 为 3 阶，PI 控制器 $C(z)$ 为 1 阶，为了保证稳定，$\delta(z)$ 在单位圆内的根的个数须为 4 个，则

$$i_1 - i_2 = \underbrace{(i_\delta + i_{N_r})}_{i_1} - \underbrace{l}_{i_2} = 3 \quad (4.52)$$

式中：i_δ 和 i_{N_r} 分别为 $\delta(z)$ 和 $N(z)$ 逆多项式的根的个数；l 为 $N(z)$ 的阶次。

因为 i_δ 须为 4，$i_{N_r} = 0$，且 $l = 1$，则 $i_1 - i_2$ 须为 3。因此，为了满足稳定性条件，$T(u, K_1)$ 须有两个实根。根据 K_1 的可行范围易得，在 $(-1, 1)$ 内至少存在两个实根。例如，$K_1 \in [-0.94, 1.415]$，按照稳定集的计算步骤，可得到如图 4.3 所示 (K_0, K_1) 空间中的稳定区域。为了详细说明这个例子，固定 $K_1 = 1$，则在 $(-1, 1)$ 内 $T(u, K_1)$ 的实根为 -0.5535 和 0.0919。此外，$\text{sgn}[T(-1)] = +1$ 和 $i_1 - i_2 = 3$，要求

$$\frac{1}{2}\text{sgn}[T(-1)]\{\text{sgn}[R(-1, K_0)] - 2\text{sgn}[R(-0.5535, K_0)] \\ + 2\text{sgn}[R(0.0919, K_0)] - \text{sgn}[R(1, K_0)]\} = 3 \quad (4.53)$$

显然，该方程成立的唯一有效符号序列解为

$$\begin{aligned} &\text{sgn}[R(-1, K_0)] = +1, \quad \text{sgn}[R(-0.5535, K_0)] = -1 \\ &\text{sgn}[R(0.0919, K_0)] = +1, \quad \text{sgn}[R(1, K_0)] = -1 \end{aligned} \quad (4.54)$$

对应于这个序列，有以下线性不等式组

$$\begin{cases} K_0 > -1, & K_0 < 0.3151 \\ K_0 > -0.6754, & K_0 < 3.4545 \end{cases} \quad (4.55)$$

这组不等式描述了 $K_1 = 1$ 时 K_0 空间的稳定区域。在 $K_1 \in [-0.94, 1.415]$ 的范

围内重复上述步骤,得到(K_0,K_1)空间中的完备稳定区域,如图 4.3 所示。

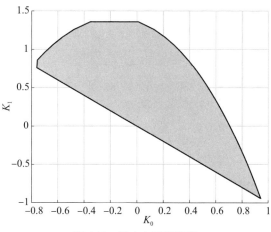

图 4.3 例 4.1 的稳定集

4.8 PID 控制器

考虑图 4.2 所示的离散时间控制系统,被控对象是有理函数,且为真的,传递函数为

$$P(z)\frac{N(z)}{D(z)} \tag{4.56}$$

式中:分母的阶数 $\deg D(z)=n$,分子的阶数 $\deg N(z)\leqslant n$。

PID 控制器的形式为

$$C(z)=\frac{K_0+K_1 z+K_2 z^2}{z(z-1)} \tag{4.57}$$

PID 稳定集的计算过程如下。

(1) 建立如图 4.2 所示离散时间闭环系统的 $n+2$ 阶特征多项式

$$\delta(z)=z(z-1)D(z)+(K_0+K_1 z+K_2 z^2)N(z) \tag{4.58}$$

(2) 确定

$$\begin{aligned}z^{-1}\delta(z)N(z^{-1})=&(z-1)D(z)N(z^{-1})\\&+(K_0 z^{-1}+K_1+K_2 z)N(z)N(z^{-1})\end{aligned} \tag{4.59}$$

(3) 使用切比雪夫表达式计算

$$\begin{aligned}z^{-1}\delta(z)N(z^{-1})=&-(u+1)P_1(u)-(1-u^2)P_2(u)\\&-[(K_0+K_2)u-K_1]P_3(u)+\\&\mathrm{j}\sqrt{1-u^2}\cdot[-(u+1)P_2(u)+P_1(u)+(K_2-K_0)P_3(u)]\end{aligned} \tag{4.60}$$

式中

$$\begin{cases} P_1(u) = R_D(u)R_N(u) + (1-u^2)T_D(u)T_N(u) \\ P_2(u) = R_N(u)T_D(u) - T_N(u)R_D(u) \\ P_3(u) = R_N^2(u) + (1-u^2)T_N^2(u) \end{cases} \quad (4.61)$$

式中：$R_N(u)$，$R_D(u)$，$T_N(u)$ 和 $T_D(u)$ 可按照式(4.36)计算。

令 $K_3 = K_2 - K_0$，式(4.60)可重新表示为

$$\begin{aligned} z^{-1}\delta(z)N(z^{-1}) &= -(u+1)P_1(u) - (1-u^2)P_2 - [(2K_2-K_3)u - K_1]P_3(u) \\ &\quad + j\sqrt{1-u^2} \cdot [-(u+1)P_2(u) + P_1(u) + K_3 P_3(u)] \\ &= R(u, K_1, K_2, K_3) + j\sqrt{1-u^2}\, T(u, K_3) \end{aligned} \quad (4.62)$$

(4) 固定 K_3 为一特定的值，可以计算 $u \in (-1, +1)$ 时 $T(u, K_3)$ 的奇数重互异实零点 t_i，按大小排序为

$$-1 < t_1 < t_2 < \cdots < t_k < +1 \quad (4.63)$$

(5) 对于这一固定的 K_3，计算实部 $R(t_j, K_1, K_2, K_3)$ 的符号集合，对应稳定性满足

$$\begin{aligned} (n+2) + i_{N_r} - (l+1) &= \frac{1}{2}\mathrm{sgn}[T^{(p)}(-1)](\mathrm{sgn}[R(-1, K_1, K_2, K_3)] \\ &\quad + 2\sum_{j=1}^{k}(-1)^j \mathrm{sgn}[R(t_j, K_1, K_2, K_3)] \\ &\quad + (-1)^{k+1}\mathrm{sgn}[R(+1, K_1, K_2, K_3)]) \end{aligned} \quad (4.64)$$

式中：i_{N_r} 为单位圆内 $N_r(z)$ 的零点个数；对于固定的 K_3，将会产生包含 (K_1, K_2) 的线性不等式。

(6) 遍历 K_3 的取值范围，在 $(-1, +1)$ 中取 $T(u, K_3) = 0$ 足够数量的实根 t_k。

例 4.2 考虑被控对象

$$P(z) = \frac{1}{z^2 - 0.25}$$

那么

$$\begin{cases} R_D(u) = 2u^2 - 1.25 \\ T_D(u) = -2u \\ R_N(u) = 1 \\ T_N(u) = 0 \end{cases}$$

且

$$\begin{cases} P_1(u) = 2u^2 - 1.25 \\ P_2(u) = -2u \\ P_3(u) = 1 \end{cases}$$

由于 $P(z)$ 为 2 阶，PID 控制器 $C(z)$ 为 2 阶，为了保证稳定，单位圆内 $\delta(z)$ 根的个数应为 4。根据定理 4.2 可得

$$i_i - i_2 = \underbrace{(i_\delta + i_{N_r})}_{i_1} - \underbrace{(l+1)}_{i_2}$$

式中：i_δ 和 i_{N_r} 分别为单位圆内 $\delta(z)$ 和 $N(z)$ 逆多项式的根个数；l 为 $N(z)$ 的阶次。

因为 i_δ 须为 4，$i_{N_r} = 0$ 且 $l = 0$，$i_1 - i_2$ 须为 3。为了详细说明算例，不妨固定 $K_3 = 1.3$。那么在 $(-1, +1)$ 内 $T(u, K_3)$ 的实根为 -0.4736 和 -0.0264。此外，$\text{sgn}[T(-1)] = 1$，根据定理 4.2 知 $i_1 - i_2 = 3$，要求满足下式：

$\frac{1}{2}\text{sgn}[T(-1)](\text{sgn}[R(-1, K_1, K_2)] - 2\text{sgn}[R(-0.4736, K_1, K_2)]$
$+ 2\text{sgn}[R(-0.0264, K_1, K_2)] - \text{sgn}[R(1, K_1, K_2)]) = 3$

该方程成立的唯一可容许的符号序列解如表 4-2 所列。

表 4-2　符号序列解

$\text{sgn}[R(-1, K_1, K_2)]$	1
$\text{sgn}[R(-0.4736, K_1, K_2)]$	-1
$\text{sgn}[R(-0.0264, K_1, K_2)]$	1
$\text{sgn}[R(1, K_1, K_2)]$	-1
$2(i_1 - i_2)$	6

对应于该序列，有以下线性不等式组

$$\begin{cases} -1.3 + K_1 + 2K_2 > 0 \\ -0.9286 + K_1 + 0.9472 < 0 \\ 1.1286 + K_1 + 0.0528K_2 > 0 \\ -0.2 + K_1 - 2K_2 < 0 \end{cases}$$

这组不等式描述了 $K_3 = 1.3$ 时 (K_1, K_2) 空间的稳定区域。在 K_3 范围内重复上述步骤，$T(u, K_3)$ 至少有两个实根，可得到如图 4.4(a) 所示的稳定区域。

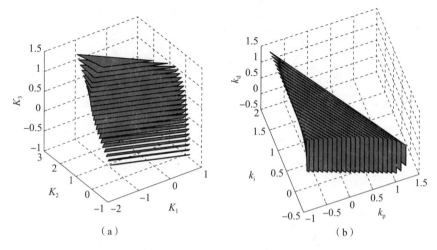

图 4.4 稳定区域(经许可从文献[1]复制)
(a) (K_1, K_2, K_3), (b) (k_p, k_i, k_d)

利用

$$\begin{bmatrix} k_p \\ k_i \\ k_d \end{bmatrix} = \begin{bmatrix} -2 & -1 & 0 \\ \frac{1}{T} & \frac{1}{T} & \frac{1}{T} \\ T & 0 & 0 \end{bmatrix} \begin{bmatrix} K_0 \\ K_1 \\ K_2 \end{bmatrix} = \begin{bmatrix} -2 & -1 & 0 \\ \frac{1}{T} & \frac{1}{T} & \frac{1}{T} \\ T & 0 & 0 \end{bmatrix} \begin{bmatrix} 0 & 1 & -1 \\ 1 & 0 & 0 \\ 0 & 1 & 0 \end{bmatrix} \begin{bmatrix} K_1 \\ K_2 \\ K_3 \end{bmatrix}$$

$$= \begin{bmatrix} -1 & -2 & 2 \\ \frac{1}{T} & \frac{2}{T} & -\frac{1}{T} \\ 0 & T & -T \end{bmatrix} \begin{bmatrix} K_1 \\ K_2 \\ K_3 \end{bmatrix}$$

对于固定的采样周期 T，可以确定 (k_p, k_i, k_d) 空间的稳定区域如图 4.4(b) 所示。

4.8.1 最大有限拍控制

有限拍控制是数字控制中一项重要的设计技术，它把所有的闭环极点置于原点。如果同时采用有限拍控制与积分控制，跟踪误差将在有限步采样时间内趋近于零。有限拍控制通常要求能够控制系统的所有极点。然而，当使用低阶控制器时，往往无法实现这种极点配置设计。那么本节的出发点就是设计一种 PID 控制器，使闭环特征根尽可能靠近原点。该系统的瞬态响应衰减速度比其他任何设计都要快。因此，在 PID 控制作用下，系统的误差才可以尽可能快地收敛。

第 4 章 线性时不变离散系统的稳定集

本节的设计方案将尝试把闭环极点置于一个最小半径为 ρ 的圆内。令 $\mathbf{S}_\rho$ 表示实现这种闭环根的 PID 控制器集合。针对固定的 ρ，下面将阐述如何来计算 $\mathbf{S}_\rho$。ρ 的最小值可通过确定使得 $\mathbf{S}_{\rho^*} = \varnothing$ 的 ρ^* 得到，但是 $\mathbf{S}_\rho \neq \varnothing$，$\rho > \rho^*$。

现在，重新考虑 PID 控制器

$$C(z) = \frac{K_2 z^2 + K_1 z + K_0}{z(z-1)} \tag{4.65}$$

特征多项式为

$$\delta(z) = z(z-1)D(z) + (K_2 z^2 + K_1 z + K_0)N(z) \tag{4.66}$$

注意到

$$D(z)\big|_{z=-\rho u + \mathrm{j}\rho\sqrt{1-u^2}} = R_D(u,\rho) + \mathrm{j}\sqrt{1-u^2}\,T_D(u,\rho) \tag{4.67}$$

$$N(z)\big|_{z=-\rho u + \mathrm{j}\rho\sqrt{1-u^2}} = R_N(u,\rho) + \mathrm{j}\sqrt{1-u^2}\,T_N(u,\rho) \tag{4.68}$$

且

$$\begin{aligned} N(\rho^2 z^{-1})\big|_{z=-\rho u + \mathrm{j}\rho\sqrt{1-u^2}} &= N(z)\big|_{z=-\rho u - \mathrm{j}\rho\sqrt{1-u^2}} \\ &= R_N(u,\rho) - \mathrm{j}\sqrt{1-u^2}\,T_N(u,\rho) \end{aligned} \tag{4.69}$$

计算

$$\begin{aligned} &\rho^2 z^{-1} \delta(z) N(\rho^2 z^{-1}) \\ &= \rho^2 z^{-1} \underbrace{\big[z(z-1)D(z) + (K_2 z^2 + K_1 z + K_0)N(z)\big]}_{\delta(z)} N(\rho^2 z^{-1}) \end{aligned} \tag{4.70}$$

在圆 C_ρ 上，存在

$$\begin{aligned} &\rho^2 z^{-1} \delta(z) N(\rho^2 z^{-1})\big|_{z=-\rho u + \mathrm{j}\rho\sqrt{1-u^2}} \\ &= -\rho^2(\rho u + 1)P_1(u,\rho) - \rho^3(1-u^2)P_2(u,\rho) \\ &\quad - \big[(K_0 + K_2 \rho^2)\rho u - K_1 \rho^2\big]P_3(u,\rho) \\ &\quad + \mathrm{j}\sqrt{1-u^2}\,\big[\rho^3 P_1(u,\rho) - \rho^2(\rho u + 1)P_2(u,\rho) \\ &\quad + (K_2 \rho^2 - K_0)\rho P_3(u,\rho)\big] \end{aligned} \tag{4.71}$$

其中

$$P_1(u,\rho) = R_D(u,\rho)R_N(u,\rho) + (1-u^2)T_D(u,\rho)T_N(u,\rho) \tag{4.72}$$

$$P_2(u,\rho) = R_N(u,\rho)T_D(u,\rho) - T_N(u,\rho)R_D(u,\rho) \tag{4.73}$$

$$P_3(u,\rho) = R_N^2(u,\rho) + (1-u^2)T_N^2(u,\rho) \tag{4.74}$$

不妨令

$$K_3 = K_2 \rho^2 - K_0 \tag{4.75}$$

可以得到

$$\begin{aligned}
&\rho^2 z^{-1}\delta(z)N(\rho^2 z^{-1})\big|_{z=-\rho u+j\rho\sqrt{1-u^2}}\\
&= -\rho^2(\rho u+1)P_1(u,\rho) - \rho^3(1-u^2)P_2(u,\rho)\\
&\quad -[(2K_2\rho^2-K_3)\rho u - K_1\rho^2]P_3(u,\rho)\\
&\quad +j\sqrt{1-u^2}[\rho^3 P_1(u,\rho)-\rho^2(\rho u+1)P_2(u,\rho)+K_3\rho P_3(u,\rho)]
\end{aligned} \quad (4.76)$$

为了确定使根聚集在半径为 ρ 的圆内的控制器集合，执行下面步骤：固定 K_3，使用 4.4 节中的根计数公式，建立包含 K_1 和 K_2 的线性不等式组，遍历 K_3 范围内的所有值。该过程表现为 ρ 减少，直到稳定 PID 参数集刚好消失。下面通过的例子来说明这个过程。

例 4.3 考虑例 4.2 中的被控对象。图 4.5(a) 表示 $\rho=0.275$ 时 PID 增益空间中的稳定集。对于更小的 ρ 值，PID 参数空间的稳定区域消失了，这意味着不存在可以使所有的闭环极点置于半径小于 0.275 的圆内的 PID 控制器。根据这一点，选择区域内的点

$$K_0=0.0048,\quad K_1=-0.3195,\quad K_2=0.6390,\quad K_3=0.0435$$

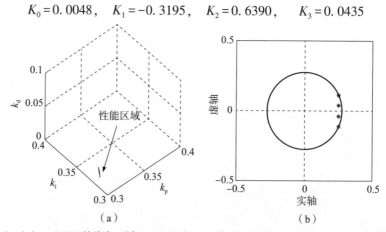

图 4.5 (a) $\rho=0.275$ 的稳定区域；(b) 选定 PID 增益的闭环极点（经许可从文献[1]复制）

根据式(4.75)的关系，有

$$\begin{bmatrix}k_p\\k_i\\k_d\end{bmatrix}=\begin{bmatrix}-1 & -2\rho^2 & 2\\ \dfrac{1}{T} & \dfrac{\rho^2}{T}+\dfrac{1}{T} & -\dfrac{1}{T}\\ 0 & \rho^2 T & -T\end{bmatrix}\begin{bmatrix}K_1\\K_2\\K_3\end{bmatrix}=\begin{bmatrix}0.3099\\0.3243\\0.0048\end{bmatrix}$$

图 4.5(b) 显示了位于半径 $\rho=0.275$ 的圆内的闭环极点。特征根分别为

$$0.2500\pm j0.1118,\quad 0.2500\pm j0.0387$$

从例 4.2 在 $\rho=1$ 时的集合中选择几组 PID 稳定参数，并比较它们之间的阶跃响应。图 4.6 表明，最大有限拍设计可以产生几乎有限拍的系统响应。

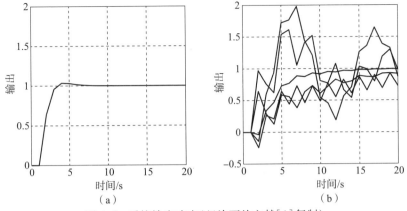

图 4.6　系统输出响应(经许可从文献[1]复制)
(a)最大有限拍设计；(b)任意 PID 稳定参数。

4.8.2　最大延时容限设计

在某些控制系统中，控制回路容许的延迟时间是非常重要的设计参数，即在控制回路不失稳的情况下最大可允许的延迟时间。在数字控制中，k 个采样时刻的延迟可表示为 z^{-k}，用它来确定 PID 控制作用下控制回路能够容许的最大延迟。对于给定在 PID 控制作用下的被控对象，这就是容许延迟时间的极限值。

对于被控对象

$$P(z)=\frac{N(z)}{D(z)} \tag{4.77}$$

考虑采用 PID 控制器，寻找使该对象保持稳定的最大延迟时间 L^*。换句话说，寻找最大延迟时间 L^*，使得存在 PID 稳定增益集同时能够使如下的一组系统保持稳定。

$$z^{-L}P(z)=\frac{N(z)}{z^L D(z)}, \quad L=0,\ 1,\ \cdots,\ L^* \tag{4.78}$$

令 $\mathbf{S}_i$ 表示使得系统 $z^{-i}P(z)$ 稳定的 PID 增益集，则易知对所有的 $i=0$，1，$\cdots$，L，使得系统 $z^{-i}P(z)$ 都镇定的集合为

$$\bigcap_{i=0}^{L}\mathbf{S}_i \tag{4.79}$$

下面通过一个例子来说明计算过程。

例 4.4　考虑例 4.2 中的被控系统。图 4.7(a)显示了没有延迟时 PID 的稳定增益($L=0$)。

图 4.7(b)显示了 $L=0$，1 时 PID 的稳定增益。由图 4.7 可知，随着延迟时间的增加，集合在不断变小。

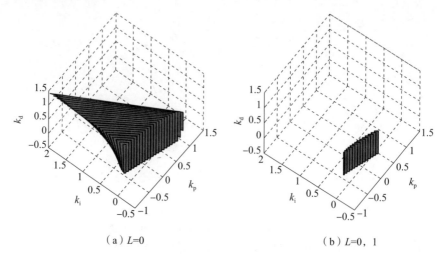

图 4.7 延迟系统的稳定区域(一)(经许可从文献[1]复制)

在许多系统中,当 L^* 的值足够大时,集合就消失了。这是任意一个 PID 控制器可以稳定的最大延迟时间。为了说明这一点,固定 $K_3=1$。从图 4.8 可以看出,当所需的时间延迟增加时,稳定性区域减小,并且对于延迟为 $L\in(0,3)$ 的系统,稳定性区域消失。

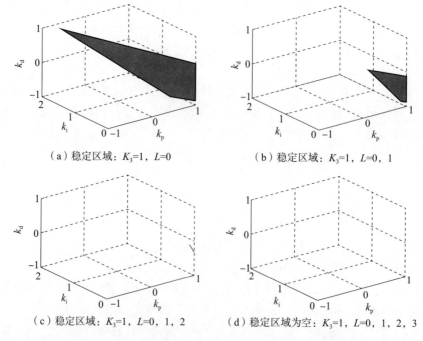

图 4.8 延迟系统的稳定区域(二)(经许可从文献[1]复制)

4.9 注释

本章介绍的计算过程是根据文献[1]总结的。文献[3]计算了离散 PID 控制器的稳定集。关于数字系统在电力电子方面的应用，请参阅文献[2]。第一类和第二类切比雪夫多项式的相关介绍请参阅文献[4]。

参考文献

[1] Bhattacharyya, S. P., Datta, A., Keel, L. H.: Linear Control Theory Structure, Robustness, and Optimization. CRC Press/Taylor & Francis Group, Boca Raton(2009)

[2] Buso, S., Mattavelli, P.: Digital Control in Power Electronics. Morgan and Claypool Publishers, San Rafael(2006)

[3] Keel, L. H., Rego, J. I., Bhattacharyya, S. P.: A new approach to digital PID controller design. IEEE Trans. Autom. Control, 48(4), 687-692(2003)

[4] Mason, J. C., Handscomb, D. C.: Chebyshev Polynomials. Chapman and Hall/CRC, Boca Raton(2002)

第5章
基于频率响应数据的稳定集计算

本章的重点是基于直接数据驱动的控制器综合与设计，我们发现，对于可能包含时滞的有限维线性时不变(LTI)系统，无须建立辨识的解析模型，就可以直接由被控对象的奈奎斯特(Nyquist)图或波特(Bode)图等频率响应数据 $P(j\omega)(\omega \in [0, \infty))$，计算出 PID 和一阶控制器的完备稳定集。这些解决方案具有重要的特征。例如，不需要知道系统的阶次，甚至不需要知道左半开平面或右半开平面的极点或零点的个数。在 PID 控制器的情况下，该解决方案还确定了一个准确的低频带，在这个低频带上，必须准确地知道系统数据，超过这个低频带，系统信息可以是粗略的或近似的。当后者用于控制设计时，这些构成了辨识的重要准则。这里提出的用于控制综合和设计的无模型方法是对现代和后现代基于模型的设计方法的一个有力补充，这些方法需要关于系统的完整信息，并且通常只能生成单个控制器。本章通过一个示例讨论了在计算稳定控制器集合时，无模型方法和基于模型方法之间可能出现的显著差异。例如，该示例表明一个高阶系统的辨识模型可能是非 PID 稳定的，而原始数据表明它是 PID 稳定的。这里给出的结果可能是对经典控制回路整形方法的明显改进，并能够获得实现设计指标的完备控制器集。该方法可以增强无模型的模糊和神经方法，但却不能保证稳定性和性能。最后，这些结果为实际系统的自适应、无模型、固定阶次等设计奠定了基础。

5.1 概述

在前面的章节中，我们已经介绍了 PID 控制器设计的结果，这些控制器在许多工业中都是至关重要的，在电气、机械、液压、流体和气动系统得到了广泛应用。值得注意的是，这些都是基于模型的方法。

第 5 章　基于频率响应数据的稳定集计算

本章的目的是证明对于设计的三参数(three-term)控制器,可以直接根据对象的频率响应测量值进行综合和设计,而不需要建立状态空间或传递函数模型。主要结果表明,在不构造辨识模型的情况下,可以从奈奎斯特图或波特图数据中获得满足稳定性和各种性能指标的完备集。需要强调的是,我们的解决方案不需要知道系统的阶次,不需要知道左半开平面或右半开平面极点或零点的数量,也不需要辨识被控对象。在后续内容中可以看到,在采用 PID 控制器的情况下,该解决方案确定了一个精确的"低频带",在这个低频带中必须精确地知道系统的频率响应,超出这个范围,只需要粗略的数据或测量值就可以了。这些特性在实际的控制工程中具有重要的意义,因为现实中模型往往是不可直接使用的,测量也只能在有限的频率范围内进行,还必须保证各种性能指标要求。

本章的研究结果适用于可能存在时滞的稳定和不稳定的线性时不变系统,特别是对于 PID 和一阶控制器。相关结论只要稍加修改,就可以扩展到一般的三参数控制器。一般来说,高阶控制器有 3 个以上的可调参数。在这种情况下,可以通过固定一些参数、剩下 3 个可调参数应用该理论来进行设计。转换为 3 个设计参数的重要优点是可以利用二维和三维图形显示参数空间的控制集。

在实际应用中,通过直接测量可以很容易地获得稳定系统的频率响应数据。因此,本章的理论不需要构造传递函数或状态空间模型,便可以用于稳定被控对象。对于不稳定的线性时不变系统,如果已知一个使系统稳定的反馈补偿器,就可以得到频率响应数据。在后一种情况下,可以对稳定的闭环系统进行测量,并通过划分已知的补偿器来提取系统的频率响应数据。这种方法对于不稳定的线性时不变系统的辨识以及不稳定系统的奈奎斯特图确定也是必要的。通过综合的方法,对于类型固定的(PID 或一阶)控制器,可以计算出满足稳定性要求的完备集。这是基于多个性能指标开展系统设计的第一个关键步骤。我们也可以认为这是所有稳定控制器的著名 YJBK 参数化的无模型固定阶次形式。

后面的章节将介绍如何计算控制器的完备集来达到规定的设计要求。我们所说的设计,是指将多个性能指标相综合,以同时满足多个性能目标。基于这个框架,可以分析处理的性能包括幅值裕度、相角裕度以及 H_∞ 范数准则。大多数情况下,所涉及的计算都是线性规划或一组带有参数遍历的线性方程组;同时,要满足多个性能指标等于同时解决多个线性不等式组。该结果在克服经典控制理论局限性的同时,为基于模型的控制提供了一种新的选择。从某种意义上说,这是古典理论和现代方法的最佳结合。

5.2 数学预备知识

本节将介绍一些后续内容可能使用的符号和技术基础。

首先考虑实有理函数的情形。假设实有理函数为

$$R(s) = \frac{A(s)}{B(s)} \tag{5.1}$$

式中：$A(s)$ 和 $B(s)$ 分别为 m 阶和 n 阶实系数多项式。

假设 $A(s)$ 和 $B(s)$ 在 $j\omega$ 轴上没有零点，令 z_R^+，p_R^+ 和 z_L^-，p_L^- 分别表示 $R(s)$ 在右半开平面(RHP)和左半开平面(LHP)的零点数和极点数，令 $\Delta_0^\infty \angle R(j\omega)$ 表示当 ω 从 0 变化至 $+\infty$ 时 $R(j\omega)$ 的相位差，则

$$\Delta_0^\infty \angle R(j\omega) = \frac{\pi}{2}[z_L^- - z_R^+ - (p_L^- - p_R^+)] \tag{5.2}$$

式(5.2)的依据是：每个左半开平面的零点和右半开平面的极点产生的相角变化为 $+\frac{\pi}{2}$，而每个右半开平面的零点和左半开平面的极点产生的相角变化为 $-\frac{\pi}{2}$。

为了研究方便，定义 $R(s)$ 的赫尔维茨特征数为

$$\sigma(R) = z_L^- - z_R^+ - (p_L^- - p_R^+) \tag{5.3}$$

不妨令

$$R(j\omega) = R_r(\omega) + jR_i(\omega) \tag{5.4}$$

式中：$R_r(\omega)$ 和 $R_i(\omega)$ 为关于 ω 的实系数有理函数。显然，在 $\omega \in (-\infty, +\infty)$ 时，由于 $R(s)$ 在虚轴没有极点，则 $R_r(\omega)$ 和 $R_i(\omega)$ 没有实极点。为了计算相角变化，即式(5.2)等号的左边，采用 $R_r(\omega)$ 和 $R_i(\omega)$ 来表示公式比较方便。注意到 $R(s)$ 为真的，$\omega_0 = 0$ 始终为 $R_i(\omega)$ 的零点。

令

$$0 = \omega_0 < \omega_1 < \omega_2 < \cdots < \omega_{l-1} \tag{5.5}$$

表示 $R_i(\omega) = 0$ 的奇数重的有限非负实零点，并令

$$\mathrm{sgn}[x] = \begin{cases} +1 & x > 0 \\ 0 & x = 0 \\ -1 & x < 0 \end{cases} \tag{5.6}$$

定义 $\omega_l = \infty^-$，对于实函数 $f(t)$，定义

$$f(t_0^-) = \lim_{t \to t_0, t < t_0} f(t), \quad f(t_0^+) = \lim_{t \to t_0, t > t_0} f(t) \tag{5.7}$$

引理 5.1(实赫尔维茨特征数引理) 若 $n-m$ 为偶数，则

$$\sigma(R) = \left(\text{sgn}[R_r(\omega_0)] + 2\sum_{j=1}^{l-1}(-1)^j\text{sgn}[R_r(\omega_j)]\right.$$
$$\left. +(-1)^l\text{sgn}[R_r(\omega_l)]\right)(-1)^{l-1}\text{sgn}[R_i(\infty^-)]$$

若 $n-m$ 为奇数，则

$$\sigma(R) = \left(\text{sgn}[R_r(\omega_0)] + 2\sum_{j=1}^{l-1}(-1)^j\text{sgn}[R_r(\omega_j)]\right)\cdot(-1)^{l-1}\text{sgn}[R_i(\infty^-)]$$

证明 关于特征数的计算是基于频率函数在 ω 由 0 变化到 ∞ 时的总相角变化量，这又可以表示为函数在按频率轴划分的几个频域不相交区域中对应的相角变化总和。

首先要注意到

$$\Delta_0^\infty \angle R(\text{j}\omega) = \frac{\pi}{2}\sigma(R) \tag{5.8}$$

且

$$\Delta_0^\infty \angle R(\text{j}\omega) = \Delta_{\omega_0=0}^{\omega_1}\angle R(\text{j}\omega) + \cdots + \Delta_{\omega_{l-1}}^{\omega_l=\infty^-}\angle R(\text{j}\omega) \tag{5.9}$$

(1) 对于 $n-m$ 为偶数的情形。当 $\omega\to\infty$ 时，$R(\text{j}\omega)$ 的曲线趋近于负实轴或正实轴，那么当 $k=0,1,\cdots,l-2$ 时，有

$$\Delta_{\omega_k}^{\omega_{k+1}}\angle R(\text{j}\omega) = \frac{\pi}{2}(\text{sgn}[R_r(\omega_k)] - \text{sgn}[R_r(\omega_{k+1})])\times\text{sgn}[R_i(\omega_{k+1}^-)] \tag{5.10}$$

且

$$\Delta_{\omega_{l-1}}^{\omega_l=\infty^-}\angle R(\text{j}\omega) = \frac{\pi}{2}(\text{sgn}[R_r(\omega_{l-1})] - \text{sgn}[R_r(\omega_l)])\times\text{sgn}[R_i(\infty^-)]$$

$$\tag{5.11}$$

根据式(5.8)和式(5.9)，可得

$$\sigma(R) = (\text{sgn}[R_r(\omega_0)] - \text{sgn}[R_r(\omega_1)])\text{sgn}[R_i(\omega_1^-)]$$
$$+(\text{sgn}[R_r(\omega_1)] - \text{sgn}[R_r(\omega_2)])\text{sgn}[R_i(\omega_2^-)] + \cdots$$
$$+(\text{sgn}[R_r(\omega_{l-2})] - \text{sgn}[R_r(\omega_{l-1})])\text{sgn}[R_i(\omega_{l-1}^-)]$$
$$+(\text{sgn}[R_r(\omega_{l-1})] - \text{sgn}[R_r(\omega_l)])\text{sgn}[R_i(\infty^-)]$$

由于

$$\text{sgn}[R_i(\omega_i^-)] = -\text{sgn}[R_i(\omega_{i+1}^-)]$$

且

$$\text{sgn}[R_i(\omega_{l-1}^-)] = -\text{sgn}[R_i(\infty^-)]$$

可以得到

$$\begin{cases} \mathrm{sgn}[R_i(\omega_{l-2}^-)] = (-1)^2 R_i(\infty^-) \\ \mathrm{sgn}[R_i(\omega_{l-3}^-)] = (-1)^3 R_i(\infty^-) \\ \quad\vdots \\ \mathrm{sgn}[R_i(\omega_2^-)] = (-1)^{l-2} R_i(\infty^-) \\ \mathrm{sgn}[R_i(\omega_1^-)] = (-1)^{l-1} R_i(\infty^-) \end{cases} \tag{5.12}$$

则

$$\begin{aligned}\sigma(R) =\;& (\mathrm{sgn}[R_r(\omega_0)] - 2\mathrm{sgn}[R_r(\omega_1)] + 2\mathrm{sgn}[R_r(\omega_2)] \\ & + \cdots + (-1)^{l-1}\mathrm{sgn}[R_r(\omega_{l-1})] + (-1)^l \mathrm{sgn}[R_r(\omega_l)]) \\ & (-1)^{l-1}\mathrm{sgn}[R_i(\infty^-)] \\ =\;& (\mathrm{sgn}[R_r(\omega_0)] + 2\sum_{j=1}^{l-1}(-1)^j \mathrm{sgn}[R_r(\omega_j)] \\ & + (-1)^l \mathrm{sgn}[R_r(\omega_l)])(-1)^{l-1}\mathrm{sgn}[R_i(\infty^-)]\end{aligned}$$

(2) 对于 $n-m$ 为奇数的情形。

当 $\omega\to\infty$ 时，$R(\mathrm{j}\omega)$ 的曲线将趋近于负虚轴或正虚轴，那么可得

$$\Delta_{\omega_k}^{\omega_{k+1}}\angle R(\mathrm{j}\omega) = \frac{\pi}{2}(\mathrm{sgn}[R_r(\omega_k)] - \mathrm{sgn}[R_r(\omega_{k+1})]) \times \mathrm{sgn}[R_i(\omega_{k+1}^-)] \quad k=0,1,\cdots,l-2$$

$$\Delta_{\omega_{l-1}}^{\omega_l=\infty^-}\angle R(\mathrm{j}\omega) = \frac{\pi}{2}\mathrm{sgn}[R_r(\omega_{l-1})]\mathrm{sgn}[R_i(\infty^-)]$$

根据式(5.12)可得

$$\begin{aligned}\sigma(R) =\;& (\mathrm{sgn}[R_r(\omega_0)] - \mathrm{sgn}[R_r(\omega_1)])\mathrm{sgn}[R_i(\omega_1^-)] \\ & + (\mathrm{sgn}[R_r(\omega_1)] - \mathrm{sgn}[R_r(\omega_2)])\mathrm{sgn}[R_i(\omega_2^-)] \\ & + \cdots + (\mathrm{sgn}[R_r(\omega_{l-2})] - \mathrm{sgn}[R_r(\omega_{l-1})]) \times \mathrm{sgn}[R_i(\omega_{l-1}^-)] \\ & + (-1)^{l-1}\mathrm{sgn}[R_r(\omega_{l-1})]\mathrm{sgn}[R_r(\infty^-)] \\ =\;& (\mathrm{sgn}[R_r(\omega_0)] - 2\mathrm{sgn}[R_r(\omega_1)] + \cdots \\ & + (-1)^{l-1} 2\mathrm{sgn}[R_r(\omega_{l-1})])(-1)^{l-1}\mathrm{sgn}[R_i(\infty^-)] \\ =\;& (\mathrm{sgn}[R_r(\omega_0)] + 2\sum_{j=1}^{l-1}(-1)^j \mathrm{sgn}[R_r(\omega_j)]) \\ & \times (-1)^{l-1}\mathrm{sgn}[R_i(\infty^-)]\end{aligned}$$
□

然后，考虑复有理函数的情形。假设复有理函数为

$$Q(s) = \frac{D(s)}{E(s)} \tag{5.13}$$

式中：$D(s)$ 和 $E(s)$ 分别为 n 阶和 m 阶复系数多项式。

如上所述，假设 $D(s)$ 和 $E(s)$ 在 $\mathrm{j}\omega$ 轴上没有零点，令 $\Delta_{-\infty}^{+\infty}\angle Q(\mathrm{j}\omega)$ 表示当

ω 从 $-\infty$ 变化至 $+\infty$ 时 $Q(j\omega)$ 的相位差,令 z_Q^+, p_Q^+ 和 z_Q^-, p_Q^- 分别表示 $Q(s)$ 在右半开平面和左半开平面的零点数和极点数,则

$$\Delta_{-\infty}^{+\infty} \angle Q(j\omega) = \pi[z_Q^- - z_Q^+ - (p_Q^- - p_Q^+)] \tag{5.14}$$

式(5.14)的依据是:每个左半开平面的零点和右半开平面的极点产生的相角变化为 $+\pi$,而每个右半开平面的零点和左半开平面的极点产生的相角变化为 $-\pi$。将所有的极点数和零点数叠加,就可以得到上述公式。与实数情况相似,定义复有理函数 $Q(s)$ 的特征数为

$$\sigma(Q) = z_Q^- - z_Q^+ - (p_Q^- - p_Q^+) \tag{5.15}$$

不妨令

$$Q(j\omega) = Q_r(\omega) + jQ_i(\omega) \tag{5.16}$$

式中:$Q_r(\omega)$ 和 $Q_i(\omega)$ 均为关于 ω 的实系数有理函数。

此外,在 $\omega \in (-\infty, +\infty)$ 时,$Q_r(\omega)$ 和 $Q_i(\omega)$ 均没有实极点。$Q_r(\omega)$ 和 $Q_i(\omega)$ 的分子往往含有相同的阶次。若非如此,那么用任意复数 $\alpha + j\beta$ 乘以 $Q(s)$ 就可以使这个条件成立,而不会改变 $Q(s)$ 的极点、零点或特征数。因此,我们假设这是正确的。令 $\omega_0, \omega_1, \cdots, \omega_{l-1}$ 表示 $Q_i(\omega) = 0$ 的奇数重有限互异实零点,按大小排序为

$$-\infty < \omega_0 < \omega_1 < \cdots < \omega_{l-1} < +\infty = \omega_l$$

引理 5.2(复赫尔维茨特征数引理) 复有理函数 $Q(s)$ 的特征数

$$\sigma(Q) = \left(\sum_{j=1}^{l-1} (-1)^{l-1-j} \mathrm{sgn}[Q_r(\omega_j)] \right) \mathrm{sgn}[Q_i(\infty^-)]$$

证明 与前述方法一样,系统的总相角变化量为由频率轴划分的几个不相交区域的相角变化总和。

首先,注意到

$$\pi\sigma(Q) = \Delta_{-\infty}^{+\infty} \angle Q(j\omega) \tag{5.17}$$

为了计算式(5.17)的右边,将其写为

$$\Delta_{-\infty}^{+\infty} \angle Q(j\omega) = \Delta_{-\infty}^{\omega_1} \angle Q(j\omega) + \sum_{i=1}^{l-2} \Delta_{\omega_i}^{\omega_{i+1}} \angle Q(j\omega) + \Delta_{\omega_{l-1}}^{+\infty} \angle Q(j\omega)$$

$$\tag{5.18}$$

不妨令

$$Q(j\omega) = Q_r(\omega) + jQ_i(\omega) = \frac{A_r(\omega)}{B(\omega)} + j\frac{A_i(\omega)}{B(\omega)}$$

式中:$A_r(\omega)$,$A_i(\omega)$,$B(\omega)$ 均为实系数多项式,且

$$B(\omega) \neq 0, \quad \omega \in (-\infty, \infty) \tag{5.19}$$

假设 $A_r(\omega)$ 和 $A_i(\omega)$ 的阶次相等。若非如此,可以在不改变其特征数的前

提下将 $Q(s)$ 乘以任意复数得到。

令

$$A(j\omega) = A_r(\omega) + jA_i(\omega) \tag{5.20}$$

注意到式(5.19)，则

$$\Delta_{-\infty}^{+\infty} \angle Q(j\omega) = \Delta_{-\infty}^{\omega_1} \angle A(j\omega) + \sum_{k=1}^{l-2} \Delta_{\omega_k}^{\omega_{k+1}} \angle A(j\omega) + \Delta_{\omega_{l-1}}^{+\infty} \angle A(j\omega) \tag{5.21}$$

$Q_i(\omega)$ 的有限零点与 $A_i(\omega)$ 的零点相同，因此对于 $k=1, 2, \cdots, l-2$，有

$$\Delta_{\omega_k}^{\omega_{k+1}} \angle Q(j\omega) = \frac{\pi}{2} \mathrm{sgn}[\dot{A}_i(\omega_k)] \times (\mathrm{sgn}[A_r(\omega_k)] - \mathrm{sgn}[A_r(\omega_{k+1})]) \tag{5.22}$$

同样也可以得到

$$\begin{aligned}&\Delta_{-\infty}^{\omega_1} \angle A(j\omega) + \Delta_{\omega_{l-1}}^{+\infty} \angle A(j\omega) \\ &= \frac{\pi}{2} \mathrm{sgn}[\dot{A}_i(\omega_1)] \mathrm{sgn}[A_r(\omega_1)] + \frac{\pi}{2} \mathrm{sgn}[\dot{A}_i(\omega_{l-1})] \mathrm{sgn}[A_r(\omega_{l-1})] \end{aligned} \tag{5.23}$$

注意到，对于 $k=1, 2, \cdots, l-1$ 而言，有

$$\begin{cases} \mathrm{sgn}[\dot{Q}_i(\omega_{l-1})] = \mathrm{sgn}[Q_i(\infty^-)] \\ \mathrm{sgn}[A_r(\omega_k)] = \mathrm{sgn}[Q_r(\omega_k)] \\ \mathrm{sgn}[\dot{Q}_i(\omega_k)] = \mathrm{sgn}[\dot{A}_i(\omega_k)] \\ \mathrm{sgn}[\dot{Q}_i(\omega_k)] = (-1)^{l-1-k} \mathrm{sgn}[Q_i(\infty^-)] \end{cases} \tag{5.24}$$

将式(5.21)~式(5.24)代入式(5.18)，可知引理5.2成立。 □

5.3 相角、特征数、极点、零点和波特图

令 P 表示一个线性时不变系统，$P(s)$ 表示其有理传递函数，z^+ 和 p^+ 分别表示右半开平面的零点和极点，z^- 和 p^- 则分别表示左半开平面的零点和极点，n 和 m 分别表示分母和分子的阶次。相对的阶次表示为

$$r_P = n - m$$

如前述定义，P 的符号数是

$$\sigma(P) = (z^- - z^+) - (p^- - p^+) \tag{5.25}$$

引理 5.3

$$r_P = -\frac{1}{20} \times \frac{\mathrm{d}P_{\mathrm{dB}}(\omega)}{\mathrm{d}(\log_{10}\omega)}\bigg|_{\omega \to \infty} \tag{5.26}$$

$$\sigma(P) = \frac{2}{\pi} \Delta_0^\infty \angle P(j\omega) \tag{5.27}$$

式中

$$P_{dB}(\omega) = 20\log_{10}|P(j\omega)|$$

证明 式(5.26)表明，相对阶次是波特图中幅频特性曲线在高频段的斜率。式(5.27)表明，特征数可以根据相频特性曲线的相角变化量得到。 □

假设 $P(s)$ 在 $j\omega$ 轴上没有极点和零点，P 的特征数也可写为

$$\sigma(P) = -(n-m) - 2(z^+ - p^+) \tag{5.28}$$

或者

$$\sigma(P) = -r_P - 2(z^+ - p^+) \tag{5.29}$$

因此，利用引理5.3和式(5.29)，$z^+ - p^+$ 可以从 P 的波特图中确定。特别地，如果 $P(s)$ 是稳定的，那么可以根据测量的系统频率响应得到波特图。结合波特图数据，在上述关系中令 $p^+ = 0$，可以确定 z^+。

下面研究不稳定系统。

假设 P 是不稳定的 LTI 系统，是一个未知的有理传递函数，且 P 没有虚轴上的极点和零点。假设存在一个已知的反馈控制器 $C(s)$ 使 P 稳定，闭环系统的频率响应可以测量，表示为 $G(j\omega)$，其中 $\omega \in [0, \infty)$，如图5.1所示，则

$$P(j\omega) = \frac{G(j\omega)}{C(j\omega)(1 - G(j\omega))} \tag{5.30}$$

表示不稳定对象计算得到的频率响应。

下面结果表明，已知 $C(s)$ 和 $G(j\omega)$ 就可以确定 z^+ 和 p^+，即被控对象在右半开平面的零点数和极点数。令 z_c^+ 表示 $C(s)$ 在右半开平面的零点数。

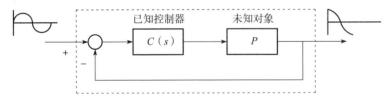

图5.1 不稳定对象的频率响应测量(经许可从文献[1]复制)

定理5.1

$$z^+ = \frac{1}{2}[-r_P - r_C - 2z_c^+ - \sigma(G)] \tag{5.31}$$

$$p^+ = \frac{1}{2}[\sigma(P) - \sigma(G) - r_C] - 2z_c^+ \tag{5.32}$$

证明 闭环传递函数

$$G(s) = \frac{P(s)C(s)}{1+P(s)C(s)}$$

由于 $G(s)$ 是稳定的，则

$$\sigma(G) = (z^- + z_c^-) - (z^+ + z_c^+) - (n + n_c)$$
$$= -r_P - r_C - 2z_c^+ - 2z^+$$

即可得式(5.31)。将式(5.25)应用到 $P(s)$，可得

$$p^+ = z^+ + \frac{\sigma(P)}{2} + \frac{r_P}{2} \tag{5.33}$$

将式(5.31)代入式(5.33)，可得到式(5.32)。 □

注5.1 在上面的定理中，假设稳定控制器 $C(s)$ 是已知的，且相应的闭环频率响应 $G(j\omega)(\omega \in [0, \infty))$ 是可以测量的，那么 $P(j\omega)$ 可以根据式(5.30)计算。将引理5.3的结果应用至 $P(j\omega)$ 和 $G(j\omega)$，可以分别计算得到 r_P 和 $\sigma(G)$。因为 $C(s)$ 是已知的，则 r_C 和 z_c^+ 亦是已知的，因此可以得到 z^+ 和 p^+。

注5.2 在上述分析中，为简便起见，假设该系统没有虚轴上的极点和零点。如果有这样的极点和零点，则它们的数量可以从物理特性获知，或者其数量和位置可通过实验或波特图计算确定。一旦确定，我们可以把这些极点和零点与控制器结合起来，继续进行设计对于虚轴上远离原点的 k 重零点或极点，幅值曲线为零或无穷大，同时相角曲线变化为 $k\pi$。如果这些极点或者零点出现在原点，在频率为零时将产生相应的相位平移为 $\frac{k\pi}{2}$。在这种情况下，易知关系式(5.31)和式(5.32)修改为

$$z^+ = \frac{1}{2}(-r_P - r_C - 2z_c^+ - z_c^i - \sigma(G)) \tag{5.34}$$

$$p^+ = \frac{1}{2}(\sigma(P) - \sigma(G) - r_C) - 2z_c^+ - z_c^i + z^i - p^i \tag{5.35}$$

式中：z^i，z_c^i，p^i，p_c^i 分别表示被控对象和控制器在虚轴上的零点数和极点数。

5.4 无时滞连续时间系统的 PID 综合

如图5.2所示，考虑连续时间线性时不变系统的 PID 控制器综合和设计问题。被控对象的传递函数 $P(s)$ 具有 n 个极点、m 个零点。

假设设计者唯一能获取的信息如下。

(1) 如果系统是稳定的，则已知频率响应 $P(j\omega)(\omega \in [0, \infty))$ 的幅值和相角。

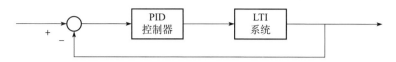

图 5.2 带 PID 控制器的单位反馈系统(经许可从文献[1]复制)

(2) 如果系统是不稳定的,则已知一个稳定控制器和相应的闭环频率响应 $G(j\omega)$。

这样的假设对于大多数系统都是合理的。我们还假设系统没有 $j\omega$ 轴的极点或者零点,使得对于所有 $\omega \geq 0$,被控对象的幅值及其倒数、相角都得能到很好的定义。正如 5.3 节讨论,对于任何线性时不变系统,右半开平面极点和零点的数量和位置都可以通过以上的数据得到,并且与控制器可以进行分离或结合。

将 $P(j\omega)$ 写为

$$P(j\omega) = |P(j\omega)|e^{j\phi(\omega)} = P_r(\omega) + jP_i(\omega) \tag{5.36}$$

式中:$|P(j\omega)|$ 为频率为 ω 时被控对象的幅值,$\phi(\omega)$ 为相角。

令 PID 控制器的形式为

$$C(s) = \frac{k_i + k_p s + k_d s^2}{s(1+sT)}, \quad T>0 \tag{5.37}$$

式中:T 为固定不变的一个较小的数。

下面我们给出确定稳定集的方法。

引理 5.4 令

$$F(s) = s(1+sT) + (k_i + k_p s + k_d s^2)P(s)$$

且

$$\overline{F}(s) = F(s)P(-s)$$

则闭环稳定等价于

$$\sigma(\overline{F}(s)) = n - m + 2z^+ + 2 \tag{5.38}$$

证明 闭环稳定性等价于 $F(s)$ 的所有零点都在左半开平面中。反过来,这等价于

$$\sigma(F(s)) = n + 2 - (p^- - p^+)$$

现在考虑有理函数

$$\overline{F}(s) = F(s)P(-s)$$

注意到

$$\sigma(\overline{F}(s)) = \sigma(F(s)) + \sigma(P(-s))$$

因此，稳定性条件转变为

$$\sigma(\overline{F}(s)) = n+2-(p^- - p^+)+(z^+ - z^-)-(p^+ - p^-)$$
$$= n+2+z^+ - z^- = n-m+2z^+ + 2$$

进一步将 $\overline{F}(j\omega)$ 展开为

$$\overline{F}(j\omega) = j\omega(1+j\omega T)P(-j\omega)+(k_i + j\omega k_p - \omega^2 k_d)P(j\omega)P(-j\omega)$$
$$= \underbrace{(k_i - k_d \omega^2)|P(j\omega)|^2 - \omega^2 T P_r(\omega)+\omega P_i(\omega)}_{\overline{F}_r(\omega, k_i, k_d)}$$
$$+ j\omega \underbrace{(k_p |P(j\omega)|^2 + P_r(\omega)+\omega T P_i(\omega))}_{\overline{F}_r(\omega, k_p)}$$
$$= \overline{F}_r(\omega, k_i, k_d) + j\omega \overline{F}_i(\omega, k_p)$$

定理 5.2 固定 $k_p = k_p^*$，令 $\omega_1 < \omega_2 < \cdots < \omega_{l-1}$ 表示具有奇数重的互异频率，是如下方程的解。

$$\overline{F}_i(\omega, k_p^*) = 0 \tag{5.39}$$

或者等价于，固定 $k_p = k_p^*$ 时，有

$$k_p^* = -\frac{P_r(\omega)+\omega T P_i(\omega)}{|P(j\omega)|^2}$$
$$= -\frac{\cos\phi(\omega)+\omega T \sin\phi(\omega)}{|P(j\omega)|} \tag{5.40}$$
$$= g(\omega)$$

令 $\omega_0 = 0$，$\omega_l = \infty$，$j = \text{sgn}[\overline{F}_i(\infty^-, k_p^*)]$。定义整数集

$$\boldsymbol{I} = [i_0, i_1, i_2, \cdots, i_l] \quad i_t \in \{+1, -1\}$$

使得下面条件成立。

(1) 当 $n-m$ 为偶数时，有

$$[i_0 - 2i_1 + 2i_2 + \cdots + (-1)^{l-1} 2i_{l-1} + (-1)^l i_l](-1)^{l-1} j \tag{5.41}$$
$$= n-m+2z^+ + 2$$

(2) 当 $n-m$ 为奇数时，有

$$[i_0 - 2i_1 + 2i_2 + \cdots + (-1)^{l-1} 2i_{l-1}](-1)^{l-1} j \tag{5.42}$$
$$= n-m+2z^+ + 2$$

那么对于固定的 $k_p = k_p^*$，满足闭环稳定性的 (k_i, k_d) 值由下式给出。

$$\overline{F}_r(\omega_t, k_i, k_d) i_t > 0 \quad t = 0, \cdots, l \tag{5.43}$$

式中：i_t 取自满足式(5.41)和式(5.42)的集合；ω_t 取自式(5.39)的解。

证明 根据引理 5.4，可将稳定性条件简化为式(5.38)中的特征数条件。将引理 5.1 应用于 $\bar{F}(s)$ 特征数计算，定理得证。 □

下面结果说明参数 k_p 必须遍历完取值范围内的所有值。

定理 5.3 对于式(5.40)给定的函数 $g(\omega)$，可完全由被控对象数据 $P(j\omega)$ 和 T 来确定的如下。

(1) PID 稳定的一个必要条件是存在 k_p 使得函数

$$k_p = g(\omega) \tag{5.44}$$

至少有 k 个互异的奇数重根，其中

$$k \geqslant \frac{n-m+2z^+ +2}{2} - 1 \quad n-m \text{ 为偶数}$$

$$k \geqslant \frac{n-m+2z^+ +3}{2} - 1 \quad n-m \text{ 为奇数}$$

(2) 在(1)成立的前提下，存在唯一的 ω，$\underline{\omega} = (\omega_{\min}, \omega_{\max})$，这也决定了 ω 遍历的范围。

(3) 每一个 k_p 都属于 PID 参数稳定集，在且在如下范围内有

$$k_p \in (k_p^{\min}, k_p^{\max})$$

其中

$$k_p^{\min} = \min_{\omega \in \underline{\omega}} g(\omega), \quad k_p^{\max} = \max_{\omega \in \underline{\omega}} g(\omega)$$

式中：$\underline{\omega} = (\omega_{\min}, \omega_{\max})$。

注 5.3 根据系统没有 $j\omega$ 轴的零点或已与控制器结合的假设，函数 $g(\omega)$ 是已经定义好的。频率 $\omega_{\max}$ 可以选择为任何频率，之后 $g(\omega)$ 继续单调增长。这决定了在频率范围内，对象 $P(j\omega)$ 的数据必须是准确已知的。注意范围 $(\omega_{\min}, \omega_{\max})$ 和 $(k_p^{\min}, k_p^{\max})$ 可以包含多个部分。

5.5 节将总结上述结果中涉及的稳定集计算方法。

5.5 基于频率响应数据 PID 稳定集计算方法

PID 增益的完备稳定集可以按以下步骤进行计算。

对于稳定系统和不稳定系统，分别进行数据的预先计算。

(1) 稳定系统

可用的数据是系统的频率响应 $P(j\omega)$。

0.1 根据 $P(j\omega)$ 波特图幅频特性曲线高频段的斜率，确定系统的相对阶次 $r_P = n-m$。

0.2 令 $\Delta_0^\infty [\phi(\omega)]$ 表示 $\omega \in [0, \infty)$ 时 $P(j\omega)$ 的相角变化。根据式(5.28)，令 $p^+ = 0$，根据

$$\Delta_0^\infty [\phi(\omega)] = -[(n-m)+2z^+]\frac{\pi}{2}$$

确定 z^+。

（2）对于不稳定系统

可用的数据是稳定控制器传递函数 $C(s)$ 和相应的稳定闭环系统 $G(j\omega)$ 的频率响应。

0.1 根据式(5.30)计算频率响应 $P(j\omega)$。

0.2 根据 $P(j\omega)$ 的波特图幅频特性曲线高频段的斜率，确定系统的相对阶次 r_p。

0.3 根据 $C(s)$ 确定 z_c^+ 和 r_c。

0.4 将式(5.27)拓展应用到 $G(j\omega)$，计算 $\sigma(G)$。

0.5 根据式(5.31)计算 z^+。

0.6 利用式(5.40)和频率响应测量的数据计算 $g(\omega)$。

基于以上频率响应数据，进行 PID 稳定集的计算，具体如下。

（1）固定 $k_p = k_p^*$，求解式(5.40)，令 $\omega_1 < \omega_2 < \cdots < \omega_{l-1}$ 表示满足式(5.40)的奇数重互异频率。

（2）设 $\omega_0 = 0$，$\omega_l = \infty$，$j = \mathrm{sgn}\overline{F}_i(-\infty^-, k_p^*)$。定义整数集内的字符 $i_t \in \{+1, -1\}$，使得

① 当 $n-m$ 为偶数时，有

$$\begin{aligned}&[i_0 - 2i_1 + 2i_2 + \cdots + (-1)^{i-1}2i_{l-1} + (-1)^l i_l](-1)^{l-1}j \\ &= n-m+2z^+ +2\end{aligned} \quad (5.45)$$

② 当 $n-m$ 为奇数时，有

$$\begin{aligned}&[i_0 - 2i_1 + 2i_2 + \cdots + (-1)^{i-1}2i_{l-1}](-1)^{l-1}j \\ &= n-m+2z^+ +2\end{aligned} \quad (5.46)$$

（3）对于（1）选定 $k_p = k_p^*$，由

$$\left[k_i - k_d\omega_t^2 + \frac{\omega_t\sin\phi(\omega_t) - \omega_t^2 T\cos\phi(\omega_t)}{|P(j\omega_t)|}\right]i_t > 0 \quad t = 0, 1, \cdots, l \quad (5.47)$$

计算满足稳定的 (k_i, k_d) 值。

（4）重复以上3个步骤，在规定的范围内更新 k_p 的值。k_p 遍历的范围需受式(5.45)或式(5.46)约束，即要满足定理5.3得到的一个整数集。

需要强调的是，所有的计算都是基于 $P(j\omega)$ 的数据，传递函数 $P(s)$ 的

表达式不是必需的。为了使回路具有良好的性能,需要使

$$k_\mathrm{d} \neq -\frac{T}{P(\infty)}$$

对于严格真的系统,$P(\infty)=0$,则不需要这个约束条件。

5.6 时滞系统的 PID 综合

本节介绍如何将前面的结果扩展到具有时间延迟的系统。考虑图 5.3 所示的带有延迟环节的有限维线性时不变系统 P_L。

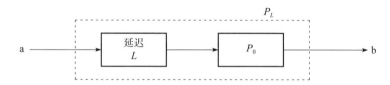

图 5.3 串联延迟环节的被控对象(经许可从文献[1]复制)

图 5.3 中,P_0 表示线性时不变无延迟系统的传递函数,且是真的。P_0 和 P_L 的传递函数分别表示为 $P_0(s)$ 和 $P_L(s)$。假设频率响应的测量可以在节点 a 和 b 处进行,即在延迟系统 P_L 的两端,那么得到的数据为

$$P_L(\mathrm{j}\omega) = \mathrm{e}^{-\mathrm{j}\omega L} P_0(\mathrm{j}\omega) = m_L(\omega)\mathrm{e}^{\mathrm{j}\phi_L(\omega)} \quad 0 \leqslant \omega < \infty$$

其中,

$$P_0(\mathrm{j}\omega) = m_0(\omega)\mathrm{e}^{\mathrm{j}\phi_0(\omega)}$$

因此

$$m_0(\omega) = m_L(\omega) \tag{5.48}$$

且

$$\phi_L(\omega) = \phi_0(\omega) - \omega L \quad 0 \leqslant \omega < \infty \tag{5.49}$$

显然,当 L 已知时,$m_0(\omega)$ 和 $\phi_0(\omega)$ 可以根据带延迟 L 的系统频率响应测量数据 $m_L(\omega)$ 和 $\phi_L(\omega)$ 计算确定。如果 L 未知,则可由相角的高频斜率来确定。

令 $C(s, \boldsymbol{k})$ 表示 PID 控制器,即

$$C(s, \boldsymbol{k}) = \frac{k_\mathrm{i} + k_\mathrm{p}s + k_\mathrm{d}s^2}{s(1+sT)} \quad \boldsymbol{k} = [k_\mathrm{i}, k_\mathrm{p}, k_\mathrm{d}]$$

令 $\boldsymbol{S}_0$ 表示无延迟系统的 PID 控制器稳定集

$$\boldsymbol{S}_0 = \{\boldsymbol{k}: C(s, \boldsymbol{k}) \text{使} P_0 \text{稳定}\}$$

5.5节中已经介绍了当$P_0(j\omega)$已知时如何计算S_0。

由式(5.49)可知，S_0可以由已涵盖延迟时间的系统数据$P_L(j\omega)$确定。对于P_0带有0~L秒延迟的系统，不妨用S_L表示其PID控制器稳定集。

引入集合

$$\mathbf{S}_\infty = \{\boldsymbol{k} : |C(s, \boldsymbol{k})P_0(s)|_{s=\infty} \geq 1\}$$

$$\mathbf{S}_\theta = \left\{\boldsymbol{k} : C(j\omega, \boldsymbol{k}) = \frac{-e^{j\omega \underline{L}}}{P_0(j\omega)}, \omega \in [0, \infty], 0 \leq \underline{L} \leq L\right\}$$

由上述结果可得下列定理。

定理5.4 集合S_L可以按下式计算

$$\mathbf{S}_L = \mathbf{S}_0 \setminus (\mathbf{S}_\infty \cup \mathbf{S}_\theta) \tag{5.50}$$

集合$\mathbf{S}_\infty$由$s \to \infty$时奈奎斯特图趋近于单位圆外的点的PID增益组成。当延迟小于L时，集合$\mathbf{S}_\theta$由有虚轴上特征根的PID增益组成。关系式(5.50)表明，从$\mathbf{S}_0$中去除$\mathbf{S}_\infty$和$\mathbf{S}_\theta$即可确定延迟达L秒时系统的稳定集$\mathbf{S}_L$。

$\mathbf{S}_0$的计算已经在5.5节中介绍过了。集合$\mathbf{S}_\infty$很容易计算。事实上

$$\mathbf{S}_\infty = \left\{\boldsymbol{k} : |k_d| \geq \frac{T}{|P_0(\infty)|}\right\}$$

为了确定$\mathbf{S}_\theta$，令

$$\theta(\omega, \boldsymbol{k}) = \sphericalangle\left(\frac{k_i - k_d\omega^2 + j\omega k_p}{j\omega(1+j\omega T)}\right)$$

$\mathbf{S}_\theta$的定义可以写成如下的幅值条件和相角条件：

$$k_i - k_d\omega^2 = \pm\sqrt{\frac{\omega^2(1+T^2)}{m_0^2(\omega)} - \omega^2 k_p^2} \tag{5.51}$$

$$\theta(\omega, \boldsymbol{k}) \geq \pi - \phi_0(\omega) - \omega L, \quad \omega \in [0, \infty) \tag{5.52}$$

因此

$$\mathbf{S}_\theta = \{\boldsymbol{k} : \boldsymbol{k}\text{满足式}(5.51)\text{和式}(5.52), \quad \omega \in [0, \infty)\}$$

注意，式(5.51)表示固定k_p和ω时在(k_i, k_d)空间的一条直线。集合$\mathbf{S}_\theta$的计算较为烦琐，但如果遍历频率变量，计算就简单了。

例5.1（PID综合示例） 为了验证前面的结论，对稳定的无延迟系统选取一组频率响应数据

$$\boldsymbol{P}(j\omega) = \{P(j\omega) : \omega \in (0, 10)\}$$

其中，采样间隔为0.01rad/s。系统的奈奎斯特图和波特图分别如图5.4和图5.5所示。

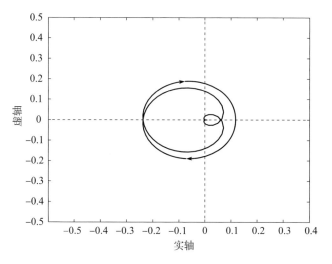

图 5.4 系统的奈奎斯特图(经许可从文献[1]复制)

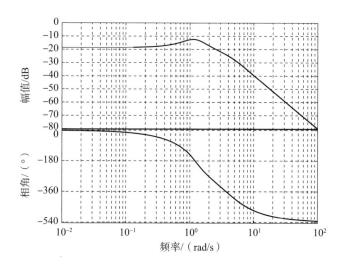

图 5.5 系统的波特图(经许可从文献[1]复制)

波特图幅频特性曲线的高频斜率为 $-40\text{dB}/\text{dec}$,因此 $n-m=2$。总相位变化为 $-540°$,则

$$-6\frac{\pi}{2}=-[(n-m)-2(p^+-z^+)]\frac{\pi}{2}$$

由于被控对象是稳定的,$p^+=0$,给定 $z^+=0$。根据系统稳定时的特征数要求,需满足

$$\sigma(\overline{F}(s)) = (n-m) + 2z^+ + 2$$
$$= 2 + 2 \times 2 + 2$$
$$= 8$$

因为 $n-m$ 为偶数，则有

$$[i_0 - 2i_1 + 2i_2 - 2i_3 + 2i_4 - \cdots + (-1)^l i_l](-1)^{l-1} j = 8$$

式中

$$j = \mathrm{sgn}[\overline{F}_i(\infty^-, k_p)] = -\mathrm{sgn}[\lim_{\omega \to \infty} g(\omega)] = -1$$

显然，至少要有 5 项才能满足上述要求，即 $l \geqslant 4$。从图 5.6 可知，容易得到最多有 3 个正的频率点可作为式(5.40)的解，因此有 $i_0 - 2i_1 + 2i_2 - 2i_3 + i_4 = 8$。并且 $i_4 = \mathrm{sgn}[\overline{F}_r(\infty^-, k_i, k_d)] = 1$，与 k_i 和 k_d 无关。这意味着必须选择 k_p 使得 $\overline{F}_i(\omega, k_p^*) = 0$ 恰好有 3 个正实零点。下面给出了可行的 k_p 取值范围，如图 5.6 所示，用函数可描述为

$$g(\omega) = -\frac{\cos\phi(\omega) + \omega T \sin\phi(\omega)}{|P(\mathrm{j}\omega)|} \tag{5.53}$$

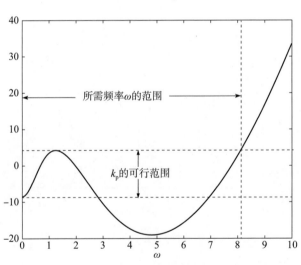

图 5.6　式(5.53)中函数 $g(\omega)$ 的曲线(经许可从文献[1]复制)

可行的 k_p 取值范围与 $g(\omega)$ 的曲线相交 3 次，如图 5.6 所示。由图 5.6 可知，为了实现模型精确已知的被控对象的 PID 控制，其频率范围须在[0, 8.2]。现在固定 $k_p^* = 1$，计算 ω 的集合使其满足

$$-\frac{\cos\phi(\omega) + \omega T \sin\phi(\omega)}{|P(\mathrm{j}\omega)|} = 1$$

为了寻找满足上述条件的 ω 的集合,不妨画出函数 $g(\omega)$ 的曲线,如图 5.7 所示。

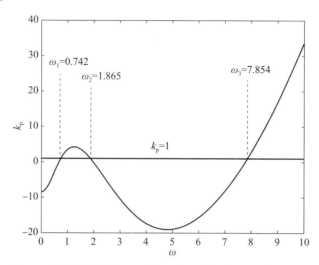

图 5.7 寻找满足式(5.40)的 ω 点(经许可从文献[1]复制)

在 (k_i, k_d) 空间中计算稳定集需要 3 个频率即 ω_1,ω_2,ω_3。由此可以得到解为 $\{\omega_1, \omega_2, \omega_3\} = \{0, 0.742, 1.865, 7.854\}$。要求满足 $i_0 - 2i_1 + 2i_2 - 2i_3 = 7$,即只有唯一可行的集合

$$\mathbf{F} = \{i_0, i_1, i_2, i_3\} = \{1, -1, 1, -1\}$$

为满足稳定性要求,可以得到如下的一组线性不等式

$$\begin{cases} k_i > 0 \\ -3.8114 + k_i - 0.5506 k_d < 0 \\ 12.2106 + k_i - 3.4782 k_d > 0 \\ -457.0235 + k_i - 61.6853 k_d < 0 \end{cases}$$

当 $k_p^* = 1$ 时,PID 增益的完备稳定集如图 5.8 所示。该集合是通过找到满足稳定性条件式(5.45)和式(5.46)的整数集 $\{i_0, i_1, i_2, i_3\}$ 来确定的。相应的线性不等式(5.47)确定了 (k_i, k_d) 空间中的稳定集。图中符号"*"标记的点是用来验证稳定性的测试点。

通过遍历 k_p,可以得到 PID 增益的整个稳定集,如图 5.9 所示。通过遍历图 5.7 中 k_p 的可行范围,并对给定的 k_p^*,在 (k_i, k_d) 空间中求解线性不等式(5.47),即可确定稳定集。

根据图 5.6 可以得到,需要进行搜索来确定的 k_p 的取值范围很明显是 $k_p \in [-8.5, 4.2]$。

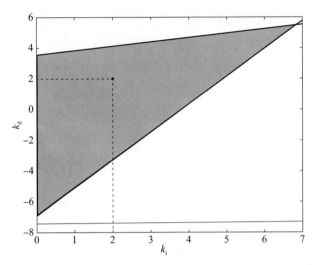

图 5.8 当 $k_p=1$ 时，(k_i, k_d) 空间中 PID 增益完备稳定集（经许可从文献[1]复制）

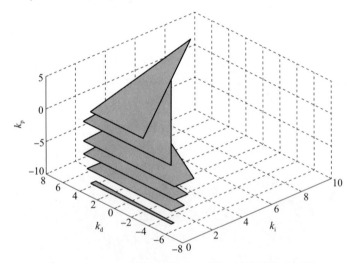

图 5.9 PID 增益的整个稳定集（经许可从文献[1]复制）

5.7 一阶控制器的无模型综合

针对带一阶控制器的线性时不变系统，考虑如图 5.1 所示的反馈控制结构。用于综合和设计的一阶控制器为

$$C(s)=\frac{x_1 s+x_2}{s+x_3} \tag{5.54}$$

对于考虑的线性时不变被控对象,仅知道其频率响应数据 $P(j\omega)(\omega\in(0,+\infty))$ 和系统的右半开平面极点数 p^+。同时假设系统没有 $j\omega$ 轴上的极点或者零点。若系统的传递函数为 $P(s)$,则

$$P(j\omega)=P_r(\omega)+jP_i(\omega)=|P(j\omega)|(\cos\phi(\omega)+j\sin\phi(\omega))$$

式中:$\phi(\omega)=\angle P(j\omega)$。

考虑实有理函数

$$F(s)=(s+x_3)+(sx_1+x_2)P(s) \tag{5.55}$$

对于带一阶控制器的系统闭环稳定问题,其充分必要条件为

$$\sigma(F(s))=n+1-(p^--p^+) \tag{5.56}$$

令

$$\overline{F}(s)=F(s)P(-s) \tag{5.57}$$

则稳定性条件可以重新表述为

$$\sigma(\overline{F}(s))=n+1+(z^+-z^-)=n-m+2z^++1 \tag{5.58}$$

已知

$$\overline{F}(s)=(s+x_3)P(-s)+(sx_1+x_2)P(s)P(-s) \tag{5.59}$$

则

$$\overline{F}(j\omega,x_1,x_2,x_3)=\underbrace{x_2|P(j\omega)|^2+\omega P_i(\omega)+x_3P_r(\omega)}_{\overline{F}_r(\omega,x_2,x_3)}$$

$$+j\omega(\underbrace{x_1|P(j\omega)|^2-x_3P_i(\omega)+P_r(\omega)}_{\overline{F}_i(\omega,x_1,x_3)})$$

显然,在 $0\leq\omega<\infty$ 时曲线 $\overline{F}_r(\omega,x_2,x_3)=0$ 和曲线 $\overline{F}_i(\omega,x_1,x_3)=0$,连同曲线 $\overline{F}(0,x_1,x_2,x_3)=0$ 和曲线 $\overline{F}(\infty,x_1,x_2,x_3)=0$,将参数空间($x_1$,$x_2$,$x_3$)分割为特征数不变区域。通过绘制这些曲线,并从每个区域中选择一个测试点,可以确定与特征数为 $n-m+2z^++1$ 相对应的稳定区域。总结起来,可以得到以下计算过程。

连续时间系统一阶稳定集的计算如下。

(1) 从波特图的高频斜率确定相对阶次 $n-m$。

(2) 令 $\Delta_0^\infty[\phi(\omega)]$ 表示 $\omega\in[0,\infty)$ 时 $P(j\omega)$ 的相角总变化量。根据已知的 p^+ 和

$$\Delta_0^\infty[\phi(\omega)]=-[(n-m)-2(p^+-z^+)]\frac{\pi}{2} \tag{5.60}$$

确定 z^+。

（3）固定 x_3，在 (x_1, x_2) 平面上绘制下面曲线

$$x_3 + x_2 P(0) = 0 \tag{5.61}$$

$$\begin{cases} x_1(\omega) = \dfrac{1}{|P(j\omega)|}\left(\dfrac{\sin\phi(\omega)}{\omega}x_3 - \cos\phi(\omega)\right), & 0<\omega<\infty \\ x_2(\omega) = -\dfrac{1}{|P(j\omega)|}(x_3\cos\phi(\omega) + \omega\sin\phi(\omega)), & 0<\omega<\infty \end{cases} \tag{5.62}$$

$$1 + P(\infty)x_2 = 0 \tag{5.63}$$

（4）曲线 $x_1(\omega)$ 和 $x_2(\omega)$ 将 (x_1, x_2) 平面分割成不相交的特征数不变区域。与之对应的稳定区域，$\overline{F}(s)$ 的特征数为 $n-m+2z^++1$。

相关步骤与前面的讨论相同，式（5.62）可改写为

$$\overline{F}_r(\omega, x_1, x_2, x_3) = 0, \quad \overline{F}_i(\omega, x_1, x_2, x_3) = 0 \tag{5.64}$$

通过在区域内选取任意点，并使用引理5.1中的公式，可以求得与区域相关的特征数。检验特征数的另一种方法是，从每个区域选择任意一个测试点，画出 $C(j\omega)P(j\omega)$ 的奈奎斯特图。如果 $x_3>0(<0)$，系统的稳定区域与绕 $-1+j0$ 点逆时针方向转 p^++1 圈的点集相对应。

例 5.2 为了举例说明，我们搜集了一个稳定系统的频域（奈奎斯特图-波特图）数据：

$$P(j\omega) = \{P(j\omega): \omega \in (0, 10)\}$$

其中采样间隔为 0.01rad/s。系统的奈奎斯特图如图 5.10 和图 5.11 所示。

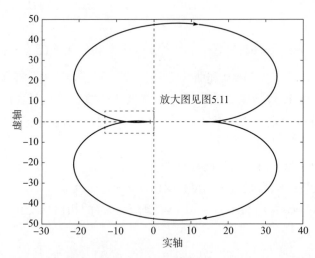

图 5.10 $P(j\omega)$ 的奈奎斯特图（经许可从文献[1]复制）

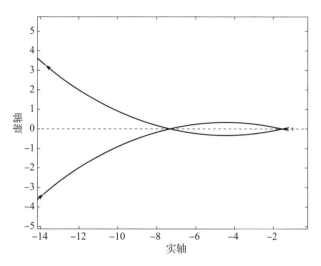

图 5.11　$P(j\omega)$ 的奈奎斯特图(区域放大)
(经许可从文献[1]复制)

根据 $P(j\omega)$ 的相关数据可得，$P(0) = 13.333$，$P(\infty) = 0$，那么容易看出直线式(5.63)是不可用的。固定 $x_3 = 0.2$，直线式(5.61)和曲线式(5.62)的数据点如图 5.12 所示。通过检验每一个根不变区域中的点，可以得到如图 5.12 所示的稳定区域。

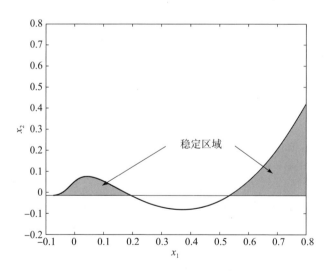

图 5.12　$x_3 = 0.2$ 的稳定区域(经许可从文献[1]复制)

5.8 基于数据与基于模型的设计法对比

本节将讨论基于模型的设计法和基于数据的设计法之间的一些区别。在基于模型的设计法中，数学模型是从描述被控系统动态行为的物理定律中获得的。另外，在工程系统中获得数学模型最常见的方法是通过系统辨识。假设频域数据是由正弦信号激励线性时不变系统得到的。理论上，一个系统辨识过程应该能够准确地确定未知有理传递函数。在这种理想的情况下，基于模型的综合方法和基于数据的综合方法应该没有区别。然而，即使有精确的(或完美的)数据，典型的系统识别过程也无法找到精确的有理函数，特别是当系统阶次较高时。通过下面的示例，可以看到由此将导致系统在控制、综合和设计方面存在巨大差异。

例 5.3 假设如下所示的频域数据 $P(j\omega)$ 来自一个 20 阶系统。注意，系统具有两个右半开平面的极点，是不稳定的。通过对 $P(j\omega)$ 进行系统辨识，得到了 20 阶、10 阶、7 阶和 4 阶的数学模型。图 5.13 所示为辨识得到的 4 个模型的波特图，以及本文所考虑的 20 阶系统的频域数据。可以看出，除了 4 阶模型相对粗糙外，其他模型的波特图几乎是相同的。现在计算每个系统的 PID 参数的稳定区域。图 5.14 所示即为 PID 控制器参数空间的稳定区域。

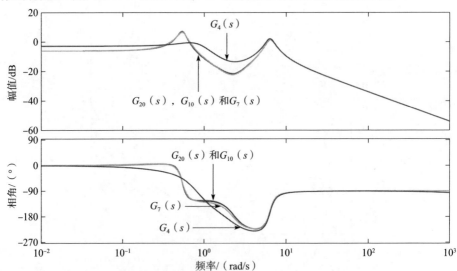

图 5.13 频域数据和 20 阶、10 阶、7 阶、4 阶识别模型波特图
(经许可从文献[1]复制)

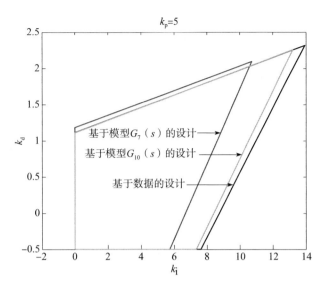

图 5.14 （见彩图）稳定区域（经许可从文献[1]复制）

下面对此进行分析。为方便起见，分别用 $G_{20}(s)$、$G_{10}(s)$、$G_7(s)$ 和 $G_4(s)$ 表示所确定的 20 阶、10 阶、7 阶、4 阶模型。

（1）当选择 $k_p=5$ 时，可以发现模型 $G_{20}(s)$ 和模型 $G_4(s)$ 为非 PID 控制稳定的。换句话说，当 $k_p=5$ 时，给定系统的 PID 参数空间的稳定区域是空的。这与数据驱动的情形是一致的，如图 5.15 所示。特征数条件要求 $k_p=5$ 代表的线必须与曲线 $g(\omega)$ 至少相交 3 次才能保证稳定。从图 5.15 可以看出，$k_p>4.5$ 不能满足该必要条件。

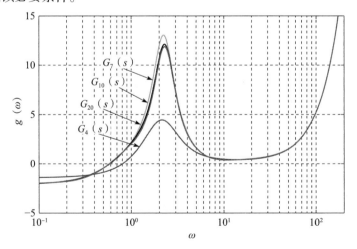

图 5.15 辨识系统 $g(\omega)$ 的频率特性曲线（经许可从文献[1]复制）

对于模型 $G_4(s)$ 来说,这并不是所期望的。因为在辨识的和实际的波特图(频率响应)之间存在一些差异。

(2)经验证,模型 $G_{20}(s)$ 对于任何 k_p 的值都不是 PID 稳定的。对这个结果大家可能会觉得很奇怪,因为 $G_{20}(s)$ 的波特图幅频特性和相频特性曲线均近乎无差别地接近 $P(j\omega)$。事实上,$G_{20}(s)$ 在原来的系统模型基础上,附加了额外的右半开平面极点和零点,使得系统稳定变得比较难。

(3)模型 $G_{10}(s)$ 和模型 $G_7(s)$ 的稳定区域重叠,但并不相同。这表明可以在 $G_{10}(s)$ 和 $G_7(s)$ 的稳定区域的交集内选择控制器。

(4)这里基于数据的方法得到的稳定区域不同于 $G_{10}(s)$ 和 $G_7(s)$ 的稳定区域。那么,可以在 $G_{10}(s)$ 和 $G_7(s)$ 的稳定区域与基于数据的方法得到的稳定区域的交集中,对控制器进行合理的选择。

(5)一般来说,系统辨识的准确性取决于数据的准确性。另外,只要能可靠地计算 $g(\omega) = k_p^*$ 的根,基于数据的方法将是有效的。

在实际应用中,通过实验获得的频域数据往往含有噪声和测量误差。如前所述,基于模型的设计和基于数据的设计所确定的稳定区域,通常是不同的。虽然区域的准确性视特定情况而定,但是基于数据的设计法可以有效地代替基于模型的设计方法,并且通常这两种方法是相辅相成的。特别地,在进行控制器设计时,这对辨识给出了新的指导原则。

参考文献

[1] Bhattacharyya, S. P., Datta, A., Keel, L. H.: Linear Control Theory Structure, Robustness, and Optimization. CRC Press Taylor & Francis Group, Boca Raton (2009)

[2] Keel, L. H., Bhattacharyya, S. P.: Direct synthesis of first order controllers from frequency response measurements. In: Proceedings of the American Control Control, Portland, Oregon, 8-10 June 2005

[3] Keel, L. H., Bhattacharyya, S. P.: PID controller synthesis free of analytical models. In: Proceedings of the 16th IFAC World Congress, Prague, Czech Republic, 4-8 July 2005

[4] Keel, L. H., Bhattacharyya, S. P.: Controller synthesis free of analytical models: three term controllers. IEEE Trans. Autom. Control, 53(6), 1353-1369(2008)

[5] Keel, L. H., Mitra, S., Bhattacharyya, S. P.: Data driven synthesis of three term digital controllers. SICE J. Control Meas. Syst. Integr., 1(2), 102-110(2008)

02 第二部分

基于幅值裕度和相角裕度的鲁棒设计

第6章
基于幅值和相角裕度的连续时间系统设计

本章针对连续时间系统的 PID 控制器，介绍一种以幅值裕度和相角裕度为指标的鲁棒设计方法。该方法基于 PID 控制器的等幅值和等相角轨迹，进行简单参数化设计。对于一阶控制器和 PI 控制器，参数变化将产生椭圆和直线；对于 PID 控制器，参数变化将产生圆柱和平面。对于给定的闭环系统，这些几何图形是通过考虑任意给定的幅值穿越频率[①]和任意给定的相角裕度计算得到的。利用这些有用的图形，可以在尝试进行 PI、PID 和一阶控制器设计的同时，兼顾系统的幅值裕度和相角裕度指标要求。

6.1 概述

在经典控制理论中，对于线性时不变系统，通常将正弦输入信号应用于物理系统，以获得系统的频率响应。这种可测量的方法随后被用于控制器的设计。对比输入信号和输出信号，可以分别得到幅值之比和相位之差。这两个值取遍所有频率范围，就构成了系统的频率响应。波特图、奈奎斯特图和尼科尔斯图是线性时不变系统频率响应图形化表示的典型工具，以便通过控制器设计对闭环频率响应进行整形。

本章我们介绍当给定幅值穿越频率和期望相角裕度时，在设计参数或控制器增益的空间中对控制器幅值和相位进行图形化表示的方法。在一个给定的频率点处，一阶控制器或 PI 控制器的图形在等幅值时可表示为一个椭圆，在等

---

① 译者注：在《自动控制原理》中，系统开环频率特性中幅值为 1 时所对应的角频率称为幅值穿越频率，通常记为 ω_g，其所对应的相加上 180° 即为相角裕度或相位裕度；系统开环频率特性中相位等于−180°时所对应的角频率为相角穿越频率，简称穿越频率，通常记为 ω_p，其所对应的幅值的倒数即为幅值裕度或增益裕度。

相角时可表示为一条直线。对 PID 控制器而言，在等幅值时可表示为一个圆柱体，在等相角时可表示为一个平面。

本章内容安排如下：6.2 节介绍连续时间三参数控制器（由三项叠加组合形成的控制器）的等幅值轨迹和等相角轨迹；6.3 节给出计算幅值-相角裕度设计曲线的步骤，这些曲线代表了使用 PI、PID 或一阶控制器时系统的可达性能；6.4 节简要介绍延时容限，作为用图形表示的附加信息；6.5 节介绍在指定所需性能指标时，从可达性能集合中检索控制器增益的过程；6.6 节提出无时滞系统的控制器设计方法；6.7 节给出 PI、PID 和一阶控制器设计的例子；6.8 节将等幅值轨迹和等相角轨迹的图形化描述方法拓展至时滞系统的 PI 和 PID 控制器设计。

6.2　幅值和相角轨迹

一般的反馈控制系统如图 6.1 所示。

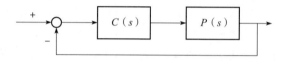

图 6.1　反馈控制系统

这里 $P(s)$ 是被控对象的传递函数，$C(s)$ 是待设计的控制器传递函数。假设 $P(s)$ 是严格真的有理函数，因此有

$$P(s)=\frac{N(s)}{D(s)} \tag{6.1}$$

式中：$N(s)$，$D(s)$ 为关于拉普拉斯算子 s 的多项式，且 $N(s)$ 的阶次小于 $D(s)$ 的阶次。

假设有理且真的控制器 $C(s)$ 可使对象 $P(s)$ 稳定。分别令 $P(j\omega)$ 和 $C(j\omega)$ 表示被控对象和控制器的频率响应，其中 ω 表示频率，从 0 变化到 ∞，单位为弧度（rad），那么

$$G(j\omega)=C(j\omega)P(j\omega) \tag{6.2}$$

的奈奎斯特图和波特图分别如图 6.2 和图 6.3 所示。

对闭环控制系统，设 ω_g 为幅值穿越频率，ω_p 为相角穿越频率，GM 为幅值裕度，PM 为相角裕度。如第 5 章所述，幅值裕度和相角裕度决定了控制系统的稳定性或鲁棒性，这是经典控制器设计的基础。根据图 6.2 和图 6.3 所示的频率响应，有

$$|C(j\omega_g)P(j\omega_g)|=1 \tag{6.3}$$

$$\angle(C(j\omega_p)P(j\omega_p)) = -n\pi, \quad n = 1, 3, 5, \cdots \tag{6.4}$$

$$\mathrm{GM} = \frac{1}{|C(j\omega_p)P(j\omega_p)|} \tag{6.5}$$

$$\mathrm{PM} = \angle(C(j\omega_g)P(j\omega_g)) - \pi \tag{6.6}$$

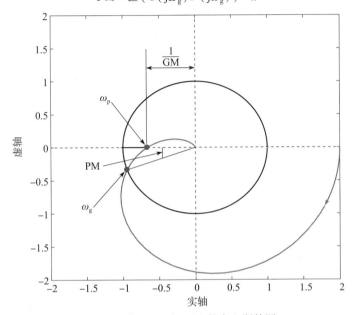

图 6.2 式(6.2)中 $G(s)$ 的奈奎斯特图

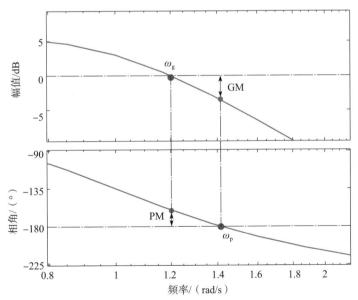

图 6.3 式(6.2)中 $G(s)$ 的波特图

对于给定的 ω_g,式(6.3)和式(6.6)表示对控制器的幅值和相角的要求,即

$$|C(j\omega_g)| = \frac{1}{|P(j\omega_g)|} \quad (6.7)$$

$$\angle(C(j\omega_g)) = n\pi + PM - \angle P(j\omega_g) \quad n \text{ 为奇数} \quad (6.8)$$

式(6.7)和式(6.8)可以在控制器参数空间中进行图形表示,PI 和一阶控制器表示为椭圆和直线;连续时间 PID 控制器表示为圆柱体和平面。下面介绍这种参数化表示方法。

注意,ω_g 有时可考虑为闭环系统的带宽(BW),同时也表示一种设计指标。

6.2.1 PI 控制器

对于 PI 控制器

$$C(s) = \frac{k_p s + k_i}{s} \quad (6.9)$$

式中:k_p、k_i 是待设计参数。

那么令 $s = j\omega$,有

$$C(j\omega) = \frac{k_p(j\omega) + k_i}{j\omega} \quad (6.10)$$

进一步可知

$$|C(j\omega)|^2 = k_p^2 + \frac{k_i^2}{\omega^2} = M^2 \quad (6.11)$$

$$\angle C(j\omega) = \arctan\frac{-k_i}{\omega k_p} = \Phi \quad (6.12)$$

式(6.11)和式(6.12)还可以被写为

$$\frac{(k_p)^2}{a^2} + \frac{(k_i)^2}{b^2} = 1 \quad (6.13)$$

$$k_i = c k_p \quad (6.14)$$

其中,

$$a^2 = M^2 \quad (6.15)$$

$$b^2 = M^2 \omega^2 \quad (6.16)$$

$$c = \omega \tan\Phi \quad (6.17)$$

对于给定的 ω,在 (k_p, k_i) 空间中,等幅值 M 的轨迹是椭圆,等相角 Φ 的轨迹是直线。椭圆的长轴和短轴分别为 a 和 b,直线的斜率为 c,如图 6.4 所示。假设 ω_g 是给定的闭环幅值穿越频率,则

$$M = M_g = \frac{1}{|P(j\omega_g)|} \quad (6.18)$$

若 ϕ_g^* 是期望的闭环相角裕度（rad），则

$$\Phi = \Phi_g = \pi + \phi_g^* - \angle P(j\omega_g) \quad (6.19)$$

根据式（6.11）和式（6.12），给定设计点（k_g^*，k_i^*），可以得到 $M = M_g$ 和 $\Phi = \Phi_g$ 时对应的椭圆和直线。如果该交叉点位于稳定集 **S** 中，则说明设计是可行的；否则，设计指标将不可达，需重新修改。

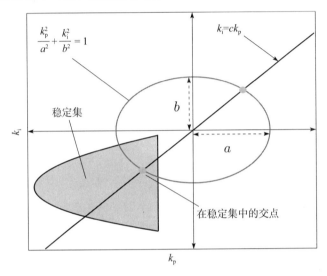

图 6.4　椭圆和直线与稳定集相交

6.2.2　PID 控制器

令 $P(s)$ 和 $C(s)$ 分别表示被控对象和控制器的传递函数，相应的频率响应分别为 $P(j\omega)$ 和 $C(j\omega)$，其中 $\omega \in [0, \infty)$。对于 PID 控制器而言，传递函数为

$$C(s) = \frac{k_d s^2 + k_p s + k_i}{s} \quad (6.20)$$

式中：k_p，k_i 和 k_d 均为待设计参数。

不妨令 $s = j\omega$，则

$$C(j\omega) = \frac{k_d (j\omega)^2 + k_p (j\omega) + k_i}{j\omega} \quad (6.21)$$

根据式（6.21），可得

$$|C(j\omega)^2| = k_p^2 + \left(k_d \omega - \frac{k_i}{\omega}\right)^2 = M^2 \quad (6.22)$$

$$\angle C(j\omega) = \arctan\left(\frac{k_d\omega - \dfrac{k_i}{\omega}}{k_p}\right) = \Phi \qquad (6.23)$$

式(6.22)表示在(k_p, k_d)空间中圆心位于$(0, \dfrac{k_i}{\omega^2})$的椭圆，而在$(k_p, k_i, k_d)$空间中则变为椭圆柱体。根据式(6.22)和式(6.23)，可得

$$k_p^2 = M^2 - \left(k_d\omega - \frac{k_i}{\omega}\right)^2 = \frac{\left(k_d\omega - \dfrac{k_i}{\omega}\right)^2}{\tan^2\Phi} \qquad (6.24)$$

从而得出下列表达式

$$k_i = k_d\omega^2 \pm k_p\omega\tan\Phi \qquad (6.25)$$

$$k_p = \pm\sqrt{\frac{M^2}{1+\tan^2\Phi}} \qquad (6.26)$$

假设ω_g是给定的闭环幅值穿越频率，那么

$$M = \frac{1}{|P(j\omega_g)|} \qquad (6.27)$$

若ϕ_g^*表示期望的相角裕度(rad)，则

$$\Phi = \pi + \phi_g^* - \angle P(j\omega_g) \qquad (6.28)$$

根据式(6.22)和式(6.23)，当$M=M_g$、$\Phi=\Phi_g$时，在(k_p, k_i, k_d)空间中生成一个圆柱体和一个平面，如图6.5所示。其中式(6.25)表示为平面，式(6.22)表示为圆柱体。

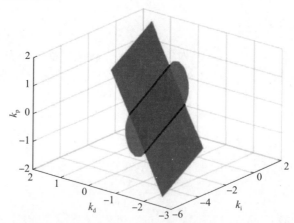

图6.5 (见彩图)(k_p, k_i, k_d)空间中相交的圆柱体与平面

6.2.3 一阶控制器

令 $P(s)$ 和 $C(s)$ 分别表示被控对象和控制器的传递函数,相应的频率响应分别表示为 $P(j\omega)$ 和 $C(j\omega)$。采用一阶控制器,其传递函数为

$$C(s) = \frac{x_1 s + x_2}{s + x_3} \tag{6.29}$$

式中:x_1,x_2 和 x_3 分别为待设计的实参数。

令 $s = j\omega$,则

$$C(j\omega) = \frac{x_1(j\omega) + x_2}{j\omega + x_3} \times \frac{x_3 - j\omega}{x_3 - j\omega}$$

$$= \frac{(x_1 \omega^2 + x_2 x_3) + j\omega(x_1 x_3 - x_2)}{x_3 + \omega^2} \tag{6.30}$$

令

$$L_0 = x_1 \omega^2 + x_2 x_3, \quad L_1 = x_1 x_3 - x_2 \tag{6.31}$$

根据式(6.30)和式(6.31),可知

$$|C(j\omega)|^2 = \frac{L_0^2}{(x_3^2 + \omega^2)^2} + \frac{L_1^2}{\left(\dfrac{x_3^2 + \omega^2}{\omega}\right)^2} = M^2 \tag{6.32}$$

$$\angle C(j\omega) = \arctan\left(\frac{\omega L_1}{L_0}\right) = \Phi \tag{6.33}$$

式(6.32)和式(6.33)可以重写为

$$\frac{L_0^2}{a^2} + \frac{L_1^2}{b^2} = 1 \tag{6.34}$$

$$L_1 = c L_0 \tag{6.35}$$

式中,

$$a^2 = M^2 (x_3^2 + \omega^2)^2 \tag{6.36}$$

$$b^2 = \frac{M^2}{\omega}(x_3^2 + \omega^2)^2 \tag{6.37}$$

$$c = \frac{\tan\Phi}{\omega} \tag{6.38}$$

因此,对于给定的 ω 和 x_3,在 (L_0, L_1) 空间中,等幅值 M 的轨迹是椭圆,等相角 Φ 的轨迹是直线。椭圆的长轴和短轴分别为 a 和 b,直线的斜率为 c。式(6.31)给出了从 x_1、x_2 到 L_0、L_1 的映射关系,那么对给定的 x_3,反过来可

以得到

$$x_1 = \frac{L_0 + L_1 x_3}{x_3^2 + \omega^2}, \quad x_2 = \frac{L_0 x_3 - \omega^2 L_1}{x_3^2 + \omega^2} \tag{6.39}$$

假设 ω_g 是给定的闭环幅值穿越频率，相应地，可粗略地认为其是另一种设计指标——带宽，则

$$M = \frac{1}{|P(j\omega_g)|} \tag{6.40}$$

若 ϕ_g^* 表示期望的相角裕度（rad），则

$$\Phi = \pi + \phi_g^* - \angle P(j\omega_g) \tag{6.41}$$

根据式（6.34）和式（6.35），给定设计点（x_1^*，x_2^*，x_3^*），则可以得到在 $M = M_g$ 和 $\Phi = \Phi_g$ 时所对应的椭圆和直线。如果两者的交点位于给定对象的一阶控制器的稳定集 S 上，那么设计是可行的；否则，必须修改设计指标。

6.3 可达幅值-相角裕度设计曲线

对于给定的被控对象，采用 PI 控制器或 PID 控制器，幅值-相角裕度设计曲线代表系统的幅值裕度 GM、相角裕度 PM 和幅值穿越频率 ω_g 所组成的可达集。构造这些设计曲线的步骤如下。

（1）设置相角裕度 $\phi_g^* \in [\phi_g^-, \phi_g^+]$，幅值穿越频率 $\omega_g \in [\omega_g^-, \omega_g^+]$。

（2）对于给定的 ϕ_g^* 和 ω_g，绘制相应的椭圆和直线。

（3）如果椭圆和直线的交点位于稳定集之外，则该点不符合要求应该摒弃，重新转入（2）。

（4）如果椭圆和直线的交点包含在稳定集内，则该点表示一个可行的设计点，对应于满足给定 ϕ_g^* 和 ω_g 要求时的 PI 控制器增益（k_p^*，k_i^*）或 PID 控制器增益（k_p^*，k_i^*，k_d^*）。

（5）对于所选择的 PI 控制器增益（k_p^*，k_i^*）或 PID 控制器增益（k_p^*，k_i^*，k_d^*），系统幅值裕度 GM 的上、下限分别为

$$\text{GM}_{\text{upper}} = \frac{k_p^{\text{ub}}}{k_p^*}, \quad \text{GM}_{\text{lower}} = \frac{k_p^{\text{lb}}}{k_p^*} \tag{6.42}$$

式中：k_p^{ub} 和 k_p^{lb} 分别表示稳定集内沿与椭圆相交的直线在远边界和近边界处的控制器增益。

（6）转到（2），遍历 ϕ_g^* 和 ω_g 在所选范围内的所有值，并重复以上步骤。

6.4 延时容限

延时容限设计曲线描述了对给定的 PI 或 PID 控制器，系统可达的实际延时容限。由于要使用前面计算的信息来构建新的延时容限设计集合，实际上这组设计曲线是幅值-相角裕度设计曲线的拓展延伸。对选定的设计点，延时容限的计算表达式为

$$\tau = \frac{PM}{\omega_g} \tag{6.43}$$

式中：PM 为相角裕度(rad)；ω_g 为幅值穿越频率(rad/s)。遍历幅值-相角裕度设计集中的所有点，可以找到延时容限的值，并可以相角裕度为 x 轴、延时容限为 y 轴，重新绘制新曲线。与幅值-相角裕度设计曲线类似，延时容限曲线是关于幅值穿越频率的曲线簇。

6.5 同步性能指标和检索控制器增益

设计者可以从可达的幅值-相角裕度曲线中选择期望的设计点，并搜索与 GM、PM 和 ω_g 等期望性能指标相对应的控制器增益。控制器增益搜索过程如下。

(1) 根据可达的幅值-相角裕度曲线，选择期望性能指标 GM、PM 和 ω_g。

(2) 对于指定点，利用在等幅值和等相角轨迹中选择的 PM 和 ω_g，绘制出 PI 控制器的椭圆和直线，以及 PID 控制器的圆柱体和平面。

(3) 在稳定集中，选择椭圆与直线的交点，或者圆柱体与平面的交点，作为增益 (k_p^*, k_i^*) 或增益 (k_p^*, k_i^*, k_d^*)。

(4) 满足给定的幅值裕度、相角裕度以及 ω_g 这 3 个性能指标的控制器为

$$C(s) = \frac{k_p^* s + k_i^*}{s} \text{ 或者 } C(s) = \frac{k_p^* s^2 + k_i^* s + k_i^*}{s}。$$

同样的计算步骤也适用于利用延时容限设计曲线来获取控制器增益。从延时容限设计曲线中选择一个点，利用相角裕度和幅值穿越频率的值计算椭圆和直线，并在稳定集中找到两者交点(如果存在的话)。

6.6 基于幅值-相角裕度的无时滞系统控制器设计

对于单输入单输出线性时不变系统，要求同时满足幅值裕度、相角裕度和

幅值穿越频率3个性能指标要求，设计PI、PID或一阶控制器的方法可概括如下。

（1）计算PI控制器、一阶控制器或PID控制器的稳定集。

（2）将等幅值轨迹和等相角轨迹描述为参数形式。

（3）构造幅值-相角裕度设计曲线。

（4）在可达的幅值-相角裕度设计曲线中，选择同步满足幅值裕度、相角裕度和幅值穿越频率这3个设计指标。

（5）从稳定集中幅值轨迹点和相角轨迹点的交点处，选择满足设计要求的PI或PID控制器增益。

6.7 应用举例

例6.1（连续时间PI控制器设计） 考虑如图6.1所示的控制系统，其中被控对象不稳定，传递函数为

$$P(s) = \frac{10}{s-1} \tag{6.44}$$

采用PI控制器，如式(6.9)所示。

下面介绍如何通过计算椭圆和直线在稳定集上的交点，来找到满足期望性能指标要求的控制器增益。在本例中，通过如下的特征方程，可以得到系统的稳定集，即

$$\delta(s) = s^2 + (10k_p - 1)s + 10k_i \tag{6.45}$$

通过计算得到稳定范围为

$$k_p > \frac{1}{10} \quad 且 \quad k_i > 0 \tag{6.46}$$

这意味着稳定区域是无界的，位于(k_p, k_i)平面的第一象限中。现在考虑幅值穿越频率和相角裕度的设计值，为便于说明，记$\omega_g^* = 10\mathrm{rad/s}$和$\phi_g^* = 60°$。利用式(6.13)和式(6.14)，控制器的幅值和相角为常数，可以计算给定ω_g^*和ϕ_g^*值时对应的椭圆和直线。从图6.6可以看到，椭圆和直线的交点位于稳定集的内部。

稳定集中所包含的椭圆与直线的交点提供了ω_g^*和ϕ_g^*的期望值。相应的PI控制器增益为

$$k_p = 0.916, \quad k_i = 4.134 \tag{6.47}$$

利用控制器增益式(6.47)和被控对象式(6.44)，可以查看系统的奈奎斯特图，并验证稳定性、相角裕度和幅值穿越频率。

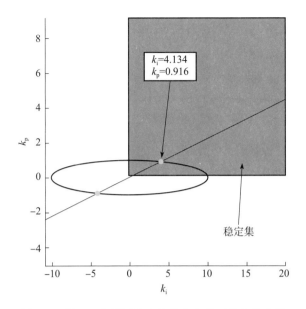

图 6.6　例 6.1 中椭圆和直线的交点位于稳定集内部

图 6.7 所示为用对数尺度绘制的奈奎斯特图。注意，图中曲线绕 $-1+j0$ 点逆时针转了 1 圈，因此闭环系统是渐近稳定的。从图 6.8 可以得到，系统的相角裕度为 $60°$，幅值穿越频率为 $10\mathrm{rad/s}$。

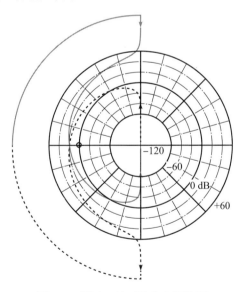

图 6.7　例 6.1 的对数奈奎斯特图
控制器增益为式(6.47)，被控对象为式(6.44)。

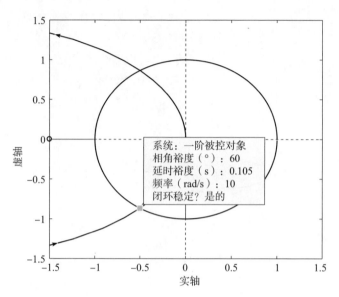

图 6.8 例 6.1 的奈奎斯特图
控制器增益为式(6.47),被控对象为式(6.44)。

例 6.2(连续时间 PI 控制器设计) 考虑图 6.1 所示的连续时间系统,被控对象为

$$P(s) = \frac{s-5}{s^2+1.6s+0.2} \quad (6.48)$$

以及控制器为

$$C(s) = \frac{k_p s + k_i}{s} \quad (6.49)$$

1) 稳定集的计算

在控制器设计的过程中,首先要对给定对象的 PI 控制器求解稳定集。闭环特征多项式为

$$\delta(s, k_p, k_i) = s^3 + (k_p+1.6)s^2 + (k_i-5k_p+0.2)s - 5k_i \quad (6.50)$$

这里 $n=2$,$m=1$,$N(-s)=-5-s$,因此可以得到

$$\begin{aligned} \nu(s) &= \delta(s, k_p, k_i)N(-s) \\ &= -s^4 - (6.6+k_p)s^3 - (8.2+k_i)s^2 + (25k_p-1)s + 25k_i \end{aligned} \quad (6.51)$$

则

$$\begin{aligned} \nu(j\omega, k_p, k_i) &= (-\omega^4 + (k_i+8.2)\omega^2 + 25k_i) + j[(k_p+6.6)\omega^3 + (25k_p-1)\omega] \\ &= p(\omega) + jq(\omega) \end{aligned}$$

(6.52)

注意，$z^+=1$，所以为了保证稳定性，$\nu(s)$的特征数应满足
$$n-m+1+2z^+=4 \tag{6.53}$$

由于$\nu(s)$是偶数阶的，从特征数公式可以看出，$q(\omega)$必须至少有一个奇数重正实根。要使得$q(\omega,k_p)$至少有一个奇数重正实有限零点，则$k_p \in (-1.6, 0.04)$。通过在$(-1.6, 0.04)$范围内遍历不同k_p值，可以生成参数(k_p, k_i)的稳定集，PI稳定集及由椭圆和直线相交形成的设计点如图6.9所示。

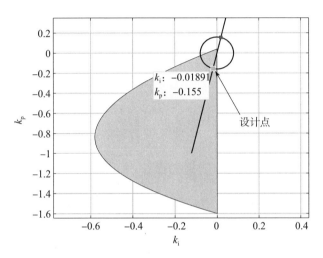

图6.9 例6.2中的PI稳定集以及最终椭圆和直线相交的设计点
（经许可从文献[4]复制）

2）可达幅值-相角裕度设计曲线的构建

在一定相角裕度和幅值穿越频率的范围内，将得到的椭圆和直线绘制在稳定集上，如图6.10所示。

从图6.10可以看出，椭圆和直线的交点处有不同的相角裕度和幅值穿越频率。注意到相角裕度值不同，幅值穿越频率极限也不同。按照这种方式，能够得到可达幅值穿越频率的最大值。例如，当PM=10°时，幅值穿越频率的最大值为2.3rad/s；当PM=60°时，幅值穿越频率的最大值为0.8rad/s。包含在稳定集中的所有交叉点，确定了PI控制器的增益，并用于构建幅值-相角裕度设计曲线，如图6.11所示。在本例中，相角裕度的范围为1°~90°，幅值穿越频率的范围为0.1~3rad/s。

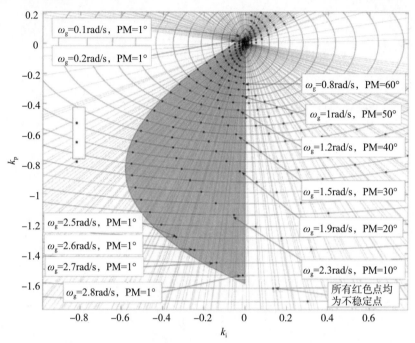

图 6.10 （见彩图）例 6.2 通过椭圆和直线的交点，构建 PI 控制器的幅值-相角裕度设计曲线（经许可从文献[4]复制）

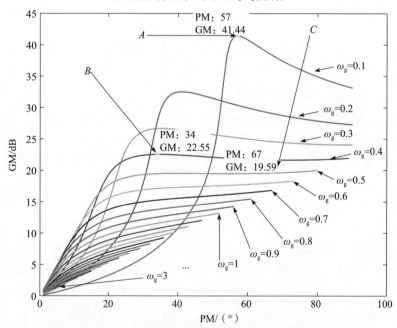

图 6.11 例 6.2 中 PI 控制器的可达幅值-相角裕度设计曲线（经许可从文献[4]复制）

3)同步性能指标与检索控制器增益

如图 6.11 所示,可以清楚地看到例 6.2 对应的可达性能。在这种情况下,能够得到的最大幅值裕度为 41.44dB。与此最大幅值裕度相对应的相角裕度为 57°,幅值穿越频率为 0.1rad/s,将其标注为图 6.11 中的 A 点。可以看到,幅值穿越频率增加将导致可达幅值裕度和相角裕度的值降低。例如,幅值穿越频率为 0.4rad/s,对应的最大幅值裕度为 22.55dB,相应的相角裕度为 34°,将其标注为图 6.11 中的 B 点。在图 6.11 中,还选择了一个候选设计点 C。通过构造符合设计指标的直线和椭圆,如图 6.9 所示,可以设计出符合指标要求的控制器。满足设计指标的 PI 控制器增益为

$$k_p^* = -0.1556 \tag{6.54}$$

$$k_i^* = -0.0189 \tag{6.55}$$

图 6.12 给出了在该控制器作用下系统的阶跃响应。控制器的增益对应于图 6.11 中的 C 点,即在幅值-相角裕度设计平面中 $\omega_g = 0.5$、PM = 67° 和 GM = 19.6dB。

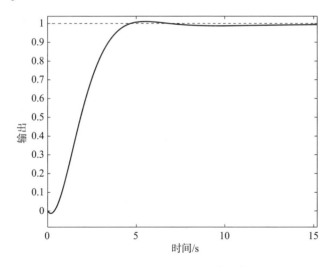

图 6.12 例 6.2 中使用 PI 控制器 $C^*(s) = \dfrac{k_p^* s + k_i^*}{s}$ 时系统的阶跃响应

(经许可从文献[4]复制)

对于选择的控制器增益,系统的奈奎斯特曲线如图 6.13 所示。可以看到,这些控制器增益都满足期望的性能指标,即 PM = 67° 和 GM = 19.6dB。

我们还可以计算延时容限设计曲线。根据式(6.43),并从图 6.11 中选取一些值,可以得到图 6.14。

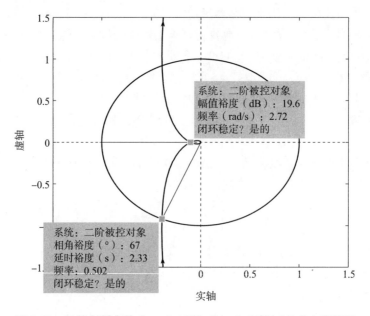

图 6.13　PI 控制器参数 $k_p=-0.1556$、$k_i=-0.0189$ 时的奈奎斯特图

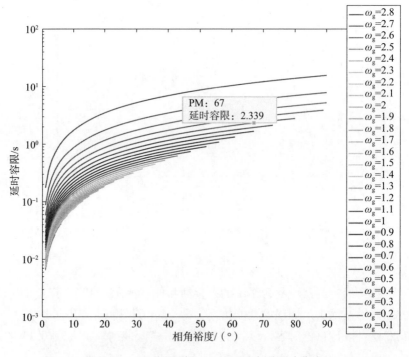

图 6.14　（见彩图）例 6.2 的延时容限设计曲线

在使用设计的控制器后,根据图 6.14 可以得到系统可达的延时容限。与从幅值-相角裕度设计曲线中选择一个点的过程一样,从曲线上任意选择点,并确定控制器增益。在这种情况下,选择相同的 PM = 67°和 $\omega_g = 0.5\text{rad/s}$,延时容限为

$$\tau = 2.339\text{s} \tag{6.56}$$

例 6.3(连续时间 PI 控制器设计) 考虑图 6.1 所示的连续时间线性时不变系统,被控对象为

$$P(s) = \frac{s^3 - 4s^2 + s + 2}{s^5 + 8s^4 + 32s^3 + 46s^2 + 46s + 17} \tag{6.57}$$

控制器为

$$C(s) = \frac{k_p s + k_i}{s} \tag{6.58}$$

1) 稳定集的计算

系统的闭环特征多项式为

$$\delta(s, k_p, k_i) = s^6 + 8s^5 + (k_p + 32)s^4 + (k_i - 4k_p + 46)s^3 \\ + (k_p - 4k_i + 46)s^2 + (k_i + 2k_p + 17)s + 2k_i \tag{6.59}$$

这里 $n = 5$,$m = 3$,且 $N(-s) = -s^3 - 4s^2 - s + 2$,可以得到

$$\nu(s) = \delta(s, k_p, k_i)N(-s) \\ = -s^9 - 12s^8 + (-k_p - 65)s^7 + (-k_i - 180)s^6 \\ + (14k_p - 246)s^5 + (14k_i - 183)s^4 + (-17k_p - 22)s^3 \\ + (75 - 17k_i)s^2 + (4k_p + 34)s + 4k_i \tag{6.60}$$

则

$$\nu(j\omega, k_p, k_i) = -12\omega^8 + (k_i + 180)\omega^6 + (14k_i - 183)\omega^4 + (17k_i - 75)\omega^2 \\ + 4k_i + j[-\omega^9 + (k_p + 65)\omega^7 + (14k_p - 246)\omega^5 \\ + (17k_p + 22)\omega^3 + (4k_p + 34)\omega] \\ = p(\omega) + jq(\omega) \tag{6.61}$$

注意,$z^+ = 2$,因此为保证稳定性,要求 $\nu(s)$ 的特征数满足

$$n - m + 1 + 2z^+ = 7 \tag{6.62}$$

由于 $\nu(s)$ 的阶次是奇数,从特征数公式可知 $q(\omega)$ 必须至少含有 3 个奇数重正实零点。要使 $q(\omega, k_p)$ 至少有一个奇数重正实有限零点,则 $k_p \in (-8.5, 4.2)$。通过在 $(-8.5, 4.2)$ 范围内遍历不同 k_p 值,可以生成参数 (k_p, k_i) 的稳

定集，PI 稳定集及由椭圆和直线相交形成的设计点如图 6.15 所示。

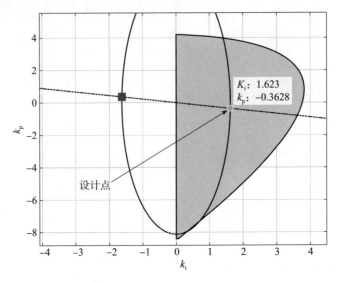

图 6.15　例 6.3 中的 PI 稳定集以及最终椭圆和直线相交的设计点
（经许可从文献[4]复制）

2）可达幅值-相角裕度设计曲线的构建

如例 6.2 所示，在指定的相角裕度和幅值穿越频率范围内，将得到的椭圆和直线绘制在稳定集上，包含在稳定集中的交点决定了 PI 控制器的增益。对于本例，可达的相角裕度范围为 1°~90°，可达的幅值穿越频率范围为 0.1~1rad/s。

3）同步性能指标与检索控制器增益

图 6.16 显示了例 6.3 对应的可达性能。在这种情况下，能够得到的最大幅值裕度是 13.14dB。与此最大幅值裕度相对应的相角裕度为 79°，幅值穿越频率为 0.1rad/s，将其标注为图 6.16 中的 A 点。可以看到，当幅值穿越频率增加时，可达幅值裕度和相角裕度的值减小。例如，幅值穿越频率为 0.4rad/s 时，对应的最大幅值裕度为 2.523dB，相应的相角裕度为 44°，将其标记为 B 点。在图 6.16 中，还选择了一个候选设计点 C。通过构造符合设计指标的直线和椭圆，如图 6.15 所示，可以设计出符合设计指标要求的控制器。通过构造与设计指标相对应的直线和椭圆，可以构建与此设计指标相对应的控制器，如图 6.15 所示。满足设计指标的 PI 控制器增益为

$$k_p^* = -0.36283 \tag{6.63}$$

$$k_i^* = 1.6228 \tag{6.64}$$

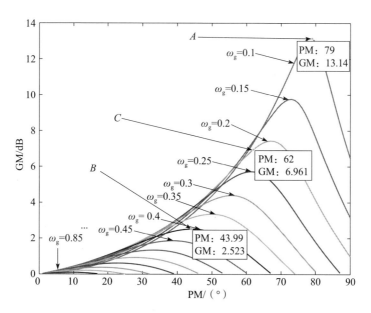

图 6.16　例 6.3 在幅相平面上的可达幅值-相角裕度设计曲线
（经许可从文献[4]复制）

图 6.17 给出了在该控制器作用下系统的阶跃响应。控制器的增益对应于图 6.16 中的 C 点，即在幅值-相角裕度设计平面中 $\omega_g = 0.2$、PM = 62° 和 GM = 6.961dB。

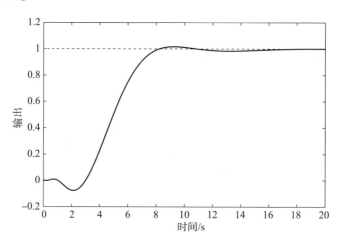

图 6.17　例 6.3 中使用 $C^*(s) = \dfrac{k_p^* s + k_i^*}{s}$ 时系统的阶跃响应
（经许可从文献[4]复制）

对于选择的控制器增益，系统的奈奎斯特曲线如图 6.18 所示。由图可以看到，这些控制器增益都满足期望的性能指标要求，即 PM = 62°和 GM = 6.961dB。

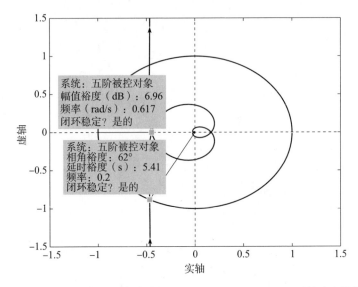

图 6.18　例 6.3 中 PI 控制器参数 $k_p = -0.36283$、$k_i = 1.6228$ 时的奈奎斯特图

我们还可以计算延时容限设计曲线。根据式(6.43)，并从图 6.16 中选取一些值，可以得到图 6.19。在使用设计的控制器后，根据图 6.19 可以得到系统可达的延时容限。与从幅值-相角裕度设计曲线中选择一个点的过程一样，从曲线上任意选择点，并确定控制器增益。在这种情况下，选择相同的 PM = 62°和 $\omega_g = 0.2 \text{rad/s}$。延时容限为

$$\tau = 5.411\text{s} \tag{6.65}$$

例 6.4(连续时间 PID 控制器设计)　考虑图 6.1 所示的连续时间线性时不变系统，被控对象为

$$P(s) = \frac{s-3}{s^3 + 4s^2 + 5s + 2} \tag{6.66}$$

以及控制器为

$$C(s) = \frac{k_d s^2 + k_p s + k_i}{s} \tag{6.67}$$

1) 稳定集的计算

系统的闭环特征多项式为

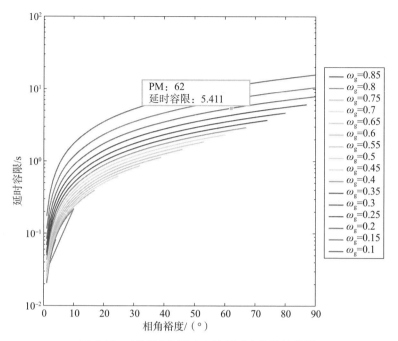

图 6.19 （见彩图）例 6.3 的延时容许设计曲线

$$\delta(s, k_p, k_i) = s^4 + (k_d+4)s^3 + (k_p-3k_d+5)s^2 \\ + (k_i-3k_p+2)s-3k_i \quad (6.68)$$

这里 $n=3$，$m=1$，$N(-s)=-s-3$，因此可以得到

$$\nu(s) = \delta(s, k_p, k_i)N(-s) \\ = -s^5 + (-k_d-7)s^4 + (-k_p-17)s^3 \\ + (9k_d-k_i-17)s^2 + (9k_p-6)s + 9k_i \quad (6.69)$$

则

$$\nu(j\omega, k_p, k_i) = (-k_d-7)\omega^4 + (k_i-9k_d+17)\omega^2 + 9k_i \\ + j[\omega^5 + (k_p+17)\omega^3 + (9k_p-6)\omega] \\ = p(\omega) + jq(\omega) \quad (6.70)$$

注意，$z^+ = 1$，所以为了保证稳定性，$\nu(s)$ 的特征数应满足

$$\sigma(\nu) = n - m + 1 + 2z^+ = 5 \quad (6.71)$$

由于 $\nu(s)$ 是奇数阶的，从特征数公式可以看出，$q(\omega)$ 必须至少有两个奇数重正实根。要使 $q(\omega, k_p)$ 至少有两个奇数重正实有限零点，则 $k_p \in (-4, 0.65)$。通过在 $(-4, 0.65)$ 范围内遍历不同 k_p 值，可以生成参数 (k_p, k_i) 的稳定集，如图 6.20 所示。

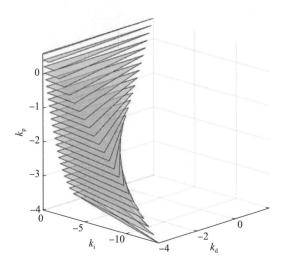

图 6.20　例 6.4 的 PID 稳定集

2) 可达幅值-相角裕度设计曲线的构建

为了构建 PID 控制器的可达增益-相位裕度曲线，ω_g 的计算范围为 [0.1, 1.2]，PM 的计算范围为 1°~100°。利用等幅值和等相角轨迹方程式(6.22)和式(6.23)，可以得到 (k_p, k_i, k_d) 空间中的一个圆柱体和一个平面。将圆柱体和平面叠加到稳定集合上，在 (k_i, k_d) 平面上形成了两个相交的线段。利用式(6.24)可求得交点处的具体值。式(6.26)将给出两个 k_p 值，但只有一个包含在稳定集中。在 (k_p, k_i, k_d) 空间中相交的线段表示满足 PM 和 ω_g 的 PID 控制器增益。计算 PM 和 ω_g 的范围，可构造可达幅值-相角裕度集的三维图形时系统如图 6.21 所示。如果固定 $\omega_g = 0.8\text{rad/s}$，可得到系统的可达性能的二维图形如图 6.22 所示。可以得到，当 PM=9°时，最大幅值裕度 GM=6.269；当 PM=60°时，最大幅值裕度 GM=3.548。

3) 同步性能指标与检索控制器增益

在图 6.21 中，可以看到不同 ω_g 对应的可达幅值-相角裕度集，并以不同颜色进行标注。注意，对较小的 ω_g，可以得到更大的幅值裕度 GM 和相角裕度 PM 值，例如，当 $\omega_g = 0.1\text{rad/s}$ 时，对应的最大幅值裕度 GM 为 38.44，相应的相角裕度 PM 为 76°；当 $\omega_g = 0.2\text{rad/s}$ 时，对应的最大幅值裕度 GM 为 33.12，相应的相角裕度 PM 为 66°。对于较大的 ω_g，得到的 GM 和 PM 值都较小。例如，当 $\omega_g = 1.2\text{rad/s}$ 时，对应的最大幅值裕度 GM 为 2.533，相应的相角裕度 PM 为 1°。根据图 6.21，设计者可以自由地根据各自的设计需求，选择最合适的 GM、PM 和 ω_g 值作为设计指标。

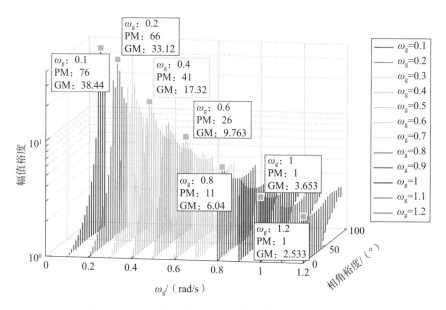

图 6.21 （见彩图）例 6.4 PID 控制器设计的可达性能

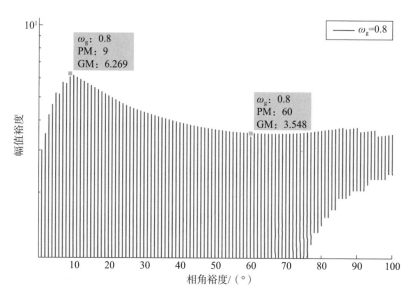

图 6.22 例 6.4 PID 控制器设计中 $\omega_g=0.8\text{rad/s}$ 时的可达幅值-相角裕度集

通过从可达幅值-相角裕度集合中同步选择 GM、PM 和 ω_g，设计者可以选取与该点对应的控制器增益。为了便于说明，假设本例中选择的期望性能是 PM 为 60°、GM 为 3.548、ω_g 为 0.8rad/s，如图 6.22 所示。利用这些值，以及 PID 控制器的等幅值轨迹和等相角轨迹,可以在图 6.23 所示的 (k_p, k_i, k_d) 三维空间中找出圆柱体和平面的交集。控制器增益为 $k_p^* = -1.1317$、$k_i^* = -0.4783$ 和 $k_d^* = -0.6$。图 6.24 为所选控制器增益对应的奈奎斯特图。可以看到,这些控制器的增益满足期望的性能指标要求,即 PM=60°、GM=3.5482(11dB)。

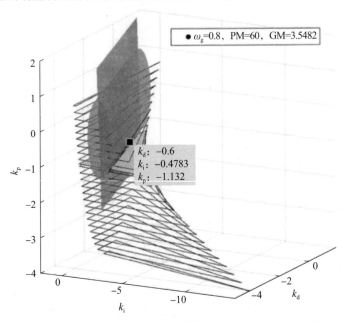

图 6.23 (见彩图)例 6.4 中在 PID 稳定集上圆柱体和平面的交集以及 PID 控制器设计

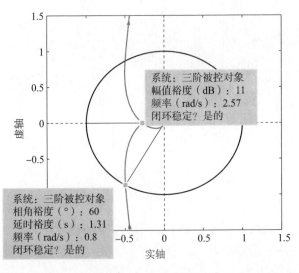

图 6.24 例 6.4 中 $k_p^* = -1.1317$、$k_i^* = -0.4783$ 和 $k_d^* = -0.6$ 时的奈奎斯特图

例 6.5（连续时间一阶控制器设计） 考虑图 6.1 所示的系统结构，其中被控对象为不稳定且非最小相位系统

$$P(s) = \frac{s-2}{s^2+0.6s-0.1}, \quad C(s) = \frac{x_1 s + x_2}{s + x_3} \tag{6.72}$$

1) 稳定集的计算

考虑式(6.72)的对象 $P(s)$，确定了特征根不变区域的分布。对于 $\omega = 0$，有

$$-2x_2 - 0.1x_3 = 0 \tag{6.73}$$

则存在一个实极点边界为

$$x_2 = -0.05x_3 \tag{6.74}$$

对于 $\omega > 0$，其边界为

$$x_1(\omega) = \frac{(-\omega^2 - 0.1)x_3 - 2.6\omega^2 - 0.2}{\omega^2 + 4}$$

$$x_2(\omega) = \frac{(-2.6\omega^2 - 0.2)x_3 + \omega^4 - 1.1\omega^2}{\omega^2 + 4} \tag{6.75}$$

当 $x_3 = 1$ 时，系统的稳定域曲线和直线如图 6.25 所示。编号区域表示不变的特征根区域。通过选择区域中的任意值并检查根，发现 4 号区域是稳定区。x_3 的取值范围为 $-0.4 \sim 8$，得到了图 6.26 中所示的三维图形，它表示式(6.72)中 $P(s)$ 的稳定集。

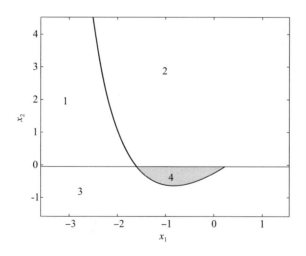

图 6.25 例 6.5 中 $x_3 = 1$ 时的根不变区域（经许可从文献[1]复制）

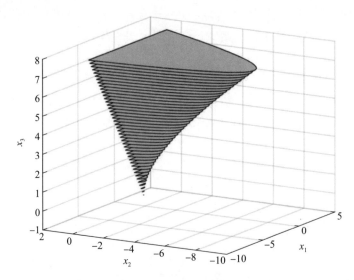

图6.26 示例6.5中$-0.4 \leq x_3 \leq 8$时的稳定域(经许可从文献[1]复制)

2) 可达幅值-相角裕度设计曲线的构建

本例中为构造可达的幅值-相角裕度曲线,幅值穿越频率$\omega_g \in [0.1, 2]$,相角裕度$PM \in [1°, 120°]$。利用椭圆和直线交点,可以构造可达幅值-相角裕度曲线,如图6.27所示。

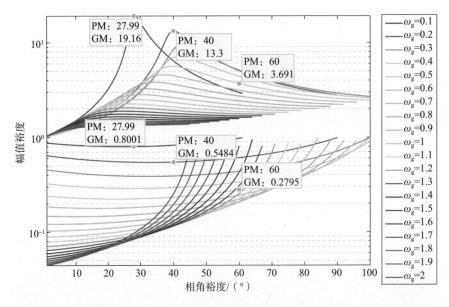

图6.27 (见彩图)例6.5中在设计一阶控制器时关于GM、PM和ω_g的可达性能

3) 同步性能指标与检索控制器增益

在图 6.27 中,可以看到 ω_g 对应的可达幅值-相角裕度集,并以不同颜色进行标注。注意,在 GM 为 10°以上的曲线,表示较高的幅值裕度;而在 GM 为 10°以下的曲线,则表示较低的幅值裕度。同时需注意,当 $\omega_g=[0.3,0.4,0.5]$rad/s 时,系统可以达到最大的相角裕度 100°,对应较高的幅值裕度为 GM=[2.68,2.589,2.446],较低的幅值裕度为 GM=[0.9974,0.9929,0.9059]。可以获得幅值裕度 GM 和相角裕度 PM 值的另一个例子是 PM 为 40°的点,其较大的 GM 为 13.3,对应 $\omega_g=0.2$rad/s。但是,此时较小的 GM 却为 0.5484。注意,根据从可达幅值-相角裕度集得到的较大 GM,可以得到较低的 PM。根据图 6.27,设计者可以自由地根据自己的设计需要,选择最合适的 GM、PM 和 ω_g 的值。

为了便于说明,对于 $x_3=8$,假设从图 6.27 中选择期望的相角裕度 PM=60°、幅值裕度 GM=3.691、幅值穿越频率 $\omega_g^*=0.5$rad/s。利用这些值,得到 6.2.3 节的等幅值轨迹和等相角轨迹,可以通过椭圆和直线的交点找到控制器增益值,如图 6.28 所示。利用式(6.34)和式(6.35),可以得到

$$\frac{L_0^2}{14.3667^2}+\frac{L_1^2}{14.3667^2}=1 \quad (6.76)$$

$$L_1=0.6603L_0 \quad (6.77)$$

利用式(6.39),可以找到控制器增益的值 $x_1=-2.158$ 和 $x_2=-1.431$。

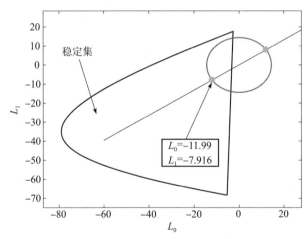

图 6.28 例 6.5 与 GM、PM 和 ω_g 相对应的稳定集上的椭圆和直线的交点

那么,满足指定的相角裕度、幅值裕度和幅值穿越频率的期望控制器为

$$C^*(s)=\frac{-2.158s-1.431}{s+8} \quad (6.78)$$

图 6.29 为选定控制器增益时系统的奈奎斯特图。可以看出,这些控制器增益满足期望的性能指标,即 PM=60°,GM=3.691(11.3dB)。

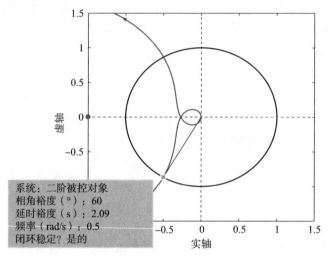

图 6.29 示例 6.5 中一阶控制器取 $x_1=-2.158$、$x_2=-1.431$ 和 $x_3=8$ 时的奈奎斯特图

除此之外,还可以计算延时容限设计曲线。根据式(6.43),从图 6.27 中选取值,可以得到图 6.30。与从幅值-相角裕度设计曲线中选择一个点的过程一样,从曲线上任意选择点,并确定控制器增益。在这种情况下,选择相同的 PM=60° 和 $\omega_g=0.5\text{rad/s}$。延时容限为

$$\tau = 2.094\text{s} \tag{6.79}$$

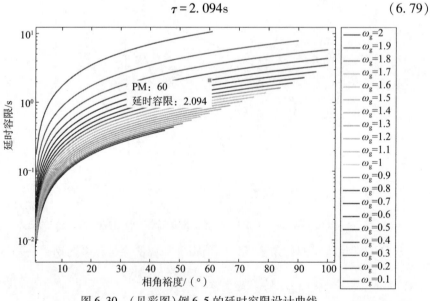

图 6.30 (见彩图)例 6.5 的延时容限设计曲线

6.8 时滞系统的控制器设计

对于带延时 L 秒的连续时间系统，可以以几何形状描述控制器。采用 PI 和 PID 控制器时，其等幅值和等相角轨迹是椭圆簇和直线簇。唯一的变化是，需要在对象的相角中加入一个负相角 $-L\omega$。因 PI 控制与 PID 控制器的推导过程类似，下面只详细推导 PID 控制器的情形。

设 $G(s)$ 和 $C(s)$ 表示被控对象和控制器的传递函数。此时被控对象包含一个延迟时间，即 $G(s)=\mathrm{e}^{-ls}P(s)$，其中 $L \geqslant 0$ 表示延迟时间。被控对象和控制器的频率响应分别为 $\mathrm{e}^{-Lj\omega}P(j\omega)$ 和 $C(j\omega)$，其中 $\omega \in [0, \infty)$。PID 控制器的传递函数为

$$C(s) = \frac{k_d s^2 + k_p s + k_i}{s} \tag{6.80}$$

式中：k_p，k_i 和 k_d 是待设计参数。令 $s=\mathrm{j}\omega$，则

$$C(\mathrm{j}\omega) = \frac{k_d(\mathrm{j}\omega)^2 + k_p(\mathrm{j}\omega) + k_i}{\mathrm{j}\omega} \tag{6.81}$$

根据式（6.81）可得

$$|C(\mathrm{j}\omega)|^2 = k_p^2 + \left(k_d\omega - \frac{k_i}{\omega}\right)^2 = M^2 \tag{6.82}$$

$$\angle C(\mathrm{j}\omega) = \arctan\left(\frac{k_d\omega - \dfrac{k_i}{\omega}}{k_p}\right) = \Phi \tag{6.83}$$

结合式（6.82）和式（6.83），可得

$$k_p^2 = M^2 - \left(k_d\omega - \frac{k_i}{\omega}\right)^2 = \frac{\left(k_d\omega - \dfrac{k_i}{\omega}\right)^2}{\tan^2\Phi} \tag{6.84}$$

根据式（6.84），可以得到

$$k_i = k_d\omega^2 \pm k_p\omega\tan\Phi \tag{6.85}$$

$$k_p = \pm\sqrt{\frac{M^2}{1+\tan^2\Phi}} \tag{6.86}$$

假设 ω_g 是给定的闭环幅值穿越频率，则

$$M_g = \frac{1}{|G(\mathrm{e}^{\mathrm{j}\omega_g})|} = \frac{1}{|\mathrm{e}^{-\mathrm{j}L\omega_g}||P(\mathrm{j}\omega_g)|} \tag{6.87}$$

方程式（6.87）可转变为

$$M_g = \frac{1}{|P(j\omega_g)|} \tag{6.88}$$

若 ϕ_g^* 表示期望的相角裕度(rad)则

$$\Phi_g = \pi + \phi_g^* - \angle G(e^{j\omega_g}) \tag{6.89}$$

$$\angle G(e^{j\omega_g}) = \angle [e^{-jL\omega_g} P(e^{j\omega_g})] = -L\omega_g + \angle P(j\omega_g) \tag{6.90}$$

式(6.89)可转变为

$$\Phi_g = \pi + \phi_g^* + L\omega_g - \angle P(j\omega_g) \tag{6.91}$$

当式(6.84)和式(6.85)中的 $M = M_g$、$\Phi = \Phi_g$ 时,同样可再次得到一个椭圆柱体和平面。

例 6.6(对开环稳定的齐格勒-尼科尔斯系统设计连续时间 PI 控制器) 考虑开环稳定的齐格勒-尼科尔斯系统

$$P(s) = \frac{1}{2s+1} e^{-0.3s} \tag{6.92}$$

以及 PI 控制器 $C(s)$。应用第 3 章所总结的步骤进行设计。

1) 稳定集的计算

特征方程为

$$\delta(s) = (2s+1)s + (k_p s + k_i) e^{-0.3s} \tag{6.93}$$

以及

$$\delta^*(s) = e^{0.3s}(2s+1)s + (k_p s + k_i) \tag{6.94}$$

对于 $L = 0$,可得

$$\delta(s) = 2s^2 + (k_p + 1)s + k_i \tag{6.95}$$

为了保持稳定,要求 $k_p > -1$ 且 $k_i > 0$。

对于 $L > 0$,以及

$$\delta^*(j\omega) = \delta_r(\omega) + j\delta_i(\omega) \tag{6.96}$$

式中

$$\delta_r(\omega) = k_i - \omega \sin(0.3\omega) - 2\omega^2 \cos(0.5\omega) \tag{6.97}$$

$$\delta_i(\omega) = \omega[5k_p + \cos(0.5\omega) + 12\omega \sin(0.5\omega)] \tag{6.98}$$

为了保持稳定,可以计算 k_p 的范围为

$$-1 < k_p < 6.6667 \sqrt{\alpha_1^2 + 0.0225} \tag{6.99}$$

按照第 3 章中的计算步骤,得到 PI 控制器设计的稳定集,如图 6.31 所示。

2) 可达幅值-相角裕度设计曲线的构建

本例中为构造可达的幅值-相角裕度曲线,幅值穿越频率 $\omega_g \in [0.1, 2.8]$,相角裕度 $PM \in [1°, 110°]$。根据式(6.42)可完成各种情况下幅值裕度

GM 的计算。利用椭圆和直线交点,可以构造可达的幅值-相角裕度曲线,如图 6.32 所示。

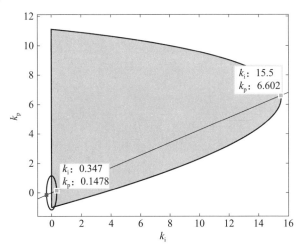

图 6.31 例 6.6 中 PI 控制器设计的稳定集

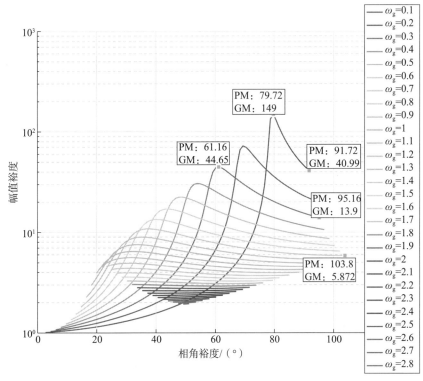

图 6.32 （见彩图）例 6.6 中 PI 控制器设计可达的 GM、PM 和 ω_g,椭圆和直线的交点（以灰点标注）,以及稳定集上边界点得到的控制器增益(k_p^{ub}, k_i^{ub})

3) 从可达幅值-相角裕度设计曲线中同步选择所需的 GM、PM 和 ω_g 指标

在图 6.32 中,可以看到 ω_g^* 对应的可达幅值-相角裕度集,并以不同颜色进行标注。注意,能够得到的最大相角裕度 PM = 103.8°,对应点 ω_g = 0.8rad/s,相应的幅值裕度 GM = 5.872。可以获得幅值裕度 GM 和相角裕度 PM 值的另一个例子是 PM = 79.72°的点,其 GM = 149,对应 ω_g = 0.1rad/s。根据图 6.32,设计者可以自由地选择最合适的 GM、PM 和 ω_g 的值。

4) 同步性能指标与检索控制器增益

通过从可达幅值-相角裕度集合中同步选择 GM、PM 和 ω_g,设计者可以选取与该点对应的控制器增益。为了便于说明,假设本例中选择的期望性能是 PM = 61.16°、GM = 44.6(33dB)、ω_g = 0.3rad/s,如图 6.32 所示。利用这些值以及等幅值轨迹和等相角轨迹,可以找出椭圆和直线的交点,如图 6.32 所示。控制器增益为 k_p^* = 0.1478 和 k_i^* = 0.347。图 6.33 为所选控制器增益所对应的奈奎斯特图,可以看到,这些控制器的增益满足期望的性能指标要求,即 PM = 61.2°、GM = 44.6(即 33dB)。

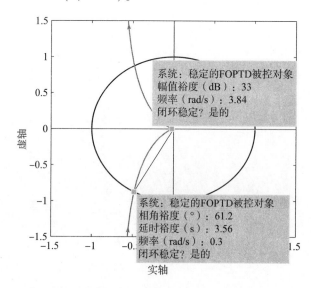

图 6.33 例 6.6 中 PI 控制器 k_p^* = 0.1478 和 k_i^* = 0.347 时的奈奎斯特图

例 6.7(对开环不稳定的齐格勒-尼科尔斯系统设计连续时间 PI 控制器)
考虑开环不稳定的齐格勒-尼科尔斯系统

$$P(s) = \frac{5}{-12s+1} e^{-0.5s} \tag{6.100}$$

采用 PI 控制器,应用第 3 章所总结的步骤进行设计。

1) 稳定集的计算

特征方程为

$$\delta(s) = (-12s+1)s + 5(k_p s + k_i) e^{-0.5s} \quad (6.101)$$

以及

$$\delta^*(s) = e^{0.5s}(-12s+1)s + 5(k_p s + k_i) \quad (6.102)$$

对于 $L=0$,有

$$\delta(s) = -12s^2 + (5k_p + 1)s + 5k_i \quad (6.103)$$

为了保证稳定性,要求 $k_p < -1/5$ 且 $k_i < 0$。

对于 $L > 0$,有

$$\delta^*(j\omega) = \delta_r(\omega) + j\delta_i(\omega) \quad (6.104)$$

式中,

$$\delta_r(\omega) = 5k_i - \omega\sin(0.5\omega) + 12\omega^2\cos(0.5\omega) \quad (6.105)$$

$$\delta_i(\omega) = \omega[5k_p + \cos(0.5\omega) + 12\omega\sin(0.5\omega)] \quad (6.106)$$

为了保证稳定性,可以计算出 k_p 的范围为

$$-4.8\sqrt{\alpha_1^2 + 0.0017} < k_p < -\frac{1}{5} \quad (6.107)$$

按照第 3 章总结的所有步骤,得到 PI 控制器设计的稳定集如图 6.34 所示。

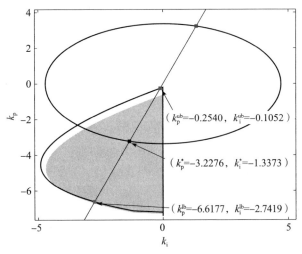

图 6.34 例 6.7 中 PI 控制器设计的稳定集、椭圆和直线的交点 (k_p^*, k_i^*)、在稳定集上、下边界点的控制器增益 (k_p^{lb}, k_i^{lb}) 和 (k_p^{ub}, k_i^{ub})(经许可从文献[5]复制)

2) 可达幅值-相角裕度设计曲线的构建

本例中为构造可达的幅值-相角裕度曲线，幅值穿越频率 $\omega_g \in [0.1, 3]$，相角裕度 $PM \in [0°, 700°]$。根据式(6.42)可完成各种情况下幅值裕度 GM 的计算。利用椭圆和直线交点，可以构造可达幅值-相角裕度曲线，如图 6.35 所示。

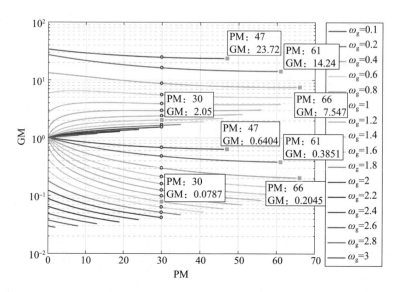

图 6.35 （见彩图）例 6.7 中 PI 控制器设计可达的 GM、PM 和 ω_g，在 PM=30°时椭圆和直线的交点(蓝点)（经许可从文献[5]复制）

3) 同步性能指标与检索控制器增益

在图 6.35 中，可以看到不同颜色 ω_g^* 对应的可达幅值-相角裕度集，并以不同颜色进行标注。注意，在 GM=10°以上的曲线，表示较大的幅值裕度；而在 GM=10°以下的曲线，则表示较小的幅值裕度。同时需注意，当 ω_g=0.4rad/s 时，系统可以达到最大的相角裕度 66°，对应较大的幅值裕度为 GM=7.547，较小的幅值裕度为 GM=0.2045。可以获得幅值裕度 GM 和相角裕度 PM 值的另一个例子是 PM=47°的点，其较大的 GM=23.72，对应 ω_g=0.1rad/s。但是，此时较小的 GM=0.6404。注意，从可达幅值-相角裕度集得到较大的 GM，则可以得到的 PM 较低。图 6.35 中蓝色的点表示与相角裕度 GM=30°相对应的点。

4) 获取的 PI 控制器增益与可达性能集中选定的期望点相对应

通过从可达幅值-相角裕度集合中同步选择 GM、PM 和 ω_g，设计者可以选取与该点对应的控制器增益。为了便于说明，假设本例中选择的期望性能是

PM=30°、GM=2.05、ω_g=1.4rad/s,如图6.35所示。利用这些值以及PI控制器的等幅值轨迹和等相角轨迹,可以找出椭圆和直线的交点,如图6.34所示。控制器增益为 $k_p^*=-3.2276$ 和 $k_i^*=-1.3373$。图6.36为所选控制器增益所对应的奈奎斯特图,可以看到,这些控制器的增益满足期望的性能指标要求,即PM=30°、GM=2.05(即6.23dB)。

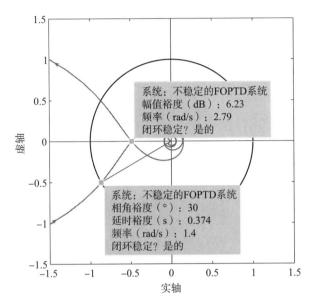

图6.36 例6.6中PI控制器 $k_p^*=-3.2276$ 和 $k_i^*=-1.3373$ 时的奈奎斯特图
(经许可从文献[5]复制)

例6.8 (开环稳定齐格勒-尼科尔斯系统的连续时间PID控制器设计)
考虑开环稳定的齐格勒-尼科尔斯系统

$$P(s)=\frac{1}{2s+1}e^{-2s} \quad (6.108)$$

采用PID控制器 $C(s)$,应用第3章所总结的步骤进行设计。

1)稳定集的计算
特征方程为

$$\delta(s)=(2s+1)s+(k_d s^2+k_p s+k_i)e^{-2s} \quad (6.109)$$

以及

$$\delta^*(s)=e^{2s}(2s+1)s+(k_d s^2+k_p s+k_i) \quad (6.110)$$

对于 $L=0$,可得

$$\delta(s)=(k_d+2)s^2+(k_p+1)s+k_i \quad (6.111)$$

为了保证稳定性，需要满足

$$k_p > -1, \quad k_i > 0, \quad k_d > -2 \quad (6.112)$$

对于 $L>0$，可得

$$\delta^*(j\omega) = \delta_r(\omega) + j\delta_i(\omega) \quad (6.113)$$

其中

$$\delta_r(\omega) = k_i - k_d\omega^2 - \omega\sin(2\omega) - 2\omega^2\cos(2\omega) \quad (6.114)$$

$$\delta_i(\omega) = \omega[k_p + \cos(2\omega) - 2\omega\sin(2\omega)] \quad (6.115)$$

为了保证稳定性，可以计算 k_p 的范围

$$-1 < k_p < (\alpha_1\sin\alpha_1 - \cos\alpha_1) \quad (6.116)$$

按照第3章总结的步骤，得到 PID 控制器设计的稳定集如图 6.37 所示。

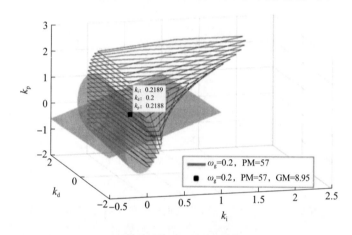

图 6.37 （见彩图）例 6.8 中圆柱体与平面在 PID 稳定集上的交集，以及 PID 控制器设计点（经许可从文献[5]复制）

2) 可达幅值-相角裕度设计曲线的构建

为构造 PID 控制器设计情况下的可达幅值-相角裕度曲线，幅值穿越频率 $\omega_g \in [0.1, 1.3]$，相角裕度 PM $\in [1°, 120°]$。对于 PID 情况，利用等幅值和等相角轨迹方程式(6.22)和式(6.23)，分别得到(k_p, k_i, k_d)三维空间中的圆柱和平面。在稳定集内的圆柱体和平面（见图 6.37）在(k_i, k_d)平面上有两个相交线段。利用式(6.24)可得交点处的具体值。式(6.26)将给出两个 k_p 值，但只有一个包含在稳定集中。在(k_p, k_i, k_d)空间中相交的线段表示满足 PM 和 ω_g 的 PID 控制器增益。通过计算 PM 和 ω_g 的范围，可以构造如图 6.38 所示的三维的可达幅值-相角裕度集。如果固定 $\omega_g = 0.2\text{rad/s}$，可得到二维时系统的可达性能，如图 6.39 所示。当 PM = 57°时，能够实现的最大幅值裕度 GM = 8.95。

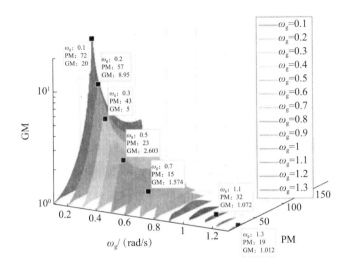

图 6.38 （见彩图）例 6.8 中 PID 控制器可达的 GM、PM 和 ω_g 性能
（经许可从文献[5]复制）

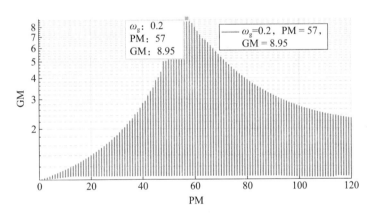

图 6.39 例 6.8 中 PID 控制器在 $\omega_g = 0.2\text{rad/s}$ 时的可达幅值-相角裕度集
（经许可从文献[5]复制）

3）同步性能指标与检索控制器增益

在图 6.38 中，可以看到 ω_g 对应的可达幅值-相角裕度集，并以不同颜色进行标注。注意，在 ω_g 值较小时，可以得到较大的幅值裕度 GM 和相角裕度 PM。例如，当 $\omega_g = 0.1\text{rad/s}$，能够得到的最大幅值裕度 GM = 20，相应的相角裕度 PM = 72°；当 $\omega_g = 0.2\text{rad/s}$，能够得到的最大幅值裕度 GM = 8.95，相应的相角裕度 PM = 57°。相反，在 ω_g 值较大时，可以得到较小的幅值裕度 GM 和

相角裕度 PM。例如，当 $\omega_g = 1.3\text{rad/s}$ 时，能够得到的最大幅值裕度 GM = 1.012，相应的相角裕度 PM = 19°。根据图 6.38，设计者可以自由地选择最合适的 GM、PM 和 ω_g 的值。

4）获取的 PID 控制器增益与可达性能集中选定的期望点相对应

通过从可达幅值-相角裕度集合中同步选择 GM、PM 和 ω_g，设计者可以选取与该点对应的控制器增益。为了便于说明，假设本例中选择的期望性能是 PM = 57°、GM = 8.95、$\omega_g = 0.2\text{rad/s}$，如图 6.38 所示。利用这些值以及 PID 控制器的等幅值轨迹和等相角轨迹，可以找出在三维空间 (k_p, k_i, k_d) 中圆柱和平面的交集，如图 6.37 所示。控制器增益为 $k_p^* = 0.2188$、$k_i^* = 0.2189$ 和 $k_d^* = 0.2$。图 6.40 为所选控制器增益所对应的奈奎斯特图，可以看到，这些控制器的增益满足期望的性能指标要求，即 PM = 57°、GM = 8.95（即 19dB）。

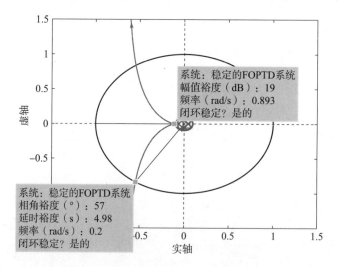

图 6.40　例 6.8 中 PID 控制器 $k_p^* = 0.2188$、$k_i^* = 0.2189$ 和 $k_d^* = 0.2$ 时的奈奎斯特图（经许可从文献[5]复制）

例 6.9（开环不稳定齐格勒-尼科尔斯系统的连续时间 PID 控制器设计）
考虑开环不稳定的齐格勒-尼科尔斯系统

$$P(s) = \frac{2}{-3s+1} e^{-0.5s} \quad (6.117)$$

采用 PID 控制器 $C(s)$，应用第 3 章所总结的步骤进行设计。

1）稳定集的计算

对于 $L=0$，特征方程为

$$\delta(s) = (-3+2k_d)s^2 + (2k_p+1)s + 2k_i \quad (6.118)$$

为了保持稳定，需要满足

$$k_p < -\frac{1}{2}, \quad k_i < 0, \quad k_d < \frac{3}{2} \quad (6.119)$$

对于 $L>0$，有

$$\delta^*(j\omega) = \delta_r(\omega) + j\delta_i(\omega) \quad (6.120)$$

式中，

$$\delta_r(\omega) = 2k_i - 2k_d\omega^2 - \omega\sin(0.5\omega) + 3\omega^2\cos(0.5\omega) \quad (6.121)$$

$$\delta_i(\omega) = \omega[2k_p + \cos(0.5\omega) + 3\omega\sin(0.5\omega)] \quad (6.122)$$

为了保证稳定性，可以计算 k_p 的范围：

$$\frac{1}{2}\left(-\frac{3}{2}\alpha_1\sin\alpha_1 - \cos\alpha_1\right) < k_p < -\frac{1}{2} \quad (6.123)$$

按照第 3 章总结的步骤，得到 PID 控制器设计的稳定集如图 6.41 所示。

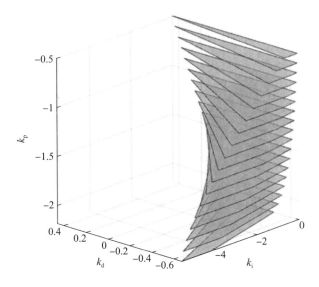

图 6.41 例 6.9 中的 PID 稳定集

2) 可达幅值-相角裕度设计曲线的构建

为构造 PID 控制器设计的可达幅值-相角裕度曲线，幅值穿越频率 $\omega_g \in [0.3, 1.5]$，相角裕度 PM $\in [1°, 90°]$。对于 PID 控制器，利用等幅值和等相角轨迹方程式(6.22)和式(6.23)，分别得到 (k_p, k_i, k_d) 三维空间中的圆柱和平面。对于稳定集内的圆柱体和平面(图 6.37)，在 (k_i, k_d) 平面上有两个相交线段。利用式(6.26)可求得相交处的具体值。式(6.26)将给出两个 k_p 值，但只有一个包含在稳定集中。在 (k_p, k_i, k_d) 空间中相交的线段表示满足

PM 和 ω_g 的 PID 控制器增益。通过计算 PM 和 ω_g 的范围，可以构造如图 6.42 所示的三维的可达幅值-相角裕度集。如果固定 $\omega_g=0.7\mathrm{rad/s}$，可得到二维时系统的可达性能，如图 6.43 所示。

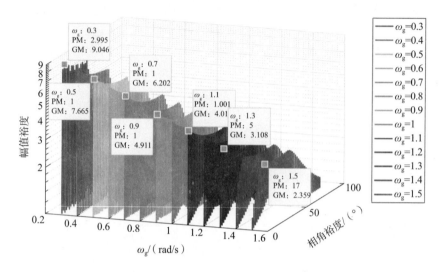

图 6.42　（见彩图）例 6.9 中 PID 控制器可达的 GM、PM 和 ω_g

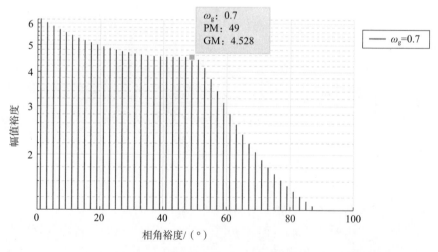

图 6.43　例 6.9 中 PID 控制器在 $\omega_g=0.7\mathrm{rad/s}$ 时的可达幅值-相角裕度集

3) 同步性能指标与检索控制器增益

在图 6.42 中,可以看到 ω_g 对应的可达幅值-相角裕度集,并以不同颜色进行标注。注意,在 ω_g 值较小时,可以得到较大的幅值裕度 GM 和相角裕度 PM。例如,当 $\omega_g = 0.1\text{rad/s}$ 时,能够得到的最大幅值裕度 GM = 20,相应的相角裕度 PM = 72°;当 $\omega_g = 0.2\text{rad/s}$ 时,能够得到的最大幅值裕度 GM 为 8.95,相应的相角裕度 PM = 57°。相反,在 ω_g 值较大时,可以得到较小的幅值裕度 GM 和相角裕度 PM。例如,当 $\omega_g = 1.3\text{rad/s}$,能够得到的最大幅值裕度 GM 为 1.012,相应的相角裕度 PM 为 19°。设计者可以自由地选择最合适的 GM、PM 和 ω_g 的值。

4) 获取的 PID 控制器增益与可达性能集中选定的期望点相对应

通过从可达幅值-相角裕度集合中同步选择 GM、PM 和 ω_g,设计者可以选取与该点对应的控制器增益。为了便于说明,假设本例中选择的期望性能是 PM = 49°、GM = 4.5285、$\omega_g = 0.7\text{rad/s}$,如图 6.38 所示。利用这些值以及 PID 控制器的等幅值轨迹和等相角轨迹,可以找出在三维空间 (k_p, k_i, k_d) 中圆柱和平面的交集,如图 6.44 所示。控制器增益为 $k_p^* = -1.1594$、$k_i^* = -0.01$ 和 $k_d^* = -0.1512$。图 6.45 为所选控制器增益所对应的奈奎斯特图,可以看到,这些控制器的增益满足期望的性能指标要求,即 PM = 49°、GM = 4.5285(即 13.1dB)。

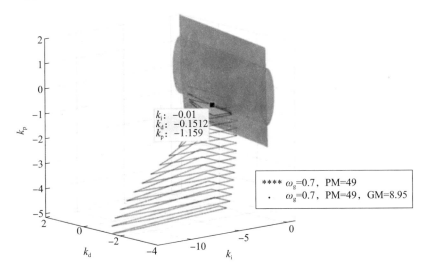

图 6.44 (见彩图)例 6.9 中圆柱体与平面在 PID 稳定集上的交集,以及 PID 控制器设计点

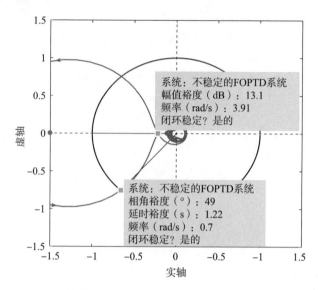

图6.45 例6.9中PID控制器 $k_p^* = -1.1594$、$k_i^* = -0.01$ 和 $k_d^* = -0.1512$ 时的奈奎斯特图

参考文献

[1] Diaz-Rodriguez, I. D.: Modern design of classical controllers: continuous-time first order controllers. In: Proceedings of the 41st Annual Conference of the IEEE Industrial Electronics Society, Student Forum. IECON, pp. 000070–000075(2015)

[2] Díaz-Rodríguez, I. D.: Modern design of classical controllers: Continuous-time first order controllers. In: IECON 2015–41st Annual Conference of the IEEE Industrial Electronics Society, pp. 70–75. IEEE(2015)

[3] Diaz Rodriguez, I. D. J.: Modern Design of Classical Controllers. Ph. D. thesis, Texas A&M University(2017)

[4] Díaz-Rodríguez, I. D., Bhattacharyya, S. P.: PI controller design in the achievable gain-phase margin plane. In: IEEE, CDC 55th IEEE Conference on Decision and Control. IEEE(2016)

[5] Diaz-Rodriguez, I. D., Han, S., Keel, L. H., Bhattacharyya, S. P.: Advanced tuning for Ziegler Nichols plants. In: The 20th World Congress of the International Federation of Automatic Control, IFAC(2017)

第7章
基于幅值−相角裕度的离散时间控制器设计

本章介绍了以幅值裕度和相角裕度为性能指标，利用等幅值轨迹和等相角轨迹设计数字 PI 控制器和 PID 控制器的方法。

7.1 概述

采用数字控制器对连续时间系统进行控制是一种常见的做法。在这种情况下，首先对连续时间系统进行离散化，生成与采样周期 T 对应的 z 域传递函数。对于固定的采样周期 T，积分控制可以通过数字方式实现。同样，比例和微分作用也可以通过数字方式实现。如果离散控制系统能够稳定，积分作用可以保证常值参考离散信号和扰动离散信号的稳态误差为零。在接下来的章节中，我们将讨论如何在第 4 章计算的离散时间 PID 稳定集内，利用等幅值轨迹和等相角轨迹曲线，来设计数字 PI 和 PID 控制器，以达到给定的幅值裕度和相角裕度。

7.2 PI 控制器

考虑一个单位反馈控制系统，令 $P(z)$ 和 $C(z)$ 分别表示 z 域中被控对象和控制器的传递函数。假设 $P(1) \neq 0$，这样通过 PI 控制器使系统稳定就并非不可能。被控对象和控制器的频率响应分别为 $P(e^{j\omega T})$ 和 $C(e^{j\omega T})$，其中 T 为采样周期，$\omega \in \left[0, \dfrac{2\pi}{T}\right]$。对于 PI 控制器，传递函数为

$$C(z) = \frac{K_0 + K_1 z}{z-1} \tag{7.1}$$

式中：K_0，K_1 分别为待设计参数。那么

$$C(e^{j\omega T}) = \frac{K_0 + K_1 e^{j\omega T}}{e^{j\omega T} - 1} \tag{7.2}$$

令 $\omega T = \theta$，则

$$C(e^{j\theta}) = \frac{K_0 + K_1 e^{j\theta}}{e^{j\theta} - 1} \tag{7.3}$$

或者

$$\begin{aligned}C(e^{j\theta}) &= \frac{K_0 e^{-j\frac{\theta}{2}} + K_1 e^{j\frac{\theta}{2}}}{e^{j\frac{\theta}{2}} - e^{-j\frac{\theta}{2}}} \\ &= \frac{(K_1 + K_0)\cos\frac{\theta}{2} + j(K_1 - K_0)\sin\frac{\theta}{2}}{2j\sin\frac{\theta}{2}}\end{aligned} \tag{7.4}$$

令

$$L_0 = K_1 + K_0 \tag{7.5}$$
$$L_1 = K_1 - K_0 \tag{7.6}$$

根据式(7.4)~式(7.6)，可得

$$|C(e^{j\theta})|^2 = \frac{L_0^2}{4\tan^2\frac{\theta}{2}} + \frac{L_1^2}{4} = M^2 \tag{7.7}$$

$$\angle C(e^{j\theta}) = \arctan\left(\frac{-L_0}{L_1 \tan\frac{\theta}{2}}\right) = \Phi \tag{7.8}$$

式(7.7)和式(7.8)可整理写为

$$\frac{L_0^2}{a^2} + \frac{L_1^2}{b^2} = 1 \tag{7.9}$$

$$L_1 = cL_0 \tag{7.10}$$

其中

$$a^2 = 4M^2 \tan^2\frac{\theta}{2} \tag{7.11}$$

$$b^2 = 4M^2 \tag{7.12}$$

$$c = -\frac{1}{\tan\Phi \tan\frac{\theta}{2}} \tag{7.13}$$

因此，在 (L_0, L_1) 空间中，等幅值 M 轨迹是椭圆，等相角 Φ 轨迹是直线。由式(7.11)和式(7.12)可得到椭圆的长轴和短轴，式(7.10)中 c 表示直线的斜率。根据 K_0、K_1 到 L_0、L_1 的映射，反过来得到

$$K_0 = \frac{L_0 - L_1}{2} \tag{7.14}$$

$$K_1 = \frac{L_0 + L_1}{2} \tag{7.15}$$

假设 ω_g 是给定的闭环幅值穿越频率，那么 $\theta_g = \omega_g T$，且

$$M_g = \frac{1}{|P(e^{j\theta_g})|} \tag{7.16}$$

如果 ϕ_g^* 表示期望的相角裕度(rad)则

$$\Phi_g = \pi + \phi_g^* - \angle P(e^{j\theta_g}) \tag{7.17}$$

结合式(7.9)和式(7.10)，可以得到 $M = M_g$ 和 $\Phi = \Phi_g$ 时对应的椭圆和直线，给出设计点 (k_p^*, K_1^*)。如果该交点位于稳定集 S 内，则设计是可行的，否则，性能指标不可达，必须进行修改。

例 7.1（离散时间 PI 控制器设计） 考虑图 7.1 所示的离散时间系统，其中 $P(z)$ 和 $C(z)$ 可以表示为

$$P(z) = \frac{z - 0.1}{z^3 + 0.1z - 0.25}, \quad C(z) = \frac{K_0 + K_1 z}{z - 1} \tag{7.18}$$

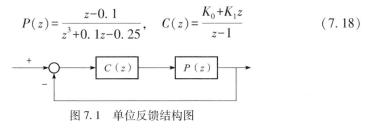

图 7.1 单位反馈结构图

1) 稳定集的计算

当 $\rho = 1$ 时，利用切比雪夫表达式，得到

$$\begin{cases} R_N(u) = -u - 0.1 \\ T_N(u) = 1 \\ R_D(u) = -4u^3 + 2.9u - 0.25 \\ T_D(u) = 4u^2 - 0.9 \\ P_1(u) = 0.4u^3 + 2u^2 - 0.04u - 0.875 \\ P_2(u) = 0.34 - 0.4u^2 - 2u \\ P_3(u) = 0.2u + 1.01 \end{cases} \tag{7.19}$$

则可得

$$R(u, K_0, K_1) = -0.8u^4 - 4.4u^3 - (1.22 + 0.2K_1)u^2 \\ + (2.915 - 1.01K_1 + 0.2K_0)u + (0.535 + 1.01K_0) \quad (7.20)$$

$$T(u, K_1) = 0.8u^3 + 4.4u^2 + (1.62 + 0.5K_1)u + (-1.215 + 1.01K_1)$$

由于 $P(z)$ 为 3 阶，PI 控制器 $C(z)$ 为 1 阶，因此单位圆内 $\delta(z)$ 的根数需要为 4，系统才能稳定，则

$$i_1 - i_2 = \underbrace{(i_\delta + i_{N_r})}_{i_1} - \underbrace{l}_{i_2} = 3 \quad (7.21)$$

式中：i_δ 和 i_{N_r} 分别为单位圆内 $\delta(z)$ 和 $N(z)$ 逆多项式的根个数；l 为 $N(z)$ 的阶次。

由于要求 i_δ 为 4，$i_{N_r} = 0$，$l = 1$，所以 $i_1 - i_2$ 必须为 3。为满足稳定性条件，需要 $T(u, K_1)$ 至少包含两个实零点，可以找到 K_1 的可行域为 $(-0.94, 1.415)$。根据 K_1 稳定集范围的计算过程，即可得到在 (K_0, K_1) 空间中的稳定区域。为详细说明这个例子，固定 $K_1 = 1$，那么 $T(u, K_1)$ 在 $(-1, +1)$ 上的实根为 -0.5535 和 0.0919。此外，$\text{sgn}[T(-1)] = +1$，$i_1 - i_2 = 3$，要求

$$\frac{1}{2}\text{sgn}[T(-1)](\text{sgn}[R(-1, K_0)] - 2\text{sgn}[R(-0.5535, K_0)] \\ + 2\text{sgn}[R(0.0919, K_0)] - \text{sgn}[R(1, K_0)]) = 3 \quad (7.22)$$

满足上面方程的唯一有效解序列为

$$\begin{cases} \text{sgn}[R(-1, K_0)] = +1, & \text{sgn}[R(-0.5535, K_0)] = -1 \\ \text{sgn}[R(0.0919, K_0)] = +1, & \text{sgn}[R(1, K_0)] = -1 \end{cases} \quad (7.23)$$

对应于这个序列，有以下线性不等式组

$$\begin{cases} K_0 > -1, & K_0 < 0.3151 \\ K_0 > -0.6754, & K_0 < 3.4545 \end{cases} \quad (7.24)$$

这组不等式表征了 K_0 空间中 $K_1 = 1$ 时的稳定域。通过在 K_1 的规定范围内重复此过程，可以在 (L_0, L_1) 空间中获得稳定区域，如图 7.2 所示。

2）可达幅值-相角裕度设计曲线的构建

图 7.3 给出了在一段幅值穿越频率范围内，选择给定的相角裕度（PM = 60°）的示例。图 7.4 为离散 PI 控制器的稳定集。由图 7.4 可以看出，椭圆和直线在稳定集上存在交点。在这种情况下，幅值穿越频率的范围为 0~12rad/s，相角裕度的范围为 1°~60°。

3）同步性能指标与检索控制器增益

根据图 7.5，可以看到例 7.1 的可达性能。在这种情况下，能够实现的最大幅值裕度为 35dB，相角裕度为 88°，幅值穿越频率为 0.1rad/s。幅值-相角

裕度设计平面(幅相平面)包含了系统能够同步实现幅值裕度、相角裕度和幅值穿越频率的能力。此外,图 7.5 中还显示了与使用 PI 控制器相关的系统局限性。

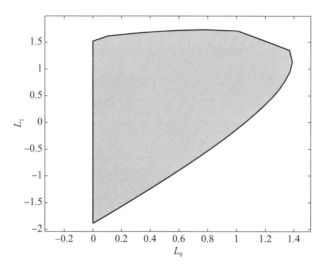

图 7.2 例 7.1 中离散时间 PI 控制器的稳定集

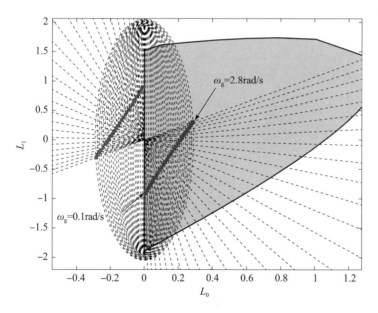

图 7.3 (见彩图)例 7.1 中离散 PI 控制器的稳定集(黄色),以及在 (L_0, L_1) 空间内 PM = 60° 且 $\omega_g \in [0.1, 2.8]$ rad/s 时椭圆与直线的交点

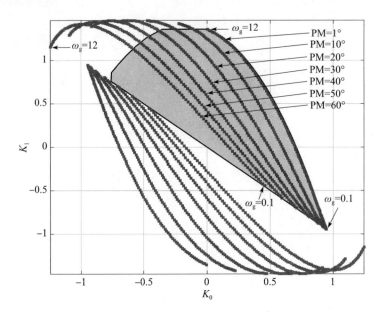

图 7.4 （见彩图）例 7.1 中离散 PI 控制器的稳定集（黄色），以及在 (K_0, K_1) 空间内 $PM \in [1°, 60°]$ 且 $\omega_g \in [0.1, 12] \text{rad/s}$ 时椭圆与直线的交点

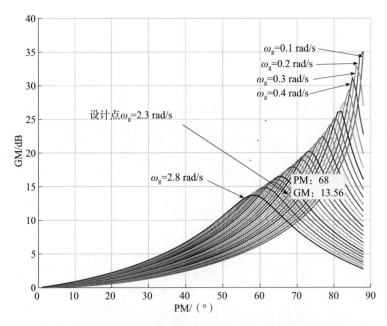

图 7.5 （见彩图）例 7.1 中离散 PI 控制器在 $\omega_g \in [0.1, 2.8] \text{rad/s}$ 且 $PM \in [0°, 90°]$ 时幅相平面上的可达幅值-相角裕度设计曲线

首先，从图 7.5 中可以选择一个候选设计点。其次，该设计点可通过椭圆和直线的交点映射到 (L_0,L_1) 空间中，如图 7.6 所示。最后，利用式(7.5) 和式(7.6)，可将其映射到 (K_0,K_1) 空间。此时，选择设计点为：PM = 68°，GM = 13.56dB，ω_g = 2.3rad/s。满足这些性能指标要求的 PI 控制器增益为

$$K_0^* = -0.06349, \quad K_1^* = 0.2912 \qquad (7.25)$$

控制器增益与幅值-相角裕度设计平面中的设计点(ω_g = 2.3rad/s，PM = 68°和GM = 13.56dB)是相对应的。采用该控制器增益，系统的阶跃响应如图 7.7 所示。

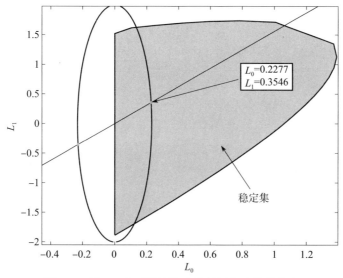

图 7.6　例 7.1 中"设计"点处椭圆与直线的交点

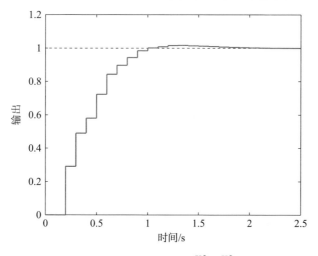

图 7.7　例 7.1 中控制器为 $C^*(z) = \dfrac{K_1^* z + K_0^*}{z-1}$ 时的阶跃响应

图 7.8 为采用该控制器增益时系统的奈奎斯特图,可以看到,这些控制器增益能够满足期望的性能指标,即 PM＝68°，GM＝13.56dB。

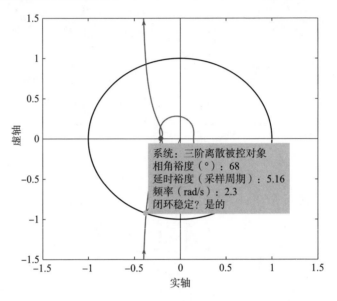

图 7.8　例 7.1 中 PI 控制器 $K_0=-0.06349$、$K_1=0.2912$ 时的奈奎斯特图

7.3　PID 控制器

设 $P(z)$ 和 $C(z)$ 表示被控对象和控制器的传递函数,其频率响应分别为 $P(e^{j\omega T})$ 和 $C(e^{j\omega T})$，其中 T 为采样周期,$\omega \in \left[0, \dfrac{2\pi}{T}\right]$。PID 控制器的传递函数为

$$C(z)=\frac{K_0+K_1 z+K_2 z^2}{z(z-1)} \tag{7.26}$$

式中：K_0，K_1 和 K_2 均为待设计参数。

令 $\theta=\omega T$，则

$$C(e^{j\theta})=\frac{K_0 e^{-j\theta}+K_1+K_2 e^{j\theta}}{e^{j\theta}-1} \tag{7.27}$$

注意到有

$$C(e^{j\theta})=\frac{(K_2+K_0)\cos\theta+K_1+j(K_2-K_0)\sin\theta}{\cos\theta-1+j\sin\theta} \tag{7.28}$$

不妨令
$$L_0 = K_2 + K_0, \quad L_1 = K_2 - K_0 \tag{7.29}$$

结合式(7.28)和式(7.29),有

$$|C(e^{j\theta})|^2 = \frac{\cos^2\theta\left(L_0 + \frac{K_1}{\cos\theta}\right)^2 + \sin^2\theta L_1^2}{(\cos\theta - 1)^2 + \sin^2\theta}$$

$$= \frac{\left(L_0 + \frac{K_1}{\cos\theta}\right)^2}{\left(\frac{\sqrt{\mu}}{\cos\theta}\right)^2} + \frac{L_1^2}{\left(\frac{\sqrt{\mu}}{\sin\theta}\right)^2} = M^2 \tag{7.30}$$

式中:$\mu = (\cos\theta - 1)^2 + \sin^2\theta$,且

$$\angle C(e^{j\theta}) = \arctan\left(\frac{L_1 \sin\theta}{K_1 + L_0 \cos\theta}\right) - \arctan\left(\frac{\sin\theta}{\cos\theta - 1}\right) \tag{7.31}$$

利用关系式

$$\arctan u - \arctan v = \arctan\left(\frac{u - v}{1 + uv}\right) \tag{7.32}$$

可以得到

$$\angle C(e^{j\theta}) = \arctan\left\{\frac{\sin\theta[L_1(\cos\theta - 1) - (L_0 \cos\theta + K_1)]}{(L_0 \cos\theta + K_1)(\cos\theta - 1) + L_1 \sin^2\theta}\right\} = \Phi \tag{7.33}$$

式(7.30)和式(7.33)可进一步写为

$$\frac{(L_0 + a)^2}{b^2} + \frac{L_1^2}{c^2} = 1, \quad L_1 = dL_0 + e \tag{7.34}$$

其中,

$$a = \frac{K_1}{\cos\theta}, \quad b^2 = \frac{\mu M^2}{\cos^2\theta}, \quad c^2 = \frac{\mu M^2}{\sin^2\theta} \tag{7.35}$$

$$d = \frac{\sin\theta\cos\theta + \cos\theta\tan\Phi(\cos\theta - 1)}{\sin\theta(\cos\theta - 1) - \sin^2\theta\tan\Phi} \tag{7.36}$$

$$e = \frac{K_1(\cos\theta - 1)\tan\Phi + \sin\theta}{\sin\theta(\cos\theta - 1) - \sin^2\theta\tan\Phi} \tag{7.37}$$

对于固定的 K_1,在 (L_0, L_1) 空间中的等幅值 M 轨迹为椭圆,等相角轨迹为直线。椭圆的主轴和短轴分别为 b 和 c。直线的斜率为 d, e 为穿过 L_1 的直线的截距。对于固定的 K_1,根据参数 K_0、K_2 到参数 L_0、L_1 的映射,反过来得到

$$K_0 = \frac{L_0-L_1}{2}, \quad K_2 = \frac{L_0+L_1}{2} \tag{7.38}$$

假设 ω_g^* 是给定的闭环幅值穿越频率，则

$$M_g = \frac{1}{|P(e^{j\theta_g})|} \tag{7.39}$$

如果 ϕ_g^* 表示期望的相角裕度（rad）则

$$\Phi_g = \pi + \phi_g^* - \angle P(e^{j\theta_g}) \tag{7.40}$$

结合式(7.34)，可以得到在 $M = M_g$ 且 $\Phi = \Phi_g$ 时对应的椭圆和直线，并给出了设计点 (k_p^*, k_i^*, k_d^*)。如果设计点位于稳定集内，则设计点是可行的。

例 7.2（离散时间 PID 控制器设计） 考虑图 7.1 所示的单位反馈离散时间系统，其中，$P(z)$、$C(z)$ 可以表示为

$$P(z) = \frac{1}{z^2-0.25}, \quad C(z) = \frac{K_0+K_1 z+K_2 z^2}{z(z-1)} \tag{7.41}$$

1）稳定集的计算

当 $\rho = 1$ 时，利用切比雪夫表达式，得到

$$\begin{cases} R_N(u) = 1 \\ T_N(u) = 0 \\ R_D(u) = 2u^2 - 1.25 \\ T_D(u) = -2u \\ P_1(u) = 2u^2 - 1.25 \\ P_2(u) = -2u \\ P_3(u) = 1 \end{cases} \tag{7.42}$$

则

$$\begin{cases} R(u, L_0, K_1) = -4u^3 - 2u^2 + (3.25 - L_0)u + K_1 + 1.25 \\ T(u, L_1) = 4u^2 + 2u + L_1 - 1.25 \end{cases} \tag{7.43}$$

由于 $P(z)$ 为 2 阶，PI 控制器 $C(z)$ 为 2 阶，因此单位圆内 $\delta(z)$ 的根数需要为 4，系统才能稳定，从而有

$$i_1 - i_2 = \underbrace{(i_\delta + i_{N_r})}_{i_1} - \underbrace{(l+1)}_{i_2} \tag{7.44}$$

式中：i_δ 和 i_{N_r} 分别为单位圆内 $\delta(z)$ 和 $N(z)$ 的逆多项式的根个数；l 为 $N(z)$ 的阶次。

由于要求 $i_\delta = 4$，$i_{N_r} = 0$，$l = 0$，所以 $i_1 - i_2$ 必须为 3。为满足稳定性条件，

需要 $T(u, L_1)$ 至少包含两个实根。进一步可以找到 L_1 的可行范围。本例中，L_1 的范围是 $[-1, 1.4]$。为详细说明这个例子，固定 $L_1=1$，那么 $T(u, L_1)$ 在 $(-1, +1)$ 上的实根为 -0.6036 和 0.1036。此外，$\mathrm{sgn}[T(-1)] = +1$，$i_1 - i_2 = 3$，要求

$$\frac{1}{2}\mathrm{sgn}[T(-1)](\mathrm{sgn}[R(-1, L_0, K_1)] - 2\mathrm{sgn}[R(-0.6036, L_0, K_1)] + 2\mathrm{sgn}[R(0.1036, L_0, K_1)] - \mathrm{sgn}[R(1, L_0, K_1)]) = 3 \quad (7.45)$$

满足上面方程的唯一有效解序列是

$$\begin{cases} \mathrm{sgn}[R(-1, L_0, K_1)] = +1, & \mathrm{sgn}[R(-0.6036, L_0, K_1)] = -1 \\ \mathrm{sgn}[R(0.1036, L_0, K_1)] = +1, & \mathrm{sgn}[R(1, L_0, K_1)] = -1 \end{cases} \quad (7.46)$$

对应于这个序列，有以下线性不等式组

$$\begin{cases} -0.5607 + 0.6036 L_0 + K_1 < 0 & L_0 + K_1 > 0 \\ +1.5607 + 0.1036 L_0 + K_1 > 0 & -1.5 - L_0 + K_1 < 0 \end{cases} \quad (7.47)$$

这组不等式刻画了 (L_0, K_1) 空间中固定 $L_1=1$ 时的稳定域。通过在 L_1 的规定范围内重复此过程，可以构建系统的稳定域。

2) 可达幅值-相角裕度设计曲线的构建

假定所需的相角裕度为 $\phi_g^* = 60°$，幅值穿越频率 $\omega_g^* = 2.23\mathrm{rad/s}$，固定 $K_1 = 0.1$。利用式(7.30)和式(7.33)，可以得到

$$|C(\mathrm{e}^{j\theta_g})|^2 = \frac{\left(L_0 + \dfrac{K_1}{\cos\theta_g}\right)^2}{\left(\dfrac{\sqrt{\mu}}{\cos\theta_g}\right)^2} + \frac{L_1^2}{\left(\dfrac{\sqrt{\mu}}{\sin\theta_g}\right)^2} = \frac{1}{|P(\mathrm{e}^{j\theta_g})|^2} \quad (7.48)$$

这意味着

$$\frac{(L_0 + 1.0254 K_1)^2}{0.1784^2} + \frac{L_1^2}{0.7868^2} = 1 \quad (7.49)$$

$$\angle C(\mathrm{e}^{j\theta_g}) = \tan^{-1}\left\{\frac{\sin\theta_g[L_1(\cos\theta_g - 1) - (L_0\cos\theta_g + K_1)]}{(L_0\cos\theta_g + K_1)(\cos\theta_g - 1) + L_1\sin^2\theta_g}\right\} \quad (7.50)$$

$$= \pi + \phi_g^* - \angle P(\mathrm{e}^{j\theta_g})$$

从而可知 $L_1 = 0.7672 L_0 + 0.0787$。

考虑 K_1 的一个范围以及期望的相角裕度，可以得到一个椭圆簇和直线簇。对于每一个椭圆，都有一条相对应的直线与之形成交点。对于 $K_1 \in [-1.4, 0.8]$ 时得到的所有椭圆和直线，如图7.9所示。$K_1 = 0.1$ 时，选择交点，有

$$K_0 = -0.0308, \quad K_1 = 0.1, \quad K_2 = 0.1041 \quad (7.51)$$

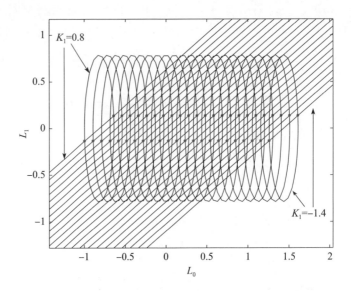

图 7.9　例 7.2 中 $K_1 \in [-1.4, 0.8]$ 时的等幅值轨迹和等相角轨迹
（经许可从文献[3]复制）

那么满足指定相角裕度的期望控制器为

$$C^*(z) = \frac{-0.0308 + 0.1z + 0.1041z^2}{z(z-1)} \tag{7.52}$$

采用该控制器增益，系统的阶跃响应如图 7.10 所示。在典型控制中，从实验上可知，相角裕度可以降低超调量。我们可以在这个例子中观察到这一点。从图 7.11 可以看出，所设计的控制器包含在前述稳定集内。

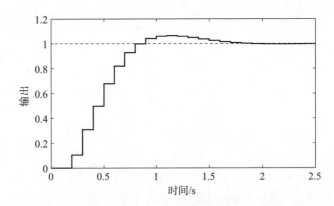

图 7.10　例 7.2 中采用 $C^*(z)$ 时离散时间系统的阶跃响应
（经许可从文献[3]复制）

第7章 基于幅值-相角裕度的离散时间控制器设计

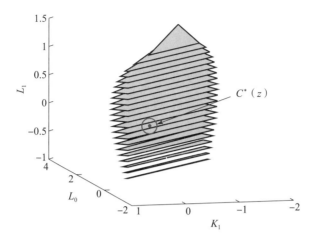

图7.11 例7.2中控制器$C^*(z)$在稳定集中的位置（黑点*标注）
（经许可从文献[3]复制）

参考文献

[1] Diaz Rodriguez, I.D.: Modern design of classical controllers. Ph.D. thesis. A&M University, Texas

[2] Diaz-Rodriguez, I.D., Bhattacharyya, S.P.: Modern design of classical controllers: digital PID controllers. In: IEEE International Conference on Industrial Technology (ICIT), pp. 2112-2119(2015)

[3] Diaz-Rodriguez, I.D., Oliveira, V.A., Bhattacharyya, S.P.: Modern design of classical controllers: digital PID controllers. In: 2015 IEEE 24th International Symposium on Industrial Electronics(ISIE), pp. 1010-1015(2015)

第 8 章
多变量系统的 PID 控制

本章介绍了一种利用单输入单输出控制理论设计多变量控制器的新方法。该方法基于被控对象的史密斯-麦克米伦对角形,将前面章节中研究的标量 PID 控制器设计方法应用于多变量系统,并在每个控制回路分别使用。

8.1 概述

与单输入单输出(SISO)系统相比,多输入多输出(MIMO)系统的控制具有更大的挑战性,因为不同的输入输出之间存在相互作用,使得在不影响其他输入输出通道的情况下,不可能单个控制回路进行独立设计。特别地,对于多变量系统,关于固定的低阶控制器的设计方法,研究成果很少。这是控制理论和控制工程领域的一个重要瓶颈。

本章针对 MIMO 系统控制器设计,通过利用单输入单输出设计方法具有的简单优点,提出了一种先进的整定方法。首先,按照史密斯-麦克米伦对角形步骤,将 MIMO 系统转换为多个 SISO 系统。然后,针对独立的 SISO 回路,利用前述章节中的 SISO PI 和 PID 控制器设计方法,找出系统在幅值裕度、相角裕度和幅值穿越频率方面可达的性能。根据 n 个 SISO 回路的可达性能,选择对角线上的控制器,将其转换为最终的控制器形式。已经证明,这样得到的 MIMO 控制器所能够实现的幅值裕度、相角裕度和延时容限,是 SISO 回路控制器能够实现的最小值。

8.2 设计方法

考虑图 8.1 所示的 MIMO 连续时间线性时不变系统。

给定严格为真的系统，$P(s)$为$n×n$维的传递函数矩阵，$C(s)$是待综合的$n×n$维控制传递函数矩阵。进行系统综合的具体目标包括：

(1) 系统应闭环稳定；

(2) 控制器为真且应具有低阶形式；

(3) 能够渐近跟踪任意的阶跃输入信号，即对于$i=1,\cdots,n=:\underline{n}$，在$t\to\infty$时，$y_i(t)$必须收敛到常值$r_i$；

(4) 设计的闭环系统应满足期望的幅值裕度、相角裕度和延时容限。

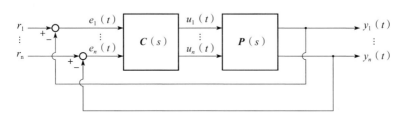

图8.1 多变量控制系统

本章结合前面章节中提出的单输入单输出PID控制器设计理论，介绍了一种能够实现目标(1)~目标(4)的控制器设计方法。

该方法的关键在于被控对象$P(s)$的史密斯-麦克米伦对角形，在此将其表示为$P_d(s)$，对角元素为$P_i(s)$。

8.2.1 多变量系统传递函数的史密斯-麦克米伦形变换

$n×n$维的传递函数矩阵$P(s)$可以转化为唯一的对角传递函数矩阵形式，称为史密斯-麦克米伦形。$P(s)$可以写成

$$P(s) = \frac{1}{d(s)} N(s) \tag{8.1}$$

式中：$d(s)$为$P(s)$分母的最小公倍数；$N(s)$为分子多项式的矩阵。

多项式矩阵$N(s)$的史密斯形表示为

$$S(s) = Y(s) N(s) U(s) \tag{8.2}$$

式中：$S(s)$为对角多项式矩阵；$Y(s)$和$U(s)$为单模多项式矩阵，且

$$P_d(s) = \frac{S(s)}{d(s)} = \text{diag}\left[\frac{\varepsilon_1(s)}{\psi_1(s)}, \cdots, \frac{\varepsilon_n(s)}{\psi_n(s)}\right] \tag{8.3}$$

式中：$\varepsilon_i(s)|\varepsilon_{i+1}(s)$和$\psi_{i+1}(s)|\psi_i(s)$($i=1,\cdots,n-1$)满足整除性，$\varepsilon_i(s)$和$\psi_i(s)$($i\in\underline{n}$)互质。

$P_d(s)$是$P(s)$的史密斯-麦克米伦形。对角线元素$P_i(s)$被称为史密

斯-麦克米伦对象 $i \in \underline{n}$。现在考虑对角线传递函数 $C_d(s)$，其对角线元素为 $C_i(s)(i \in \underline{n})$。则图 8.1 所示的多变量系统可看作多个 SISO 回路的"合成"，如图 8.2 所示。

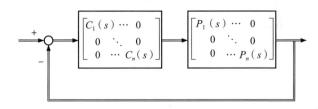

图 8.2　多个 SISO 单位反馈结构图（经许可从文献[1]复制）

8.2.2　对角控制器矩阵的多输入多输出控制器变换

针对史密斯-麦克米伦系统 $P_i(s)$ 设计 SISO 控制器 $C_i(s)$，进一步可通过下面的变换关系，将对角形控制矩阵 $C_d(s)$ 转换为最终的 MIMO 控制器矩阵

$$C(s) = U(s) C_d(s) Y(s) \tag{8.4}$$

式中：$U(s)$ 和 $Y(s)$ 为式(8.2)的单模矩阵。容易看出

$$P(s)C(s) = Y^{-1}(s) P_d(s) U^{-1}(s) U(s) C_d(s) Y(s)$$
$$= Y^{-1}(s) P_d(s) C_d(s) Y(s)$$

令

$$e_d(s) = Y(s) e(s) \tag{8.5}$$
$$y_d(s) = Y(s) y(s) \tag{8.6}$$

式中：$e(s)$ 和 $y(s)$ 分别为误差 $e(t)$ 和输出 $y(t)$ 的拉普拉斯变换。

在下面的引理 8.1 中我们将证明，当且仅当图 8.2 所示的 n 个 SISO 单位反馈回路都是稳定的，图 8.1 所示的多变量控制系统才是稳定的。这就满足了目标(1)。对于目标(2)，即保证 $C(s)$ 为真，只要满足 $C_i(s)(i \in \underline{n})$ 具有适当的相对阶数，这一点可参见引理 8.4。在图 8.2 所示的 n 个 SISO 回路中，要实现跟踪性能，则在 $C_i(s)(i \in \underline{n})$ 中需要包含积分器。若 n 个 SISO 回路都是稳定的，这就可以保证输出 $y_d(t)$ 跟踪参考输入 $r_d(t)$。引理 8.3 证明了要使 $y_d(t)$ 跟踪 $r_d(t)$，当且仅当 $y(t)$ 跟踪 $r(t)$。也就是说，对于图 8.1 中的多变量控制系统，其渐近跟踪特性是通过 $C_i(s)(i \in \underline{n})$ 中的积分作用来实现的。为了保证 $C_i(s)$ 带积分器时 n 个 SISO 回路的稳定性，需要

$$s \nmid \varepsilon_n(s) \tag{8.7}$$

也就是说，s 不是 $\varepsilon_n(s)$ 的零点。假设每个 $P_i(s)=\varepsilon_i(s)/\psi_i(s)$ 可由某个 $C_i(s)$ 稳定，则 $C_i(s)$ 包含 $s=0$ 的极点。这就满足了目标(3)。特别地，对图 8.1 中的多变量系统，得到的幅值裕度、相角裕度和延时容限是 n 个 SISO 回路相应幅值裕度、相角裕度和延时容限的最小值。

下面从 n 个 SISO 回路的稳定性出发，开始介绍多变量控制系统的稳定性。

引理 8.1 对所有的 $i\in \underline{n}$，$C(s)$ 可使多变量闭环系统的 $P(s)$ 稳定，当且仅当 $C_i(s)$ 能够在第 i 个 SISO 控制回路中使 $P_i(s)$ 稳定。

证明 存在

$$\begin{aligned}
\det[\boldsymbol{I}+\boldsymbol{P}(s)\boldsymbol{C}(s)] &= \det[\boldsymbol{Y}^{-1}(s)\boldsymbol{Y}(s)+\boldsymbol{Y}^{-1}(s)\boldsymbol{P}_d(s)\boldsymbol{C}_d(s)\boldsymbol{Y}(s)] \\
&= \det[\boldsymbol{Y}^{-1}(s)(\boldsymbol{I}+\boldsymbol{P}_d(s)\boldsymbol{C}_d(s))\boldsymbol{Y}(s)] \\
&= \det[\boldsymbol{Y}^{-1}(s)]\det[\boldsymbol{I}+\boldsymbol{P}_d(s)\boldsymbol{C}_d(s)]\det[\boldsymbol{Y}(s)] \\
&= \det[\boldsymbol{I}+\boldsymbol{P}_d(s)\boldsymbol{C}_d(s)] \\
&= \prod_{i=1}^{n}(1+P_i(s)C_i(s))
\end{aligned}$$

因此，当且仅当 n 个 SISO 回路的特征方程是赫尔维茨稳定的，多变量控制系统的特征方程才为赫尔维茨稳定的。

需要引入一个预备引理，以建立多变量系统的跟踪性质。将式(8.2)中的单模矩阵 $\boldsymbol{Y}(s)$ 写为

$$\boldsymbol{Y}(s)=\boldsymbol{Y}_0+\boldsymbol{Y}_1 s+\cdots\cdots \tag{8.8}$$

引理 8.2 $\boldsymbol{Y}_0=\boldsymbol{Y}(0)$ 是一个满秩矩阵。

证明 由于 $\boldsymbol{Y}^{-1}(s)$ 也是一个单模多项式矩阵，可以写为

$$\boldsymbol{Y}^{-1}(s)=\boldsymbol{W}_0+\boldsymbol{W}_1 s+\cdots\cdots \tag{8.9}$$

则

$$\begin{aligned}
\boldsymbol{I} &= \boldsymbol{Y}(s)\boldsymbol{Y}^{-1}(s) \\
&= (\boldsymbol{Y}_0+\boldsymbol{Y}_1 s+\cdots\cdots)(\boldsymbol{W}_0+\boldsymbol{W}_1 s+\cdots\cdots) \\
&= \boldsymbol{Y}_0\boldsymbol{W}_0+(\boldsymbol{Y}_0\boldsymbol{W}_1+\boldsymbol{W}_0\boldsymbol{Y}_1)s+\cdots\cdots
\end{aligned} \tag{8.10}$$

因此，式(8.10)意味着

$$\boldsymbol{Y}_0\boldsymbol{W}_0=\boldsymbol{I}$$
$$\boldsymbol{Y}_0\boldsymbol{W}_1+\boldsymbol{W}_0\boldsymbol{Y}_1=\boldsymbol{0}$$
$$\vdots$$

这就证明 $\boldsymbol{Y}_0=\boldsymbol{Y}(0)$ 是满秩矩阵。

引理 8.3 要使 $\boldsymbol{y}(t)$ 跟踪 $\boldsymbol{r}(t)$，当且仅当 $\boldsymbol{y}_d(t)$ 跟踪 $\boldsymbol{r}_d(t)$。

证明 要使$y_d(t)$跟踪$r_d(t)$，当且仅当

$$\lim_{t\to\infty}e_d(t)=\mathbf{0}$$

根据终值定理知，等价于

$$\lim_{s\to 0}se_d(s)=\mathbf{0}$$

根据式(8.5)知，等价于

$$\lim_{s\to 0}s\mathbf{Y}(s)e(s)=\mathbf{0}$$

根据引理8.2知$\mathbf{Y}_0$是满秩的，因此上式等价于

$$\lim_{s\to 0}se(s)=\mathbf{0}$$

根据终值定理知，等价于

$$\lim_{t\to\infty}e(t)=\mathbf{0}$$

那么在$t\to\infty$时$e(t)\to\mathbf{0}$。

控制器$C(s)$必须是真且为低阶形式。下面的引理则说明对于$i\in \underline{n}$，$C_i(s)$需要有一定的相对阶数，才能使得$C(s)$为真。

引理8.4 设r_k为控制器$C_k(s)$的相对阶，d_{ik}^U和d_{kj}^Y分别为单模多项式矩阵$U(s)$和$Y(s)$的第i行第k列和第k行第j列多项式元素的阶数。如果$r_k(k\in \underline{n})$满足

$$\min_{k=1,2,\cdots,n}\{r_k-d_{ik}^U-d_{kj}^Y\}\geq 0,\quad \forall i,j=1,2,\cdots,n \tag{8.11}$$

那么多变量控制器$C(s)$为真。

证明 $C(s)$第i行第j列的元素可以写为

$$C_{ij}(s)=\sum_{k=1}^n u_{ik}(s)C_k^d(s)y_{kj}(s) \tag{8.12}$$

具有的相对阶数为r_{ij}^c，且

$$r_{ij}^c=\min_{k=1,2,\cdots,n}\{r_k^d-d_{ik}^U-d_{kj}^Y\} \tag{8.13}$$

如果对于给定的$k\in \underline{n}$，$u_{ik}(s)C_k^d(s)y_{ki}(s)=0$，则需要忽略式(8.13)中相应的$r_k^d-d_{ik}^U-d_{kj}^Y$项。如果$r_{ij}^c\geq 0$，$\forall i,j=1,2,\cdots,n$，则$C(s)$为真的，证明完毕。

定义扰动矩阵为

$$\mathbf{\Delta}=\begin{bmatrix}\delta & & 0\\ & \ddots & \\ 0 & & \delta\end{bmatrix} \tag{8.14}$$

图8.3所示为具有扰动的多变量控制系统。

在图 8.3 中，通过在回路断点处插入扰动 Δ，则可以定义多变量稳定裕度，即多变量控制系统的幅值裕度、相角裕度和延时容限。对于幅值裕度，在式(8.14)中将 δ 替换为 k，并找到最小的 k，称之为 k^*，这样图 8.3 中的回路刚好变得不稳定。通过分别用 $e^{-j\theta}$ 和 e^{-sT} 替换 δ，类似的定义可用于相角裕度和延时容限。

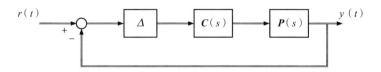

图 8.3 带扰动的多变量控制系统(经许可从文献[1]复制)

定理 8.1 假设式(8.4)中的控制器 $C(s)$ 为真，在每一个 $i \in \underline{n}$ 的 SISO 回路，$C_i(s)$ 都能够使史密斯-麦克米伦系统 $P_i(s)$ 稳定，且幅值裕度为 g_i、相角裕度为 ϕ_i 和延时容限为 τ_i。那么，$C(s)$ 可使 $P(s)$ 稳定，幅值裕度 G、相角裕度 Φ 和延时容限 T，可表示为

$$G = \min_{i=1,2,\cdots,n}\{g_i\} \tag{8.15}$$

$$\Phi = \min_{i=1,2,\cdots,n}\{\phi_i\} \tag{8.16}$$

$$T = \min_{i=1,2,\cdots,n}\{\tau_i\} \tag{8.17}$$

证明 定理的证明来自以下的结论。将 $\delta = k$ 代入式(8.14)中，可以得到

$$\boldsymbol{\Delta} = \begin{bmatrix} k & & 0 \\ & \ddots & \\ 0 & & k \end{bmatrix} \tag{8.18}$$

根据引理 8.1，可以得到

$$\det[\boldsymbol{I} + \boldsymbol{\Delta}\boldsymbol{P}(s)\boldsymbol{C}(s)] = \prod_{i=1}^{n}(1 + P_i(s)C_i(s)) \tag{8.19}$$

将 $\delta = e^{j\theta}$ 代入式(8.14)，得到

$$\boldsymbol{\Delta} = \begin{bmatrix} e^{j\theta} & & 0 \\ & \ddots & \\ 0 & & e^{j\theta} \end{bmatrix} \tag{8.20}$$

以同样的方式，得到

$$\det[\boldsymbol{I} + \boldsymbol{\Delta}\boldsymbol{P}(s)\boldsymbol{C}(s)] = \prod_{i=1}^{n}\det[(1 + e^{j\theta}P_i(s)C_i(s)] \tag{8.21}$$

将 $\delta = e^{-sT}$ 代入式(8.14)，得到

$$\Delta = \begin{bmatrix} e^{-sT} & & 0 \\ & \ddots & \\ 0 & & e^{-sT} \end{bmatrix} \quad (8.22)$$

类似地可同样得到

$$\det[\boldsymbol{I} + \Delta \boldsymbol{P}(s)\boldsymbol{C}(s)] = \prod_{i=1}^{n} \det[(1 + e^{-sT}P_i(s)C_i(s))] \quad (8.23)$$

在 $s = j\omega$ 时，计算式(8.19)、式(8.21)和式(8.23)，可以分别证明式(8.15)~式(8.17)成立。 □

定理表明，多变量系统的幅值裕度、相角裕度和延时容限，分别是图 8.2 所示的 n 个 SISO 回路中幅值裕度的最小值、相角裕度的最小值和延时容限的最小值。

8.3 举例：多变量 PI 控制器设计

为实现 8.2 节的目标(4)，需要以下步骤。

步骤 1 计算每个 SISO 回路的稳定集。

步骤 2 对 PI 控制器或 PID 控制器，将等幅值轨迹和等相角轨迹进行参数化。

步骤 3 构造可达幅值-相角裕度设计曲线。

步骤 4 选择可达的幅值裕度、相角裕度和幅值穿越频率，并获取控制器 $C_i(s)$。

基于以上步骤的方法已在第 6 章中举例说明。对于给定的多变量对象 $\boldsymbol{P}(s)$，下面的例子说明了针对预先设计好的幅值裕度、相角裕度和延时容限等性能指标，来设计 $\boldsymbol{C}(s)$ 的方法。

例 8.1 考虑如图 8.1 所示的两输入两输出系统

$$\boldsymbol{P}(s) = \begin{bmatrix} \dfrac{4}{(s+1)(s+2)} & -\dfrac{1}{s+1} \\ \dfrac{2}{s+1} & -\dfrac{6s+7}{2(s^2+3s+2)} \end{bmatrix} \quad (8.24)$$

目标是找到控制器 $\boldsymbol{C}(s)$，使其满足预先设计的幅值裕度、相角裕度和幅值穿越频率。

1) $\boldsymbol{P}(s)$ 的史密斯-麦克米伦形与 $\boldsymbol{C}_d(s)$ 的结构

$\boldsymbol{P}(s)$ 分母的最小公倍数为

$$d(s) = (s+1)(s+2) \quad (8.25)$$

$P(s)$可以被写为

$$P(s)=\frac{1}{(s+1)(s+2)}\underbrace{\begin{bmatrix} 4 & -1(s+2) \\ 2(s+2) & -(3s+3.5) \end{bmatrix}}_{=N(s)} \tag{8.26}$$

$N(s)$的史密斯形可表示为

$$S(s)=\underbrace{\begin{bmatrix} \dfrac{1}{4} & 0 \\ -(s+2) & 2 \end{bmatrix}}_{=Y(s)}\underbrace{\begin{bmatrix} 4 & -1(s+2) \\ 2(s+2) & -(3s+3.5) \end{bmatrix}}_{N(s)}\underbrace{\begin{bmatrix} 1 & \dfrac{1}{4}(s+2) \\ 0 & 1 \end{bmatrix}}_{=U(s)} \tag{8.27}$$

$$=\begin{bmatrix} 1 & 0 \\ 0 & s^2-2s-3 \end{bmatrix}$$

将$S(s)$除以$d(s)$,得到史密斯-麦克米伦形

$$P_d(s)=\begin{bmatrix} \dfrac{1}{(s+1)(s+2)} & 0 \\ 0 & -\dfrac{s-3}{s+2} \end{bmatrix} \tag{8.28}$$

将$C_d(s)$写为

$$C_d(s)=\begin{bmatrix} \dfrac{k_{p_1}s+k_{i_1}}{s} & 0 \\ 0 & \dfrac{k_{p_2}s+k_{i_2}}{s(s+2)^2} \end{bmatrix} \tag{8.29}$$

根据式(8.4)可以得到$C(s)$,且$C(s)$中的$C_2(s)$包含两个附加极点。要使控制器$C(s)$为真,其相对阶必须为$r_2=2$。由于对系统的可达性能会产生影响,极点的位置可以看作是另外附加的设计变量。

2)史密斯-麦克米伦系统的稳定集计算

对每一个SISO控制回路,可以找到关于幅值裕度、相角裕度和ω_g方面的稳定集和可达性能。在第1个SISO回路,为了保证稳定性,k_{p_1}的容许范围为$-2\sim\infty$。在第2个SISO回路,确定了满足稳定性时k_{p_2}的容许范围为$-9.2702\sim2.6667$。通过遍历k_{p_1}和k_{p_2}在其区间内的值,可以分别在(k_{p_1},k_{i_1})和(k_{p_2},k_{i_2})空间中生成对应的稳定集,如图8.4和图8.5所示。

3)幅值-相角裕度设计曲线

生成$P_1(s)$的可达幅值-相角裕度曲线,如图8.6和图8.7所示。类似地,生成$P_2(s)$的可达幅值-相角裕度曲线,如图8.8和图8.9所示。

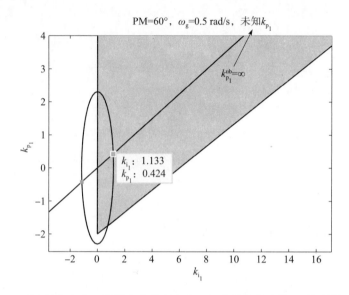

图 8.4 $P_1(s)$ 的稳定集，椭圆和直线的交点，以及稳定集内的 PI 控制器 $C_1(s)$，$\omega_g = 0.5\text{rad/s}$ 时达到相角裕度为 $60°$，$k_{p1}^{ub} = \infty$ 表示幅值裕度上边界无穷大（经许可从文献[1]复制）

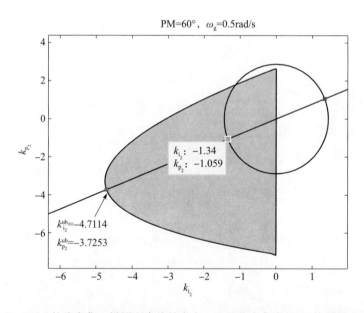

图 8.5 $P_2(s)$ 的稳定集，椭圆和直线的交点，以及稳定集内的 PI 控制器 $C_2(s)$，$\omega_g = 0.5\text{rad/s}$ 时达到相角裕度为 $60°$，（$k_{p1}^{ub} = -3.7253$，$k_{i2}^{ub} = -4.7114$ 表示最大幅值裕度时稳定集的上边界（经许可从文献[1]复制）

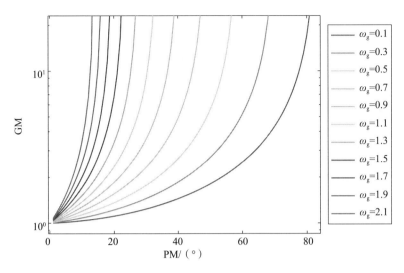

图 8.6 （见彩图）$P_1(s)$ 可达的幅值裕度（GM）、相角裕度（PM）和幅值穿越频率 ω_g
（经许可从文献[1]复制）

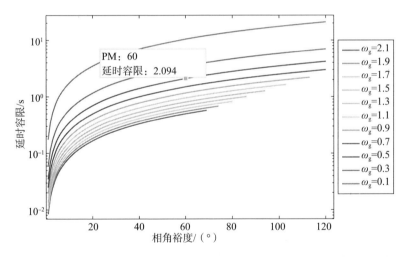

图 8.7 （见彩图）$P_1(s)$ 可达的延时容限 τ_{max}、相角裕度（PM）和幅值穿越频率 ω_g
（经许可从文献[1]复制）

4）选取 PI 控制器增益

由图 8.6 可以看出，随着相角裕度的增加，幅值裕度在无限制地增大。对于 $P_1(s)$，可进一步得到在 $\omega_g=0.1\text{rad/s}$ 时，可达的相角裕度为 83°。对于 $P_2(s)$，得到在 $\omega_g=0.1\text{rad/s}$、相角裕度为 83°时，可达的幅值裕度上限为 17.69，如图 8.8 所示。图 8.8 还给出了在 ω_g 为不同值时可达的幅值裕度。设计者可以从生成的曲线中根据设计需要自由地选择最合适的 GM、PM 和 ω_g 的值。

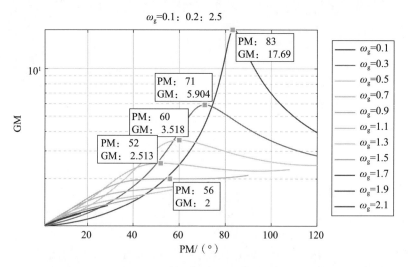

图 8.8 （见彩图）$P_2(s)$ 可达的幅值裕度（GM）、相角裕度（PM）和幅值穿越频率 ω_g
（经许可从文献[1]复制）

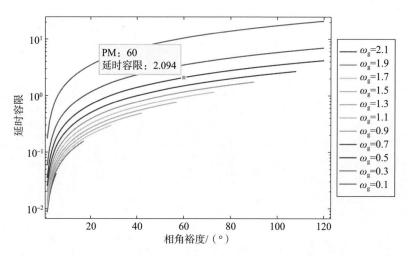

图 8.9 （见彩图）$P_2(s)$ 可达的延时容限 τ_{max}、相角裕度（PM）和幅值穿越频率 ω_g
（经许可从文献[1]复制）

根据定理 8.1 可知，在本例中 $P(s)$ 的可达幅值裕度应等于 $P_1(s)$ 和 $P_2(s)$ 幅值裕度的最小值。为了便于说明，$P_1(s)$ 选择 GM = ∞，PM = 60° 和 ω_g = 0.5rad/s，$P_2(s)$ 选择 GM = 3.518，PM = 60° 和 ω_g = 0.5rad/s。延时容限分别为 τ_1 = 2.094 和 τ_2 = 2.094。从可达的幅值-相角裕度曲线中选择裕度指标，设计

者就可以获取这些点对应的控制器增益。对于 $P_1(s)$，控制器增益为 $k_{p_1}^* = 0.424$、$k_{i_1}^* = 1.133$；对于 $P_2(s)$，控制器增益为 $k_{p_2}^* = -1.059$、$k_{i_2}^* = -1.34$。

5) 从 $C_d(s)$ 综合得到 $C(s)$ 及其设计验证

设计的最后一步是利用式(8.4)和式(8.27)，从 $C_d(s)$ 综合得到 $C(s)$，即

$$C(s) = \begin{bmatrix} \dfrac{0.371s+0.618}{s} & \dfrac{-0.53s-0.67}{s(s+2)} \\ \dfrac{1.061s+1.34}{s(s+2)} & \dfrac{-2.12s-2.68}{s(s+2)^2} \end{bmatrix} \tag{8.30}$$

通过计算多变量系统的幅值裕度和相角裕度，可以对结果进行验证。多变量系统的特征多项式为

$$\det[I+\Delta P(s)C(s)] \tag{8.31}$$

式中：Δ 的定义见式(8.14)。对于幅值裕度，将式(8.18)代入式(8.31)得到

$$\begin{aligned}\det[I+\Delta P(s)C(s)] = & s^7+9s^6+(32-0.637k)s^5+(56+2.33k)s^4 \\ & +(48-0.4484k^2+19.288k)s^3 \\ & +(16-0.4216k^2+32.708k)s^2 \\ & +(3.7833k^2+17.096k)s+4.5506k^2 \end{aligned} \tag{8.32}$$

为保证闭环稳定性，k 的取值范围为

$$0<k<3.518 \tag{8.33}$$

在 $k=3.518$ 时，式(8.32)的根为

$$\begin{cases} 0.00030784192 & -j1.5532363 \\ 0.00030784192 & +j1.5532363 \\ -0.38174169 & +j1.2786136 \\ -0.38174169 & -j1.2786136 \\ -1.2283752 \\ -2.2365012 \\ -4.7722559 \end{cases} \tag{8.34}$$

两组根的实部恰好越过虚轴。因此，在 MIMO 控制系统中，设计时幅值裕度为 $k^* = 3.518$，是我们在设计过程中选择的幅值裕度的最小值。

对于相角裕度，将式(8.20)代入式(8.31)，可得

$$\begin{aligned}\det[I+\Delta P(s)C(s)] = & s^7+9s^6+(32-0.637e^{-j\theta})s^5 \\ & +(2.33e^{-j\theta}+56.0)s^4 \\ & +(19.29e^{-j\theta}-0.4484e^{-j2\theta}+48.0)s^3 \\ & +(32.7e^{-j\theta}-0.4218e^{-j2\theta}+16.0)s^2 \end{aligned}$$

$$+(\mathrm{e}^{-\mathrm{j}\theta}+3.784\mathrm{e}^{-\mathrm{j}2\theta}+17.1)s+4.551\mathrm{e}^{-\mathrm{j}2\theta} \quad (8.35)$$

为保证闭环稳定性，θ 的取值范围为

$$0°<\theta<60° \quad (8.36)$$

当 $\theta=60°$ 时，式(8.35)根为

$$\begin{cases} -3.5159631 & -\mathrm{j}0.67153706 \\ -2.0790212 & -\mathrm{j}0.081079624 \\ -1.2506782 & -\mathrm{j}0.1211673 \\ -1.2333837 & +\mathrm{j}1.2928996 \\ -0.92099468 & +\mathrm{j}0.58077106 \\ 0.000015906289 & -\mathrm{j}0.49969144 \\ 0.000025099732 & -\mathrm{j}0.50019525 \end{cases} \quad (8.37)$$

两组根的实部恰好越过虚轴。因此，在 MIMO 控制系统中，设计时相角裕度为 $\theta^*=60°$，是我们在设计过程中选择的相角裕度的最小值。

对于延时容限，将式(8.22)代入式(8.31)，可得

$$\det[\boldsymbol{I}+\Delta\boldsymbol{P}(s)\boldsymbol{C}(s)] = s^7+9s^6+s^5(0.423\mathrm{e}^{-Ts}+32.0)$$
$$+s^4(4.45\mathrm{e}^{-Ts}+56.0)+s^3(18.23\mathrm{e}^{-Ts}+48.0)$$
$$+s^2(30.59\mathrm{e}^{-Ts}+0.3299\mathrm{e}^{-2Ts}+16.0)$$
$$+s(17.1\mathrm{e}^{-Ts}+2.583\mathrm{e}^{-2Ts})+4.551\mathrm{e}^{-2Ts}$$

为保证闭环稳定性，T 的取值范围为

$$0<T<2.094\mathrm{s} \quad (8.38)$$

在 MIMO 控制系统中，设计的延时容限为 $T=2.094\mathrm{s}$，是我们在设计过程中选择的延时容限的下限值。

8.4 注释

在参考文献[5]中，史密斯-麦克米伦形被认为是多变量控制器的一种有效设计方法。本章的主要结果都是在参考文献[1]中提出的。参考文献[7-9]提出了一种主要采用内模控制方法设计多回路 PI 或 PID 控制器的等效描述法。在运用 SISO 设计方法设计 MIMO 控制系统时，参考文献[2,4,6]提出了一种单通道的 MIMO 系统设计方法。参考文献[3]提出了由多变量系统到标量等效系统的变换方法。

参考文献

[1] Diaz-Rodriguez, I., Han, S., Bhattacharyya, S. P.: Stability margin based design of multivariable controllers. In: IEEE Conference on Control Technology and Applications (CCTA), IEEE, pp. 1661-1666(2017)

[2] Kallakuri, P., Keel, L. H., Bhattacharyya, S. P.: Multivariable controller design with integrity. In: 2013 American Control Conference, IEEE, pp. 5159-5164(2013)

[3] Keel, L. H., Bhattacharyya, S. P.: On the stability of multivariable feedback systems. In: 2015 IEEE 54th Annual Conference on Decision and Control (CDC), IEEE, pp. 4627-4631(2015)

[4] Keel, L. H., Bhattacharyya, S. P. Exact multivariable control design using siso methods: recent results. In: 2016 IEEE Conference on Control Applications (CCA), IEEE, pp. 215-223(2016)

[5] Mohsenizadeh, D. N., Keel, L. H., Bhattacharyya, S. P.: Multivariable controller synthesis using siso design methods. In: 2015 54th IEEE Conference on Decision and Control (CDC), IEEE, pp. 2680-2685(2015)

[6] O'Reilly, J., Leithead, W. E.: Multivariable control by individual channel design. Int. J. Control, 54(1), 1-46(1991)

[7] Rajapandiyan, C., Chidambaram, M.: Controller design for MIMO processes based on simple decoupled equivalent transfer functions and simplified decoupler. Ind. Eng. Chem. Res., 51(38), 12398-12410(2012)

[8] Vu, T. N. L., Lee, M.: Independent design of multi-loop PI/PID controllers for interacting multivariable processes. J. Process Control, 20(8), 922-933(2010)

[9] Zanwar, S. R., Sankeshwari, S. S., Scholar, P. G.: Design of multi loop PI/PID controller for interacting multivariable process with effective open loop transfer function. Int. J. Eng. Sci., 7603(2016)

第三部分 03

H_∞ 优化PID控制

第 9 章
连续时间系统 H_∞ 优化综合

H_∞ 范数是控制系统设计中非常有用的准则。本章对于给定的被控对象，提出了一种能够使系统稳定的 PI 控制器和 PID 控制器的集合构建方法，且使得误差传递函数的 H_∞ 范数界为 γ。本章利用完备稳定集 **S** 的计算方法，指出 H_∞ 设计与幅值裕度和相角裕度设计之间的联系。结果显示，设计准则可表示为控制参数空间中稳定集与椭圆簇外部的交集。

9.1 概述

根据奈奎斯特稳定判据，系统开环传递函数的频率响应尽量远离复平面上的临界点 $-1+j0$。由于幅值裕度和相角裕度等稳定裕度表征了系统频率响应的穿越频率离临界点还有多远，故被认为是衡量系统鲁棒性的尺度。误差传递函数的 H_∞ 范数则表征了系统所有频率到临界点的最近距离。在本章中，我们将误差传递函数的 H_∞ 范数作为设计准则。第 2 章计算了 PI 控制器和 PID 控制器的完备稳定集 **S**。我们掌握了完备稳定集 **S**，得到了系统满足 H_∞ 范数小于 γ 时，PI 控制器和 PID 控制器的子集 $\mathbf{S}_\gamma$。

在 9.2 节中，我们将揭示误差传递函数的 H_∞ 范数与确保幅值裕度和相角裕度两者之间非常有用的联系。在此基础上，给出了满足给定 H_∞ 范数指标要求的 PI 控制器和 PID 控制器的集合 $\mathbf{S}_\gamma$ 的计算方法。

9.2 H_∞ 最优控制与稳定裕度

考虑如图 9.1 所示的单位负反馈控制系统。误差传递函数为

$$\frac{e(s)}{r(s)}=\frac{1}{1+G(s)} \qquad (9.1)$$

假设 $G(s)$ 包含一个控制器,使式(9.1)的 H_∞ 范数小于给定的正实数 γ,那么

$$\frac{1}{|1+G(j\omega)|} < \gamma \quad \omega \geq 0 \tag{9.2}$$

式(9.2)等价于

$$|1+G(j\omega)| > \frac{1}{\gamma} \quad \omega \in [0, \infty) \tag{9.3}$$

式(9.3)意味着在如图 9.1 所示的控制结构中在回路断开点"m"处的幅值裕度和相角裕度均能够得到保证。

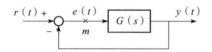

图 9.1 单位负反馈控制系统

注 9.1 令 γ^* 表示满足式(9.3)的 γ 的下确界。当 $G(s)$ 严格为真时,$\gamma^* \geq 1$。当 $G(s)$ 为真时,$\gamma^* > 1/|1+G(j\infty)|$。

情形 1 $\gamma > 1$。

条件式(9.3)意味着奈奎斯特图 $G(j\omega)$ 不在圆心为 $-1+j0$、半径为 $1/\gamma$ 的圆内。在图 9.2 中有一个极端情形,$G(j\omega)$ 通过 B 点,相角裕度为 ϕ,为

$$G(j\omega) = \overrightarrow{OB} \tag{9.4}$$

$$-1+j0 = \overrightarrow{OA} \tag{9.5}$$

$$1+G(j\omega) = \overrightarrow{AB} \tag{9.6}$$

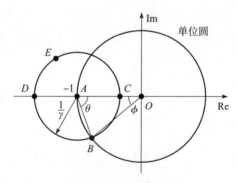

图 9.2 $\gamma > 1$ 的情形[3]

因为 $\overrightarrow{OA} + \overrightarrow{AB} = \overrightarrow{OB}$,有

$$-1+\mathrm{j}0+\frac{1}{\gamma}\mathrm{e}^{-\mathrm{j}\theta}=-1\mathrm{e}^{\mathrm{j}\phi} \tag{9.7}$$

且根据 $\angle OAB$ 可知

$$2\theta+\varphi=\pi \tag{9.8}$$

结合式(9.7)和式(9.8)，可知

$$-1+\frac{1}{\gamma}\sin\frac{\phi}{2}=-\cos\phi \tag{9.9}$$

$$\sin\phi=\frac{1}{\gamma}\cos\frac{\phi}{2} \tag{9.10}$$

进而由式(9.10)可知

$$\phi=2\arcsin\frac{1}{2\gamma} \tag{9.11}$$

可以确保系统 H_∞ 范数小于 γ 时相角裕度最小。

可保证的幅值裕度范围为

$$\left[\frac{1}{OD},\frac{1}{OC}\right]=\left[\frac{\gamma}{\gamma+1},\frac{\gamma}{\gamma-1}\right] \tag{9.12}$$

情形 2 $\gamma=1$。

在这种情况下，图 9.2 相应地可描绘成图 9.3。不难看出，可确保的相角裕度为 $\phi=\pi/3$，可确保的幅值裕度为 $[0.5,\infty]$。这些结果也可以通过式(9.11)和式(9.12)令 $\gamma=1$ 得到。

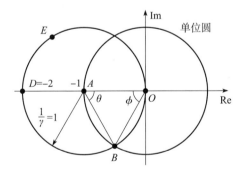

图 9.3 $\gamma=1$ 的情形[3]

情形 3 $\gamma<1$。

与这种情形对应的几何图形如图 9.4 所示。此时，可以得到可确保的相角裕度为

$$\phi=2\arcsin\frac{1}{2\gamma} \tag{9.13}$$

幅值裕度为

$$\left[\frac{1}{OD},\ \infty\right] = \left[\frac{\gamma}{1+\gamma},\ \infty\right] \quad (9.14)$$

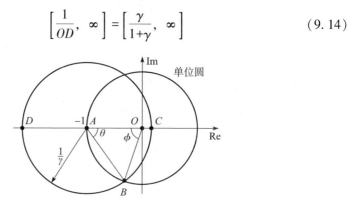

图 9.4　$\gamma<1$ 的情形[3]

综合以上三种情形，我们可以得到以下结论。

定理 9.1　考虑图 9.1 所示的单位反馈控制系统。假设误差传递函数的 H_∞ 范数小于 γ，即

$$\left\|\frac{1}{1+G(s)}\right\|_\infty < \gamma \quad (9.15)$$

那么，在回路断开点 m 处，可确保的相角裕度为

$$\phi = 2\arcsin\frac{1}{2\gamma} \quad (9.16)$$

可确保的幅值裕度为

$$g_m = \begin{cases} \left[\dfrac{\gamma}{\gamma+1},\ \dfrac{\gamma}{\gamma-1}\right] & \gamma>0 \\ \left[\dfrac{\gamma}{\gamma+1},\ \infty\right] & \gamma\leqslant 0 \end{cases} \quad (9.17)$$

现在考虑图 9.5 所示的单位反馈控制系统，其中 $r(t)$ 为参考信号，$e(t)$ 为误差信号，$u(t)$ 为被控对象的输入信号，$y(t)$ 为输出信号，$P(s)$ 为被控对象的传递函数，$C(s)$ 为 PI 控制器或 PID 控制器的传递函数。

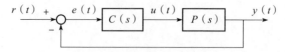

图 9.5　单位反馈控制系统

本章要解决的问题是找出所有满足式（9.18）要求的稳定 PI 控制器或 PID

控制器的集合 $\mathbf{S}_\gamma$。

$$\left\|\frac{1}{1+P(s)C(s)}\right\|_\infty < \gamma \tag{9.18}$$

在9.3节和9.4节中，我们提出了PI控制器和PID控制器的集合 $\mathbf{S}_\gamma$ 的计算方法。注意式(9.18)等价于

$$|1+P(j\omega)C(j\omega)| > \frac{1}{\gamma}, \quad \forall \omega \in [0, \infty) \tag{9.19}$$

9.3 PI 控制器集合 $\mathbf{S}_\gamma$ 的计算

PI 控制器可描述为如下形式

$$C(s) = k_p + \frac{k_i}{s} \tag{9.20}$$

令

$$P(j\omega) = P_r(\omega) + j\omega P_i(\omega) \tag{9.21}$$

$$C(j\omega) = k_p - j\frac{k_i}{\omega} \tag{9.22}$$

将式(9.21)和式(9.22)代入式(9.19)，可以得到

$$|1+\underbrace{k_p P_r(\omega) + k_i P_i(\omega)}_{L_0(\omega)} + j\underbrace{(\omega k_p P_i(\omega) - \frac{k_i}{\omega} P_r(\omega))}_{L_1(\omega)}| > \frac{1}{\gamma} \tag{9.23}$$

可重新写为

$$(1+L_0(\omega))^2 + L_1^2(\omega) > \frac{1}{\gamma^2} \tag{9.24}$$

$$\begin{bmatrix} P_r(\omega) & P_i(\omega) \\ \omega P_i(\omega) & -\frac{P_r(\omega)}{\omega} \end{bmatrix} \begin{bmatrix} k_p \\ k_i \end{bmatrix} = \begin{bmatrix} L_0(\omega) \\ L_1(\omega) \end{bmatrix} \tag{9.25}$$

若

$$|P(j\omega)| \neq 0 \tag{9.26}$$

则式(9.25)存在唯一解，这意味着被控对象没有jω轴上的零点。

基于假设式(9.26)，由式(9.25)可求出

$$\begin{bmatrix} k_p \\ k_i \end{bmatrix} = \underbrace{\frac{1}{|P(j\omega)|^2} \begin{bmatrix} P_r(\omega) & \omega P_i(\omega) \\ -\omega^2 P_i(\omega) & -\omega P_r(\omega) \end{bmatrix}}_{T(\omega)} \begin{bmatrix} L_0(\omega) \\ L_1(\omega) \end{bmatrix} \tag{9.27}$$

式(9.24)表示在(L_0, L_1)平面上,以$(-1, 0)$为圆心、$1/\gamma$为半径的圆C_γ的外部,如图9.6和图9.7所示。

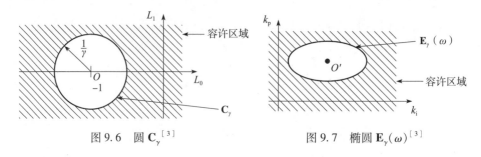

图9.6　圆 C_γ[3]　　　　　　　图9.7　椭圆 $E_\gamma(\omega)$[3]

引理　在固定的频率点ω处,条件式(9.19)等价于k_p、k_i位于轴平行椭圆$E_\gamma(\omega)$的外部,其中$E_\gamma(\omega)$的圆心O'为$\left(\dfrac{-\omega^2 P_i(\omega)}{|P(j\omega)|^2}, \dfrac{-P_r(\omega)}{|P(j\omega)|^2}\right)$,长轴和短轴分别为$\dfrac{2}{\gamma|P(j\omega)|}$和$\dfrac{2\omega}{\gamma|P(j\omega)|}$。

证明　对每一个$\omega \geq 0$,式(9.23)可写为

$$\left|1+(P_r(j\omega)+j\omega P_i(j\omega))\left(k_p - j\dfrac{k_i}{\omega}\right)\right| > \dfrac{1}{\gamma}$$

$$\Leftrightarrow (1+P_r(j\omega)k_p+P_i(j\omega)k_i)^2 + \left(\omega P_i(j\omega)k_p - P_r(j\omega)\dfrac{k_i}{\omega}\right)^2 > \dfrac{1}{\gamma^2} \quad (9.28)$$

$$\Leftrightarrow \dfrac{(k_i-c_1)^2}{a^2} + \dfrac{(k_p-c_2)^2}{b^2} > 1$$

其中

$$c_1 = \dfrac{-\omega^2 P_i(\omega)}{|P(j\omega)|^2}, \quad c_2 = \dfrac{-P_r(\omega)}{|P(j\omega)|^2}, \quad a = \dfrac{\omega/\gamma}{|P(j\omega)|}, \quad b = \dfrac{1/\gamma}{|P(j\omega)|} \quad (9.29)$$

对一个固定的频率ω,令$S_\gamma(\omega)$表示完备稳定集S与椭圆$E_\gamma(\omega)$外部的交集,如图9.8所示。换句话说,即

$$S_\gamma(\omega) = S \setminus E_\gamma(\omega), \quad \forall \omega \in [0, \infty) \quad (9.30)$$

由于式(9.19)需对所有的ω都成立,则

$$S_\gamma = \bigcap_{\omega=0}^{\infty} S_\gamma(\omega) \quad (9.31)$$

$S_\gamma(\omega)$的子集如图9.9所示。

具体结果可总结为如下的定理。

定理9.2　在单位反馈控制回路中,假设被控对象$P(s)$没有$j\omega$轴上的零

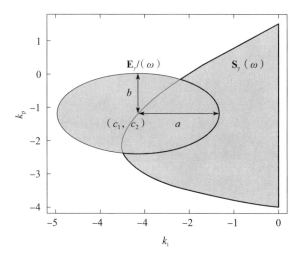

图 9.8　$\mathbf{E}_\gamma(\omega)$ 和 $\mathbf{S}_\gamma(\omega)$[3]

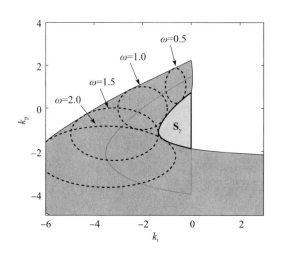

图 9.9　（见彩图）$\mathbf{S}_\gamma(\omega)$ 的子集[3]

点。所有满足误差传递函数 H_∞ 范数界小于 γ 的 PI 稳定控制器 $C(s)$ 的集合为

$$\mathbf{S}_\gamma = \bigcap_{\omega=0}^{\infty} \mathbf{S}_\gamma(\omega) \qquad (9.32)$$

证明 $\mathbf{S}_\gamma(\omega)$ 是对每个 ω 的可容许集合，控制器必须满足所有频率的 H_∞ 范数界约束。因此，我们通过求解所有频率点的可容许集合 $\mathbf{S}_\gamma(\omega)$ 的交集，得到集合 $\mathbf{S}_\gamma$。

注意，$\mathbf{S}$ 可以运用第 2 章中提出的特征数定义来确定。如果 $\mathbf{E}_\gamma(\omega)$ 位于 $\mathbf{S}$

之外，那么 $S_\gamma(\omega) = S$。如果 $S \subset E_\gamma(\omega)$，则 S_γ 是空的。

注9.2 对于给定的对象，我们可以确定在 PI 控制或 PID 控制作用下 γ 可达的最小值。最小的 γ 可表示为 γ^*，其值表征了完备稳定集 S 的椭圆簇的衰减大小。

注9.3 如果不知道完备稳定集 S，则 S_γ 是不可能计算的。

例9.1 考虑如下的二阶被控对象和 PI 控制器：

$$P(s) = \frac{s-2}{s^2+4s+3}, \quad C(s) = k_p + \frac{k_i}{s} \tag{9.33}$$

计算式(9.33)所示的被控对象和 PI 控制器的稳定集合。通过遍历 ω，可绘制椭圆簇 $E_\gamma(\omega)$，令 γ 分别为 1.6、2.0、4.0 和 8.0，可得到 S_γ。从图9.10可以看出，S_γ 是包含在完备稳定集 S 中的，且如果 $\gamma_1 < \gamma_2$，则存在 $S_{\gamma_1} \subset S_{\gamma_2}$。所以，对于 $\gamma \in [1, \infty)$，S_γ 是伸缩的集合系列。如果从集合 S_γ 中选择 k_p 和 k_i，奈奎斯特图将在以 $-1+j0$ 为圆心、$1/\gamma$ 为半径的圆以外。选择集合 S_γ 内的一些边界点，这些点严格位于 $\gamma = 2$ 时的 S 中，其奈奎斯特图如图9.11所示。每一幅奈奎斯特图与临界点相隔至少 0.5。

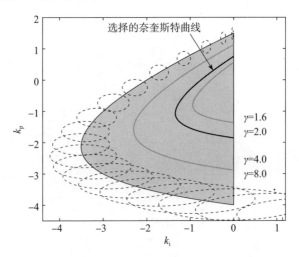

图9.10 γ 为 1.6、2.0、4.0 和 8.0 时的稳定集 S_γ[3]

根据定理9.1可知，在 $\gamma = 2$ 时，能够确保的幅值裕度为

$$\left[\frac{\gamma}{\gamma+1}, \frac{\gamma}{\gamma-1}\right] = \left[\frac{2}{3}, 2\right] \tag{9.34}$$

能够确保的相角裕度为

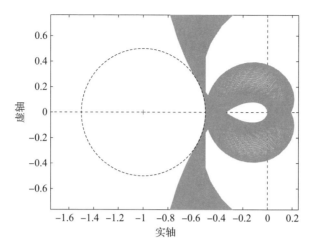

图 9.11 $\gamma=2$ 时的 k_p,k_i 所对应的奈奎斯特图[3]

$$\varphi = 2\arcsin\frac{1}{2\gamma} = 28.955° \quad (9.35)$$

图 9.12 显示了 $\gamma=2$ 从 $\mathbf{S}_\gamma$ 中选择 k_p 和 k_i,能够确保的幅值裕度和相角裕度。对于在 $\mathbf{S}_\gamma$ 边界上能够达到相同 H_∞ 范数的所有控制器,在幅值裕度和相角裕度之间存在一个折中。当需要达到较大的幅值裕度时,可以牺牲一定的相角裕度,反之亦然。然而,在 H_∞ 范数下,可以通过计算式(9.34)和式(9.35)来保证幅值裕度和相角裕度。

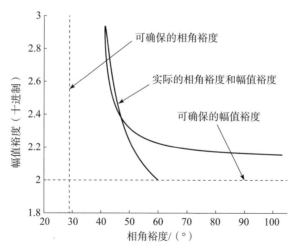

图 9.12 $\gamma=2$ 时 $\mathbf{S}_\gamma$ 边界点可确保的幅值裕度和相角裕度[3]

9.4 PID 控制器集合 S_γ 的计算

如图 9.13 所示，PID 控制器可描述为

$$C(s) = k_p + \frac{k_i}{s} + k_d s \tag{9.36}$$

将 $s = j\omega$ 代入式(9.36)，得到

$$C(j\omega) = k_p - j\frac{1}{\omega}(k_i - \omega^2 k_d) \tag{9.37}$$

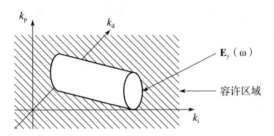

图 9.13　$\mathbf{E}_\gamma(\omega)$ 椭圆柱体[3]

注意，如果用 $k'_i = k_i - \omega^2 k_d$ 替换式(9.22)中的 k_i，则式(9.37)等价于式(9.22)。与 PI 控制器的分析相似，很容易证明式(9.19)意味着控制器参数 k_p、k_i 和 k_d 必须位于 $\mathbf{E}_\gamma(\omega)$ 的外部，即

$$\frac{(k_i - \omega^2 k_d - c_1)^2}{a^2} + \frac{(k_p - c_2)^2}{b^2} > 1 \tag{9.38}$$

式中：$\mathbf{E}_\gamma(\omega)$ 是一个椭圆柱体，其中心位于直线

$$\begin{cases} k_i - \omega^2 k_d = \dfrac{-\omega^2 P_i(\omega)}{|P(j\omega)|^2} \\ k_p = \dfrac{-P_r(\omega)}{|P(j\omega)|^2} \end{cases} \tag{9.39}$$

长轴为 $\dfrac{2}{\gamma |P(j\omega)|}$，短轴为 $\dfrac{2\omega}{\gamma\sqrt{\omega^4+1}\,|P(j\omega)|}$。

由以上分析可知

$$S_\gamma(\omega) = S \setminus \mathbf{E}_\gamma(\omega) \quad \forall \omega \in [0, \infty) \tag{9.40}$$

且

$$S_\gamma = \bigcap_{\omega=0}^{\infty} S_\gamma(\omega) \tag{9.41}$$

注9.4 考虑将误差传递函数式(9.18)乘以加权函数 $W(s)$,再取 H_∞ 范数。在这种情况下,可将 γ 用 $\gamma' = \dfrac{\gamma}{|W(j\omega)|}$ 进行替换。此时椭圆柱体 $\mathbf{E}_\gamma(\omega)$ 的长轴和短轴不但与 ω 有关,而且与加权函数有关。但剩下的方程式推导,与上式的推导是相同的。

注9.5 如果将 $C(s)$ 替换为

$$C_\tau(s) = \frac{k_p s + k_i + k_d s^2}{s(\tau s + 1)} \tag{9.42}$$

则

$$C_\tau(s)P(s) = C(s)\frac{1}{\tau s + 1}P(s) \tag{9.43}$$

由于 τ 是可预先指定的,不妨将 $P_r(j\omega)$ 和 $P_i(j\omega)$ 替换为

$$P_r'(j\omega) = \frac{P_r(j\omega) + \tau\omega^2 P_i(j\omega)}{1 + \tau^2\omega^2}$$

$$P_i'(j\omega) = \frac{P_i(j\omega) - \tau P_r(j\omega)}{1 + \tau^2\omega^2}$$

此时控制器的设计过程与上述过程相同。

例9.2 考虑如下的有理被控对象和 PID 控制器:

$$P(s) = \frac{10s^3 + 9s^2 + 362.4s + 36.16}{2s^5 + 2.7255s^4 + 138.4292s^3 + 156.471s^2 + 637.6472s + 360.1779} \tag{9.44}$$

$$C(s) = k_p + \frac{k_i}{s} + k_d s \tag{9.45}$$

利用特征数方法可计算得到稳定集,如图 9.14 所示。选择 $k_d = 9$,在 k_p,k_i 平面计算 $\gamma = 1$ 时的 $\mathbf{S}_\gamma$。图 9.15 给出了 $\mathbf{S}_\gamma$ 和椭圆簇 $\mathbf{E}_\gamma(\omega)$。

从图 9.15 中可以看出,$k_d = 9$ 时稳定集在 k_p,k_i 平面上是无界的。然而,在相同平面上 $\mathbf{S}_\gamma$ 在 $\gamma = 1$ 时是有界的。对于较高的频率 ω,椭圆的长轴和短轴随着式(9.29)中的中心 c_1 和 c_2 离开原点而不断增大。因此,建议将椭圆簇计算到足够高的 ω 值,以得到确切的集合 $\mathbf{S}_\gamma$。

在这种情况下,$\mathbf{S}_\gamma$ 明显不是空集,H_∞ 范数小于 $\gamma = 1$ 提供了很好的鲁棒性,即$[0.5,\infty]$ 的幅值裕度和 $60°$ 的相角裕度。$\mathbf{S}_\gamma$ 中的所有点都能确保这么好的鲁棒性。事实上,由于开环传递函数 $P(s)C(s)$ 是严格真的,$P(j\omega)C(j\omega)$ 的奈奎斯特图在 $\omega \to \infty$ 时将趋于 0。因此,$\mathbf{S}_\gamma$ 中的每个点都可以达到相同的 H_∞ 范数。

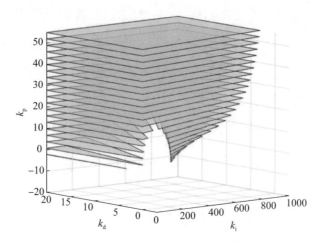

图 9.14 使用特征数方法计算 k_p,k_i,k_d 空间的稳定集[3]

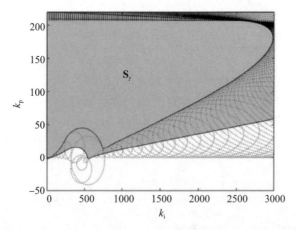

图 9.15 （见彩图）$k_d=9$,k_p,k_i 平面中 $\gamma=1$ 时的 $\mathbf{S}_\gamma$ 和椭圆簇[3]

下面讨论系统的时域响应。

到目前为止，已经讨论了稳定性和鲁棒性。然而，控制器的设计还应该注意系统的时间响应。为了证实这一点，我们选择了以下三个控制器设计点：

$$\begin{cases} C_1(s) = 185 + \dfrac{2986}{s} + 9s \\ C_2(s) = 20 + \dfrac{800}{s} + 9s \\ C_3(s) = 19 + \dfrac{200}{s} + 9s \end{cases} \quad (9.46)$$

第一个点在 $\mathbf{S}_\gamma$ 中有最大的 k_i 值,第二个点和第三个点为 $\mathbf{S}_\gamma$ 边界上的任意点。

系统的奈奎斯特图如图 9.16 所示,验证了三个设计点都满足鲁棒性条件。图 9.17 所示为系统的阶跃响应。结果表明,设计的三种控制器得到了三种不同的时间响应,有不一样的超调量和调节时间。虽然 $C_1(s)$ 和 $C_2(s)$ 具有最大和中等的积分增益,但 $C_3(s)$ 提供了比其他两种控制器更短的调节时间和更低的超调量。

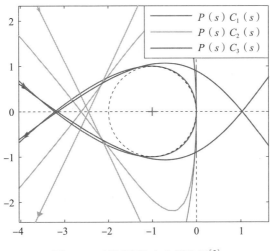

图 9.16 (见彩图)奈奎斯特图[3]

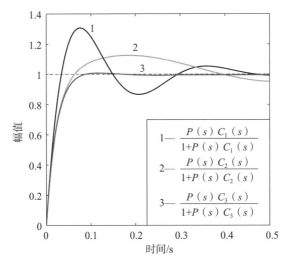

图 9.17 (见彩图)闭环系统的阶跃响应[3]

控制器中的积分器使得系统的稳态误差为零，且所有的稳定控制器都达到了给定的误差传递函数的 H_∞ 范数。该方法不仅可达到良好的鲁棒性和零稳态误差，而且可考虑瞬态响应质量在 S_γ 中进行 PID 参数整定。因此，对于相同的鲁棒度，如何设计具有良好瞬态响应的 PID 控制器是一个重要研究领域。

9.5　注释

本章的主要结果源自韩，科尔和巴塔查里亚的参考文献[3]。在参考文献[2]中，利用尼马克的 D 分解，得到了考虑兼顾灵敏度和互补灵敏度函数 H_∞ 范数界 γ 的 PID 稳定控制器的二维区域。不同之处在于，我们的方法清晰地使用了稳定集合。参考文献[5]对一阶控制器采用了类似的方法，在这种情况下也是预先计算了稳定域。参考文献[4]证明了在固定的频率下（以及对固定的 k_d、导数增益），误差传递函数的 L_2 范数与 γ 相等时，其可以描述为 k_p，k_i 空间中的椭圆。参考文献[1,6]提出了一种基于频域回路整形的 H_∞ 最优 PID 控制器设计方法。

参考文献

[1] Ashfaque, B.S., Tsakalis, K.: Discrete-time PID controller tuning using frequency loop-shaping. IFAC Proc., Vol. 45(3), 613–618(2012)

[2] Emami, T., Watkins, J.M.: Robust performance characterization of PID controllers in the frequency domain. WSEAS Trans. Syst. Control, 4(5), 232–242(2009)

[3] Han, S., Keel, L.H., Bhattacharyya, S.P.: PID controller design with an H∞ criterion. IFAC Papers On Line 51(4), 400–405(2018). 3rd IFAC Conference on Advances in Proportional Integral-Derivative Control PID 2018

[4] Krajewski, W., Viaro, U.: On robust PID control for time-delay plants. In: 2012 17th International Conference on Methods and Models in Automation and Robotics (MMAR), pp. 540–545. IEEE(2012)

[5] Tantaris, R.N., Keel, L.H., Bhattacharyya, S.P.: H∞ design with first-order controllers. IEEE Trans. Autom. Control, 51(8), 1343–1347(2006)

[6] Tsakalis, K.S., Dash, S.: Approximate H∞ loop shaping in PID parameter adaptation. Int. J. Adapt. Control Signal Process, 27(1-2), 136–152(2013)

第10章 离散时间系统 H_∞ 优化综合

本章研究数字 PI 控制器和 PID 控制器的 H_∞ 最优综合问题。对于给定的被控对象,在满足误差传递函数的 H_∞ 范数有界且小于 γ 的前提下,提出数字 PI 稳定控制器或 PID 稳定控制器的集合 S_γ 的计算方法。

10.1 概述

在数字控制中,动态系统往往用离散时间信号系统的 z 变换来进行描述。在本章中,我们将第9章提出的连续时间系统设计中采用的 H_∞ 范数方法,拓展至离散时间系统。误差传递函数的 H_∞ 范数准则相应地写成了离散时间信号系统的 z 变换形式。基于第4章的研究成果,计算了数字 PI 控制器和 PID 控制器的完备稳定集 S。计算完备稳定集 S 后,进一步在闭环系统误差传递函数的 H_∞ 范数小于一个给定的正实数($\gamma>0$)的约束条件下,有效地确定了数字 PI 控制器和 PID 控制器的稳定子集 S_γ。

10.2 数字 PI 控制器集合 S_γ 的计算

如图 10.1 所示,考虑带有离散时间控制器和被控对象的单位反馈控制系统,其中,$P(z)$ 和 $C(z)$ 可表示为

$$P(z) = \frac{N(z)}{D(z)} \tag{10.1}$$

$$C(z) = \frac{K_1 z + K_0}{z - 1} \tag{10.2}$$

式中:$D(z)$、$N(z)$ 分别为关于 z 的实系数多项式;$C(z)$ 是 PI 控制器的传递函数。

假设 $P(1) \neq 0$，否则闭环系统将不能稳定。系统的误差传递函数为

$$\frac{E(z)}{R(z)} = \frac{1}{1+P(z)C(z)} \tag{10.3}$$

式中：$E(z)$ 和 $R(z)$ 分别为误差信号 $e[k]$ 和参考输入 $r[k]$ 的 z 变换。

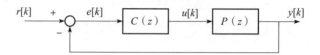

图 10.1　离散时间单位反馈控制系统

给定正实数 $\gamma > 0$，系统误差传递函数的 H_∞ 范数准则可表述为

$$\left\| \frac{E(z)}{R(z)} \right\|_\infty < \gamma \tag{10.4}$$

也可等价地描述为

$$\sup_\theta \left| \frac{1}{1+P(e^{j\theta})C(e^{j\theta})} \right| < \gamma \quad \forall \theta \in [0, 2\pi) \tag{10.5}$$

由于 $N(z)$ 和 $D(z)$ 的系数都是实数，根据第 4 章可知，只需要考虑 $\theta \in [0, \pi)$ 即可。令 $z = e^{j\theta}$，可得

$$N(z)\big|_{z=e^{j\theta}} = N(e^{j\theta}) \tag{10.6}$$

$$D(z)\big|_{z=e^{j\theta}} = D(e^{j\theta}) \tag{10.7}$$

若令 $u = -\cos\theta$，进一步可将式(10.6)和式(10.7)分解为实部和虚部的形式

$$N(e^{j\theta})\big|_{u=-\cos\theta} = R_N(u) + j\sqrt{1-u^2}\, T_N(u) \tag{10.8}$$

$$D(e^{j\theta})\big|_{u=-\cos\theta} = R_D(u) + j\sqrt{1-u^2}\, T_D(u) \tag{10.9}$$

若令 $v = \sqrt{1-u^2}$，则

$$P(e^{j\theta})\big|_{u=-\cos\theta} = \frac{R_N(u) + jvT_N(u)}{R_D(u) + jvT_D(u)} \tag{10.10}$$

利用与式(10.8)和式(10.9)相类似的方法，定义 $P(e^{j\theta})$ 的实部和虚部组成元素为 $R_P(u)$ 和 $T_P(u)$，则

$$P(e^{j\theta})\big|_{u=-\cos\theta} = R_P(u) + jvT_P(u) = P(u) \tag{10.11}$$

式中，

$$R_P(u) = \frac{R_N(u)R_D(u) + v^2 T_N(u)T_D(u)}{R_D(u)R_D(u) + v^2 T_D(u)T_D(u)} \tag{10.12}$$

$$T_P(u) = \frac{T_N(u)R_D(u) - R_N(u)T_D(u)}{R_D(u)R_D(u) + v^2 T_D(u)T_D(u)} \tag{10.13}$$

那么 $C(z)$ 可表述为

$$C(z)\big|_{z=e^{j\theta}} = C(e^{j\theta}) = \frac{K_1 e^{j\theta} + K_0}{e^{j\theta} - 1} \tag{10.14}$$

将 $u = -\cos\theta$ 和 $v = \sqrt{1-u^2}$ 代入式(10.14)，可以得到

$$\begin{aligned}
C(e^{j\theta}) &= \frac{K_1 e^{j\theta} + K_0}{e^{j\theta} - 1} \\
&= \frac{K_1(-u+jv) + K_0}{(-u+jv) - 1} \\
&= \frac{K_0 - K_1 u + jvK_1}{-(u+1) + jv} \\
&= \frac{(K_0 - K_1 u + jvK_1)(u+1+jv)}{-[(u+1)^2 + (1-u^2)]} \\
&= \frac{(u+1)(K_0 - K_1 u) - v^2 K_1 + jv[K_1(u+1) + K_0 - K_1 u]}{-(u^2 + 2u + 1 - u^2)} \\
&= \frac{-1}{2(u+1)}\{(u+1)[(K_0 - K_1 u) - (1-u)K_1] + jv(K_0 + K_1)\} \\
&= \frac{-1}{2}(K_0 - K_1) - j\frac{v}{2(1+u)}(K_0 + K_1) \\
&= \underbrace{\frac{1}{2}(K_1 - K_0)}_{=L_0} - j\frac{v}{u+1} \times \underbrace{\frac{1}{2}(K_0 + K_1)}_{=L_1}
\end{aligned}$$

其中,

$$\begin{cases} L_0 = -\frac{1}{2}K_0 + \frac{1}{2}K_1 \\ L_1 = \frac{1}{2}K_0 + \frac{1}{2}K_1 \end{cases} \tag{10.15}$$

或者

$$\begin{bmatrix} L_0 \\ L_1 \end{bmatrix} = \underbrace{\begin{bmatrix} -\frac{1}{2} & \frac{1}{2} \\ \frac{1}{2} & \frac{1}{2} \end{bmatrix}}_{=W} \begin{bmatrix} K_0 \\ K_1 \end{bmatrix} \tag{10.16}$$

值得注意的是，映射函数 $W: (K_0, K_1) \to (L_0, L_1)$ 是可逆的，且

$$W^{-1} = \begin{bmatrix} -1 & 1 \\ 1 & 1 \end{bmatrix} \tag{10.17}$$

由此，$C(z)|_{z=e^{j\theta}}$ 可看成 u、L_0 和 L_1 的函数，即

$$C(u, L_0, L_1) = L_0 - j\frac{v}{u+1}L_1 \tag{10.18}$$

为简化描述，令

$$C(u) = C(u, L_0, L_1)$$
$$P(u) = R_P(u) + jvT_P(u)$$

条件式(10.5)等价于

$$\max_{-1 \leq u < 1} \left| \frac{1}{1+P(u)C(u)} \right| < \gamma \tag{10.19}$$

对于给定的 $u \in [-1, 1)$，有

$$\left| \frac{1}{1+P(u)C(u)} \right| < \gamma$$

$$\Leftrightarrow \left| 1+(R_P(u)+jvT_P(u))(L_0-j\frac{v}{u+1}L_1) \right| > \frac{1}{\gamma}$$

$$\Leftrightarrow \left(1+R_P(u)L_0+\frac{v^2}{u+1}T_P(u)L_1 \right)^2$$

$$+v^2\left(T_P(u)L_0-\frac{1}{u+1}R_P(u)L_1 \right)^2 > \frac{1}{\gamma^2} \tag{10.20}$$

由于 $|P(u)|^2 = R_P^2(u)+v^2T_P^2(u)$，可容易地将式(10.20)等价为

$$\frac{\left(L_0+\frac{R_P(u)}{|P(u)|^2}\right)^2}{\frac{1}{\gamma^2|P(u)|^2}} + \frac{\left(L_1+\frac{(u+1)T_P(u)}{|P(u)|^2}\right)^2}{\frac{(u+1)^2}{\gamma^2 v^2|P(u)|^2}} > 1 \tag{10.21}$$

可以看出，条件式(10.21)表示 (L_0, L_1) 空间中的椭圆外部。进一步利用式(10.17)的映射函数 W^{-1} 可将椭圆映射回 (K_0, K_1) 空间中。

例 10.1 考虑如下的二阶被控对象和 PI 控制器：

$$P(z) = \frac{0.5}{z^2-z+0.5}, \quad C(z) = \frac{K_1 z + K_0}{z-1} \tag{10.22}$$

首先，计算式(10.22)给出的被控对象和控制器的稳定集。图 10.2 为 (K_0, K_1) 空间中的稳定集合。分别令 $\gamma = 1.6, 2.0$ 和 4.0，为了计算集合

$\mathbf{S}_\gamma$,将稳定集映射至(L_0, L_1)空间中,如图10.3所示。然后,将式(10.21)计算得到的(L_0, L_1)空间中的集合$\mathbf{S}_\gamma$,映射回(K_0, K_1)空间中,以获得H_∞小于γ指标要求的PI控制器,如图10.2所示。

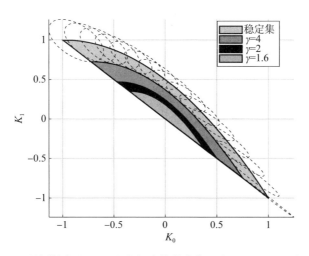

图10.2 (见彩图)(K_0, K_1)空间中的稳定集$\mathbf{S}_\gamma(\gamma=1.6,2.0$和$4.0)$

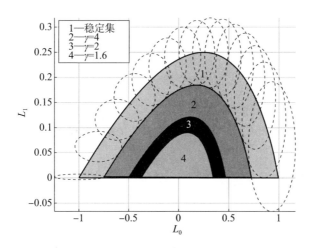

图10.3 (L_0, L_1)空间中的稳定集$\mathbf{S}_\gamma(\gamma=1.6,2.0$和$4.0)$

固定$\gamma=2$,选择集合$\mathbf{S}_\gamma$上的一些边界点,画出奈奎斯特图如图10.4所示。尤其重要的一点是,这验证了奈奎斯特图位于以临界点$-1+j0$为圆心、$1/\gamma$为半径的圆之外。在图10.4中,奈奎斯特图距离临界点至少0.5。

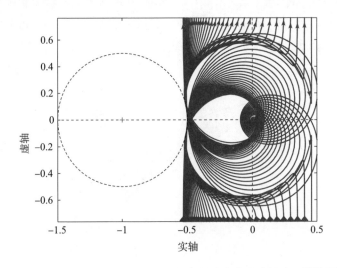

图 10.4 $\gamma=2.0$ 时在 (K_0, K_1) 空间中的稳定集对应的奈奎斯特图

10.3 数字 PID 控制器集合 S_γ 的计算

如图 10.1 所示，考虑含有被控对象和控制器的单位反馈控制系统，其中，$P(z)$ 和 $C(z)$ 可表示为

$$P(z)=\frac{N(z)}{D(z)} \tag{10.23}$$

$$C(z)=\frac{K_2 z^2+K_1 z+K_0}{z(z-1)} \tag{10.24}$$

式中：$D(z)$，$N(z)$ 分别为关于 z 的实系数多项式；$C(z)$ 同样是 PID 控制器的传递函数。为保证闭环系统稳定，假设 $P(1) \neq 0$。

那么对于 $C(z)$，有

$$\begin{aligned} C(z)\big|_{z=\mathrm{e}^{j\theta}} &= C(\mathrm{e}^{j\theta}) \\ &= \frac{K_2 \mathrm{e}^{2j\theta}+K_1 \mathrm{e}^{j\theta}+K_0}{\mathrm{e}^{j\theta}(\mathrm{e}^{j\theta}-1)} \\ &= \frac{K_2 \mathrm{e}^{j\theta}+K_1+K_0 \mathrm{e}^{-j\theta}}{\mathrm{e}^{j\theta}-1} \end{aligned} \tag{10.25}$$

将 $u=-\cos\theta$ 和 $v=\sqrt{1-u^2}$ 代入式(10.25)，可以得到

第 10 章 离散时间系统 H_∞ 优化综合

$$\begin{aligned}
C(\mathrm{e}^{\mathrm{j}\theta}) &= \frac{K_2\mathrm{e}^{\mathrm{j}\theta}+K_1+K_0\mathrm{e}^{-\mathrm{j}\theta}}{\mathrm{e}^{\mathrm{j}\theta}-1} \\
&= \frac{K_2(-u+\mathrm{j}v)+K_1+K_0(-u-\mathrm{j}v)}{-u+\mathrm{j}v-1} \\
&= \frac{-u(K_2+K_0)+K_1+\mathrm{j}v(K_2-K_0)}{-(u+1)+\mathrm{j}v} \\
&= \frac{[-u(K_2+K_0)+K_1+\mathrm{j}v(K_2-K_0)](u+1+\mathrm{j}v)}{(-(u+1)+\mathrm{j}v)(u+1+\mathrm{j}v)} \\
&= \frac{-(u+1)[K_2-K_1-(1-2u)K_0]+\mathrm{j}v[K_2+K_1-(1+2u)K_0]}{-(u+1)^2-(1-u^2)} \\
&= \frac{1}{2}[K_2-K_1-(1-2u)K_0]-\mathrm{j}\frac{v}{1+u}\times\frac{1}{2}[K_2+K_1-(1+2u)K_0] \\
&= C(u)
\end{aligned} \tag{10.26}$$

令

$$\begin{aligned}
W_0 &= \frac{1}{2}K_2-\frac{1}{2}K_1 \\
W_1 &= \frac{1}{2}K_2+\frac{1}{2}K_1
\end{aligned} \tag{10.27}$$

将式(10.27)代入式(10.26)，可以得到

$$C(u)=\left(W_0-\frac{1-2u}{2}K_0\right)-\mathrm{j}\frac{v}{1+u}\left(W_1-\frac{1+2u}{2}K_0\right) \tag{10.28}$$

令

$$\widetilde{W}_0 = W_0-\frac{1-2u}{2}K_0 \tag{10.29}$$

$$\widetilde{W}_1 = W_1-\frac{1+2u}{2}K_0 \tag{10.30}$$

则式(10.19)可重新写成

$$|1+P(u)C(u)|^2>\frac{1}{\gamma^2} \tag{10.31}$$

$$\Leftrightarrow \left|1+(R+\mathrm{j}vT)\left(\widetilde{W}_0-\mathrm{j}\frac{v}{1+u}\widetilde{W}_1\right)\right|^2>\frac{1}{\gamma^2} \tag{10.32}$$

$$\Leftrightarrow \left(1+R\widetilde{W}_0+\frac{v^2}{1+u}T\widetilde{W}_1\right)^2+v^2\left(T\widetilde{W}_0-\frac{1}{1+u}R\widetilde{W}_1\right)^2>\frac{1}{\gamma^2} \tag{10.33}$$

$$\Leftrightarrow R^2\widetilde{W}_0^2+\frac{v^4}{(1+u)^2}T^2\widetilde{W}_1^2+2R\widetilde{W}_0$$

$$+\frac{2v^2}{1+u}T\widetilde{W}_1+\frac{2v^2}{1+u}R\widetilde{W}_0T\widetilde{W}_1+1$$

$$+v^2\left[T^2\widetilde{W}_0^2+\frac{1}{(1+u)^2}R^2\widetilde{W}_1^2-\frac{2}{1+u}T\widetilde{W}_0R\widetilde{W}_1\right]>\frac{1}{\gamma^2} \tag{10.34}$$

$$\Leftrightarrow R^2\widetilde{W}_0^2+v^2T^2\widetilde{W}_0^2+2R\widetilde{W}_0+1$$

$$+v^2\left[\frac{1}{(1+u)^2}R^2\widetilde{W}_1^2+\frac{v^2}{(1+u)^2}T^2\widetilde{W}_1^2+\frac{2}{1+u}T\widetilde{W}_1\right]>\frac{1}{\gamma^2} \tag{10.35}$$

$$\Leftrightarrow |P|^2\widetilde{W}_0^2+2R\widetilde{W}_0+1$$

$$+v^2\left(\frac{1}{(1+u)^2}|P|^2\widetilde{W}_1^2+\frac{2}{1+u}T\widetilde{W}_1\right)>\frac{1}{\gamma^2} \tag{10.36}$$

$$\Leftrightarrow |P|^2\left(\widetilde{W}_0+\frac{R}{|P|^2}\right)^2-\frac{R^2}{|P|^2}+1$$

$$+v^2|P|^2\left(\frac{1}{1+u}\widetilde{W}_1+\frac{T}{|P|^2}\right)^2-\frac{v^2T}{|P|^2}>\frac{1}{\gamma^2} \tag{10.37}$$

$$\Leftrightarrow |P|^2\left(\widetilde{W}_0+\frac{R}{|P|^2}\right)^2+\frac{v^2|P|^2}{(1+u)^2}\left[\widetilde{W}_1+\frac{(1+u)T}{|P|^2}\right]^2>\frac{1}{\gamma^2} \tag{10.38}$$

$$\Leftrightarrow \frac{\left(\widetilde{W}_0+\frac{R}{|P|^2}\right)^2}{\frac{1}{|P|^2}}+\frac{\left(\widetilde{W}_1+\frac{(1+u)T}{|P|^2}\right)^2}{\frac{(1+u)^2}{v^2|P|^2}}>\frac{1}{\gamma^2} \tag{10.39}$$

$$\Leftrightarrow \frac{\left(\widetilde{W}_0+\frac{R}{|P|^2}\right)^2}{\frac{1}{\gamma^2|P|^2}}+\frac{\left(\widetilde{W}_1+\frac{(1+u)T}{|P|^2}\right)^2}{\frac{(1+u)^2}{\gamma^2v^2|P|^2}}>1 \tag{10.40}$$

$$\Leftrightarrow \frac{\left(W_0-\frac{1-2u}{2}K_0+\frac{R}{|P|^2}\right)^2}{\frac{1}{\gamma^2|P|^2}}+\frac{\left[W_1-\frac{1+2u}{2}K_0+\frac{(1+u)T}{|P|^2}\right]^2}{\frac{(1+u)^2}{\gamma^2v^2|P|^2}}>1 \tag{10.41}$$

$$\Leftrightarrow \frac{\left(W_0-\frac{1-2u}{2}K_0+\frac{R_P(u)}{|P|^2}\right)^2}{\frac{1}{\gamma^2|P|^2}}+\frac{\left[W_1-\frac{1+2u}{2}K_0+\frac{(1+u)T_P(u)}{|P|^2}\right]^2}{\frac{(1+u)^2}{\gamma^2v^2|P|^2}}>1 \tag{10.42}$$

式(10.42)表示在(W_0,W_1)空间中,固定$K_0=K_0^*$,遍历$u\in(-1,1)$时轴

平行椭圆的外部。

具体算法如下：

（1）对给定的对象，利用特征数方法计算 $\mathbf{S}(K_0, K_1, K_2)$。

（2）选择 $\gamma \geqslant 1$。

（3）固定 $K_0 = K_0^*$，找到子集 $\mathbf{S}(K_0^*)$。

（4）在 (W_0, W_1) 空间中，对每一个 $u \in (-1, 1)$，找到与式(10.42)相对应的椭圆。

（5）将椭圆从 (W_0, W_1) 空间映射到 (K_0^*, K_1, K_2) 空间。由于这是一个线性映射，所以由不等式得到的最终边界也是一个椭圆，只是旋转了 $45°$（或 $-45°$）。

（6）根据椭圆外部与 $\mathbf{S}(K_0^*)$ 的交集，得到子集 $\mathbf{S}_\gamma(K_0^*, u)$。

（7）遍历 $u \in (-1, 1)$，得到 $\mathbf{S}_\gamma(K_0^*) = \bigcap_{u \in (-1,1)} \mathbf{S}_\gamma(K_0^*, u)$。

（8）遍历 K_0，得到 $\mathbf{S}_\gamma = \bigcup_{K_0^*} \mathbf{S}_\gamma(K_0^*)$。

例 10.2 考虑如下的二阶被控对象和 PI 控制器：

$$P(z) = \frac{1}{z^2 - 0.25}, \quad C(z) = \frac{K_2 z^2 + K_1 z + K_0}{z(z-1)} \tag{10.43}$$

计算式(10.43)给出的被控对象和控制器的完备稳定集 $\mathbf{S}$。图 10.5 所示为 (K_0, K_1, K_2) 空间中的完备稳定集 $\mathbf{S}$。令 $\gamma = 2.0$，子集 $\mathbf{S}_\gamma$ 与完备稳定集 $\mathbf{S}$ 有部分重叠。

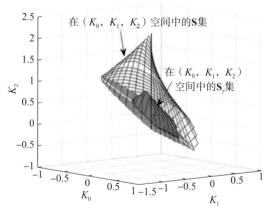

图 10.5 (K_0, K_1, K_2) 空间中的稳定集

固定 $K_0 = -0.1$。在 (W_0, W_1) 空间中，式(10.19)所示的 H_∞ 准则可表示为给定 u 时对应轴平行椭圆的外部。准则表示的是最坏的情形，即最大幅值小于 γ，图 10.6 为与之对应的椭圆簇，椭圆的外部交集就是可允许的区域。在

(W_0, W_1) 空间中，$\mathbf{S}_\gamma$ 是 $K_0 = -0.1$ 时 S 与椭圆外部的交集。

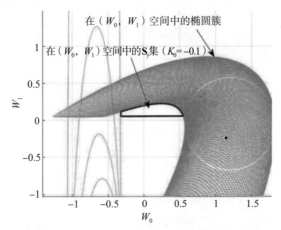

图 10.6　u 从 -1 到 1 时 (W_0, W_1) 空间中的轴平行椭圆簇

令 $K_0 = -0.1$，我们将 (W_0, W_1) 空间中的集合 $\mathbf{S}_\gamma$ 映射到 (K_1, K_2) 空间中。遍历 K_0，如图 10.5 所示为对应的子集 $\mathbf{S}_\gamma$。由于式 (10.27) 中的映射是非对角矩阵，每个映射得到的将不一定是轴平行椭圆。图 10.7 所示为椭圆簇，它与稳定集 $\mathbf{S}_\gamma(K_0)$ 也存在部分重叠。

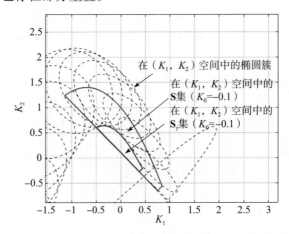

图 10.7　（见彩图）$K_0 = -0.1$ 时 (K_1, K_2) 空间中的 $\mathbf{S}_\gamma(K_0)$ 和椭圆簇

参考文献

[1] Han, S.: Robust and optimal PID controller synthesis for linear time invariant systems. Ph. D. Thesis, Texas A & M University (2019)

附录 A
应用实例

附录列举了几个例子，都可以应用前面章节得到的研究结果。这些例子主要来自 PI 控制器和 PID 控制器的实际应用。

A.1 概述

附录 A 将介绍一些与实际应用相关的例子。A.2 节介绍交流驱动器的例子，主要应用第 2 章讨论的 σ-赫尔维茨设计方法。A.3 节讨论了一种半桥电压源逆变器的例子，主要涉及第 6 章利用幅值裕度和相角裕度对连续时间系统进行设计的方法。A.4 节讨论谐波失真的例子，主要利用第 9 章的连续时间系统 H_∞ 设计方法。A.5 节讨论金属板位置控制的例子，主要利用第 10 章的离散时间系统 H_∞ 设计方法。

A.2 交流驱动器

假设输入输出信号均描述为复数形式，三相交流电系统可描述为一个复数传递函数模型。对于电流控制而言，特别是表面贴片式永磁同步电动机，可建模为一阶复数传递函数 $P(s)$，通过 PI 跟踪控制器 $C(s)$ 的参数调整，可对消被控对象的稳定极点。

$$P(s) = \frac{1}{Ls + j\omega_e L + R} e^{-sT_d} \tag{A.1}$$

$$C(s) = \frac{k(Ls + j\omega_e L + R)}{s} \tag{A.2}$$

在图 A.1 中：r 为参考电流输入；u 为输入对象 $P(s)$ 的电压；y 为可测量的输出电流。所有的复数信号、被控对象和控制器传递函数都在 dq 旋转坐标系统中。ω_e 为同步频率，L 和 R 分别为定子的电感和电阻，T_d 为计算和调制的延迟时间，k 为待设计的控制器参数。

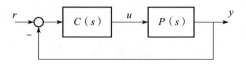

图 A.1　单位反馈控制系统

不妨令 $\omega_e = 50\text{Hz}$，$L = 17.6\text{mH}$，$R = 2.8\Omega$。将延迟环节 e^{-sT_d} 进行二阶帕德（Padé）近似，可以得到与图 2.1 相同的闭环系统，其中，

$$C(s) = \frac{k}{s}, \quad P(s) = \frac{1 - \frac{1}{2}T_d s + \frac{1}{12}T_d^2 s^2}{1 + \frac{1}{2}T_d s + \frac{1}{12}T_d^2 s^2} \tag{A.3}$$

令式(2.165)中的 $k_p = 0$，$k_i = k$，$k_d = 0$，可以得到

$$\delta'(s') = (s' - \sigma)\left[\frac{1}{12}T_d^2(s' - \sigma)^2 + \frac{1}{2}T_d(s' - \sigma) + 1\right]$$

$$+ k\left[\frac{1}{12}T_d^2(s' - \sigma)^2 - \frac{1}{2}T_d(s' - \sigma) + 1\right]$$

$$N'(-s') = \frac{1}{12}T_d^2(s' + \sigma)^2 + \frac{1}{2}T_d(s' + \sigma) + 1$$

且

$$v'(s') = \delta'(s')N'(-s')$$

$$v'(\mathrm{j}\omega) = p_1(\omega, \sigma, T_d) + k p_2(\omega, \sigma, T_d) + \mathrm{j}q(\omega, \sigma, T_d)$$

式中

$$p_1(\omega, \sigma, T_d) = -\frac{1}{12}\left(\frac{1}{12}\sigma T_d^4 - T_d^3\right)\omega^4$$

$$- \left(\frac{1}{72}T_d^4\sigma^3 - \frac{1}{12}T_d^3\sigma^2 - \frac{5}{12}T_d^2\sigma + T_d\right)\omega^2$$

$$- \frac{1}{144}T_d^4\sigma^5 + \frac{1}{12}T_d^2\sigma^3 - \sigma$$

$$p_2(\omega, \sigma, T_d) = \frac{1}{144}T_d^4\omega^4 + \frac{1}{12}\left(\frac{1}{6}T_d^4\sigma^2 + T_d^3\sigma + T_d^2\right)\omega^2$$

$$+ \frac{1}{144}T_d^4\sigma^4 + \frac{1}{12}T_d^3\sigma^3 + \frac{5}{12}T_d^2\sigma^2 + T_d\sigma + 1$$

$$q(\omega, \sigma, T_d) = \frac{1}{144}T_d^4\omega^5 + \frac{1}{12}\left(\frac{1}{6}T_d^4\sigma^2 + T_d^3\sigma - 5T_d^2\right)\omega^3$$
$$+ \frac{1}{12}\left(\frac{1}{12}T_d^4\sigma^4 + T_d^3\sigma^3 - T_d^2\sigma^2\right)\omega + (-T_d\sigma + 1)\omega$$

集合 $S(\sigma)$ 沿 k 轴进行分段，对给定的 σ，每一段的上确界和下确界如图 A.2 所示。大约当 $\sigma = 3356$ 时，$S(\sigma)$ 变为空集，此时相应的 k 约为 1230。

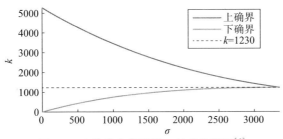

图 A.2 k 值稳定范围随 σ 的变化情况[6]

A.3 半桥电压源逆变器

本例应用一阶控制器 $C(s) = (x_1 s + x_2)/(s + x_3)$ 的特殊情形，即 $x_3 = 0$ 时所对应的 PI 控制器，来设计半桥电压源逆变器。半桥电压源逆变器如图 A.3 所示，考虑理想电压源为 V_{DC}。此外，电源开关和二极管的组合可认为是理想开关，也就是说，在开关"通"的状态下电压为零，而在"关"的状态下电流为零。并且假设开关从打开转换到断开的时间为零，反之亦然。负载包括串联的电阻 R_S、电感 L_S 和电压源 E_S，它们可以是直流也可以是交流。

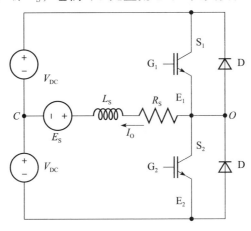

图 A.3 半桥电压源逆变器

本例所考虑的控制问题是线性调节电压源逆变器输出电流 I_O。图 A.4 为系统相应的控制模块图。电压源逆变器的作用是将给定的输出功率 P_0 传递给逆变器电感负载。由于在每个电动机相位上必须产生适当幅度和给定频率 f_0 的正弦电流，这在典型的交流电动机驱动控制中是很难的。通常情况下习惯使用电流传感器，其给定的增益为 G_{TI}。在方框图中，控制器考虑采用比例加积分控制。

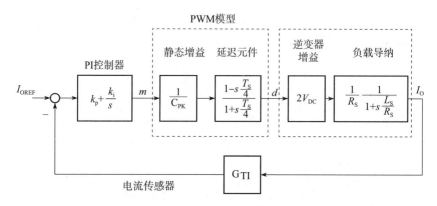

图 A.4　控制方框图[6]

调节器的输出作为调制信号，来驱动脉宽调制器（Pulse Width Modulator, PWM）。脉宽调制器模块考虑了时间延迟，并进行帕德（Padé）近似。由此，可以得到逆变器和负载模型，以及典型的传感器增益。

A.3.1　稳定集计算

首先，系统的开环传递函数为

$$G_{OL}(s) = C(s)P(s)$$

$$G_{OL}(s) = \left(k_p + \frac{k_i}{s}\right)\frac{2V_{DC}}{C_{PK}} \times \frac{1-s\dfrac{T_S}{4}}{1+\dfrac{sT_S}{4}} \times \frac{G_{TI}}{R_S} \times \frac{1}{1+s\dfrac{L_S}{R_S}} \quad (A.4)$$

式中：$V_{DC}=250(V)$；$C_{PK}=4(V)$；$T_S=0.00002(s)$；$G_{TI}=0.1(V/A)$；$R_S=1(\Omega)$；$L_S=1.5(mH)$。

考虑式(A.4)中 PI 控制器为特殊的一阶形式，定义控制器参数为 $x_1=k_p$、$x_2=k_i$、$x_3=0$。

从而可以得到

$$G_{\mathrm{OL}}(s)=\left(\frac{x_1 s+x_2}{s}\right)\frac{-6.25\times10^{-5}s+12.5}{7.5\times10^{-9}s^2+0.0015s+1} \quad (A.5)$$

闭环特征多项式为

$$\delta(s,x_1,x_2)=7.5\times10^{-9}s^3+(0.0015-6.25\times10^{-5}x_1)s^2 \\ +(12.5x_1-6.25\times10^{-5}x_2+1)s+12.5x_2 \quad (A.6)$$

这里，$n=2$，$m=1$，$N(-s)=12.5+6.25\times10^{-5}s$，由此可以得到

$$\begin{aligned}v(s)&=\delta(s,x_1,x_2)N(-s)\\&=4.69\times10^{-13}s^4+(1.87\times10^{-7}-3.91\times10^{-9}x_1)s^3\\&\quad+(0.0188-3.91\times10^{-9}x_2)s^2+(156x_1+12.5)s+156x_2\end{aligned} \quad (A.7)$$

进而可知

$$\begin{aligned}v(\mathrm{j}\omega,x_1,x_2)&=4.69\times10^{-13}\omega^4+(3.91\times10^{-9}x_2-0.0188)\omega^2+156x_2\\&\quad+\mathrm{j}[(3.91\times10^{-9}x_1-1.87\times10^{-7})\omega^3+(156x_1+12.5)\omega]\\&=p(\omega)+\mathrm{j}q(\omega)\end{aligned}$$

$$(A.8)$$

由于 $z^+=1$，要使系统稳定，$v(s)$ 的特征数应满足

$$n-m+1+2z^+=4 \quad (A.9)$$

由于 $v(s)$ 为偶数阶，根据特征数公式可以看出，$q(\omega)$ 至少含有一个奇数重正实根。因此，$q(\omega,x_1)$ 至少有一个奇数重的正实有限互异零点，x_1 的取值范围为 $(-0.08,\infty)$。但是，为确保系统得到非空域，x_1 实际可行的范围是 $-0.08\sim24$。通过在区间 $(-0.08,24)$ 中遍历 x_1 不同的值，可以生成 (x_1,x_2) 稳态值的集合，如图 A.5 所示。

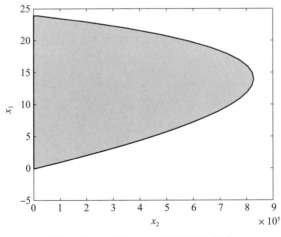

图 A.5 $-0.08\leqslant x_1\leqslant 24$ 时的稳定域

A.3.2 可达幅值-相角裕度设计曲线的绘制

在 PI 控制器情形下,为构建对应幅值-相角裕度的可达集合,ω_g 的取值范围为 $[1000, 69000]$,相角裕度 PM 的范围为 $1° \sim 120°$。对于 PI 控制,根据等幅值和等相角轨迹方程式(6.13)和式(6.14),可以在 (x_1, x_2) 平面分别得到一个椭圆和一条直线。其与稳定集在 (x_1, x_2) 平面重合的部分,即表征了满足 PM 和 ω_g 要求的 PI 控制器增益。计算 PM 和 ω_g 的范围,构建可达的幅值-相角裕度曲线,如图 A.6 所示。

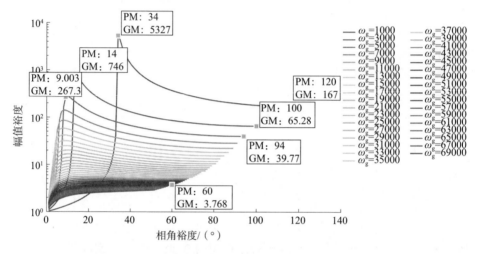

图 A.6 (见彩图)PI 控制器的可达性能:GM、PM 和 ω_g

A.3.3 同步性能指标和检索控制器增益

在图 A.6 中,可以看到 ω_g 对应的可达幅值-相角裕度集,并以不同颜色进行标注。值得注意的是,在 ω_g 取较小值时,系统可以获得较大的幅值裕度和相角裕度。例如,当 $\omega_g = 1000\text{rad/s}$ 时,对应的最大幅值裕度 GM = 5327,相应的相角裕度 PM = 34°;当 $\omega_g = 3000\text{rad/s}$ 时,对应的最大幅值裕度 GM = 746,相应的相角裕度 PM = 14°。根据图 A.6,设计者可根据需要自由地选取满足幅值裕度、相角裕度和 ω_g 要求的 PI 控制器参数组合。

从幅值-相角裕度可达集合中,同步选择一组幅值裕度、相角裕度和频率 ω_g 的值,设计者可进一步得到与之对应的控制器参数。为便于说明,假设期望性能为相角裕度 60°,幅值裕度 3.768,频率 $\omega_g = 53000\text{rad/s}$,如图 A.6 所示。根据选取的值,以及前述方法中给出的 PI 控制器等幅值和等相角轨迹,

可以在(x_1, x_2)平面上找到椭圆和直线的交点,如图 A.7 所示。控制器参数取值为

$$x_1^* = 6.34 \quad (A.10)$$
$$x_2^* = 5812 \quad (A.11)$$

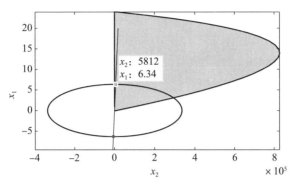

图 A.7　PI 控制器稳定集合上的椭圆和直线

图 A.8 为根据选择的控制器增益绘制的奈奎斯特图。可见,控制器增益满足期望的系统性能指标要求,相角裕度为 60°,幅值裕度为 3.768(即 11.5dB)。

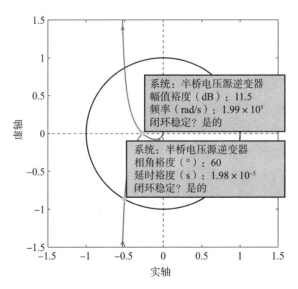

图 A.8　系统的奈奎斯特图(PI 控制器参数:$x_1^* = 6.34$,$x_2^* = 5812$)

同样地,可以计算系统设计的延时容限设计曲线。根据式(6.43),从

图 A.6 中选择合适的值，可以得到图 A.9。

由图 A.9 可知，使用设计的控制器，可以得到系统可达的延时容限。在这些曲线中任意选择一个点，通过与幅值-相角裕度设计曲线。同样的步骤，可以在设计曲线上选择控制器增益。此时，选择相同的性能指标，即相角裕度为 60°，频率 $\omega_g = 53000\text{rad/s}$。延时容限为

$$\tau = 1.976 \times 10^{-5} \text{s} \tag{A.12}$$

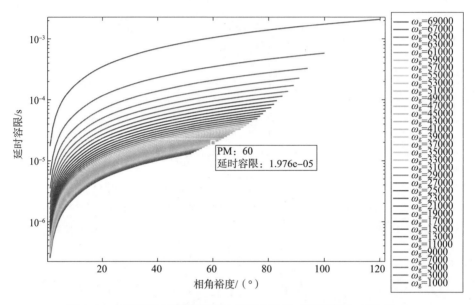

图 A.9　（见彩图）PI 控制器设计的可达性能：延时容限、PM 和 ω_g

A.4　谐波失真的选择性抑制

考虑一个被控对象带扰动的单位反馈控制系统，如图 A.10 所示。其中 $r(t)$ 为参考输入，$u(t)$ 为被控对象的输入，$\xi(t)$ 为扰动量，$y(t)$ 为被控对象的输出，$e(t)$ 为参考输入与输出之间的误差。控制目标是使输出 $y(t)$ 跟踪参考输入 $r(t)$。然而，系统由于受到扰动 $\xi(t)$ 的影响，输出往往会随扰动信号而偏离参考输入信号。定义参考信号和扰动信号的拉普拉斯变换为

$$R(s) = \frac{n_r(s)}{d_r(s)}, \quad \Xi(s) = \frac{n_\xi(s)}{d_\xi(s)} \tag{A.13}$$

式中：$n_r(s)$、$d_r(s)$、$n_\xi(s)$ 和 $d_\xi(s)$ 均为 s 的实系数多项式。

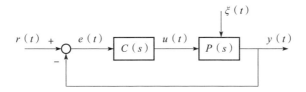

图 A.10　扰动作用下的单位反馈系统

如图 A.11 所示，对 $P(s)$ 进行分解。假设

$$Y(s) = \underbrace{[P_u(s) \quad P_\xi(s)]}_{=P(s)} \begin{bmatrix} U(s) \\ \Xi(s) \end{bmatrix} \quad (\text{A.14})$$

式中

$$P_u(s) = \frac{n_{P_u}(s)}{d_{P_u}(s)}, \quad P_\xi(s) = \frac{n_{P_\xi}(s)}{d_{P_\xi}(s)} \quad (\text{A.15})$$

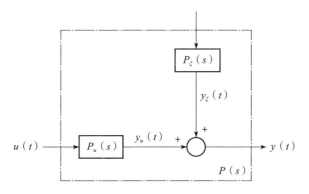

图 A.11　$P(s)$ 的结构分解

假设 A.1　$d_{P_u}(s) = d_{P_\xi}(s)$。

由于

$$E(s) = R(s) - Y(s) \quad (\text{A.16})$$
$$U(s) = C(s)E(s) \quad (\text{A.17})$$

式中，

$$C(s) = \frac{n_C(s)}{d_C(s)} \quad (\text{A.18})$$

根据假设 A.1 可知

$$E(s) = \frac{d_{P_u}(s)d_C(s)}{d_{cl}(s)}R(s) - \frac{d_{P_u}(s)d_C(s)n_{P_\xi}(s)}{d_{cl}(s)}\Xi(s) \quad (\text{A.19})$$

则闭环系统的特征多项式可表示为

$$d_{cl}(s) = d_C(s)d_P(s) + n_C(s)n_P(s) \qquad (A.20)$$

假设 A.2　$C(s)$ 为 PID 形式。

基于假设 A.2，在闭环系统稳定的前提下，$y_u(t)$ 可在稳定状态时跟踪任意常值参考输入信号 $r(t)$。由于 $e(t) = r(t) - y(t)$，则在 $t \to \infty$ 时，$e(t) \to y_\xi(t)$。因此，在稳态时误差信号只对扰动 $\xi(t)$ 存在闭环响应。令 $Y_\xi(s)$ 表示 $y_\xi(t)$ 的拉普拉斯变换，扰动 $\xi(t)$ 是固定频率（如 ω_1，ω_2，$\cdots$，ω_q）正弦信号的线性组合，即

$$\xi(t) = \sum_{i=1}^{q} \xi_i(t) = \sum_{i=1}^{q} A_i \sin(\omega_i t) \qquad (A.21)$$

式中：A_i 为第 i 个正弦信号的振幅。如果信号的频率均是基频 ω_1 的倍数，则称每个信号 $\xi_i(t)$ 都是 $\xi_1(t)$ 的谐波，有

$$|Y_\xi(j\omega_i)| = \left| \frac{P_\xi(j\omega_i)}{1 + C(j\omega_i)P_u(j\omega_i)} \right| A_i \qquad (A.22)$$

给定的 $y_\varepsilon(t)$ 在 ω_i 时幅值的上确界。即

$$|Y_\xi(j\omega_i)| < \widetilde{\gamma}_i \qquad (A.23)$$

那么

$$|Y_\xi(j\omega_i)| < \widetilde{\gamma}_i$$

$$\Leftrightarrow \underbrace{\left| \frac{1}{1 + C(j\omega_i)P_u(j\omega_i)} \right|}_{= S_u(j\omega_i)} < \underbrace{\frac{\widetilde{\gamma}_i}{|P_\xi(j\omega_i)|A_i}}_{= \gamma_i} \qquad (A.24)$$

$$\Leftrightarrow 1 + C(j\omega_i)P_u(j\omega_i) > \frac{1}{\gamma_i}$$

因此，可以设计一个稳定控制器来补偿扰动中的每个谐波。

接下来，可以通过图形的方式来设计一个 PI 控制器，使得闭环系统对每个固定的频率 ω_i，误差信号的频率响应小于给定的 γ_i 值。如图 A.12 所示。稳定控制器应该同时满足在椭圆（虚线）之外和稳定集（实线）之内。

考虑下面的连续时间线性时不变系统

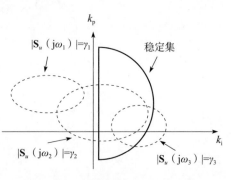

图 A.12　满足谐波抑制的稳定控制器位于椭圆之外与稳定集之内

$$P_u(s) = \frac{s-5}{10s^2+16s+2} \tag{A.25}$$

扰动信号的传递函数为

$$P_\xi(s) = \frac{20s^2+8s+1}{10s^2+16s+2} \tag{A.26}$$

假设待设计的 PI 控制器为

$$C(s) = k_p + \frac{k_i}{s} \tag{A.27}$$

系统的参考输入为单位阶跃信号，受到的扰动信号 $\xi(t) = \xi_1(t) + \xi_2(t)$，且

$$\xi_1(t) = 0.6\sin(2t) \tag{A.28}$$
$$\xi_2(t) = 0.4\sin(3t) \tag{A.29}$$

假设需要达到的性能指标如下：

（1）$\omega = 2\text{rad/s}$ 时的谐波振幅小于 2；

（2）$\omega = 3\text{rad/s}$ 时的谐波振幅小于 2。

首先计算给定被控对象的 PI 控制器的稳定集。根据扰动信号的形式，可以得到 $A_1 = 0.6$，$A_2 = 0.4$，$\omega_1 = 2\text{rad/s}$，$\omega_2 = 3\text{rad/s}$。根据指标要求，可知 $\widetilde{\gamma}_1 = 2$，$\widetilde{\gamma}_2 = 2$。将式（9.28）和式（9.29）代入式（A.24），可以得到 $\gamma_1 \approx 2.0544$，$\gamma_2 \approx 2.7752$，稳定集中所有可能的控制器都可以满足指标要求，如图 A.13 所示。选择 4 个样本点，如表 A.1 所列。然后判断所选的控制器是否达到指标要求。

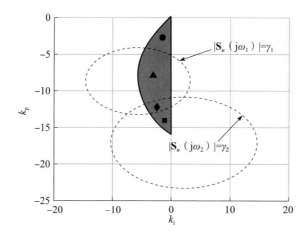

图 A.13 满足谐波抑制指标的稳定集合

表 A.1　选择的控制器

系数	■	◆	▲	●
k_p	−14.0861	−12.2734	−7.9683	−2.7568
k_i	−1.1521	−2.4424	−3.0876	−1.5207

■对应的控制器在椭圆$|\mathbf{S}_u(j\omega_1)|=\gamma_1$之外，但在椭圆$|\mathbf{S}_u(j\omega_2)|=\gamma_2$之内。控制器保证了$y_\xi(t)$在$\omega_1$处的谐波幅度小于2，而在$\omega_2$处不满足，如图 A.14 所示。◆对应的控制器位于椭圆$|\mathbf{S}_u(j\omega_1)|=\gamma_1$和椭圆$|\mathbf{S}_u(j\omega_2)|=\gamma_2$之内。这意味着控制器不能保证谐波的任何幅值指标要求，如图 A.15 所示。

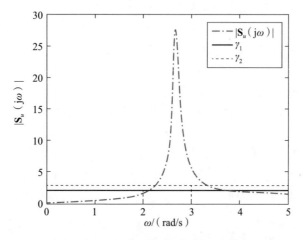

图 A.14　在■对应的控制器作用下$\mathbf{S}_u(j\omega)$频域响应的幅值

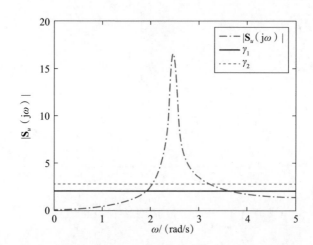

图 A.15　在◆对应的控制器作用下$\mathbf{S}_u(j\omega)$频域响应的幅值

▲对应的控制器位于椭圆$|\mathbf{S}_u(j\omega_1)|=\gamma_1$之内、椭圆$|\mathbf{S}_u(j\omega_2)|=\gamma_2$之外。该控制器实现了谐波在$\omega_2$处的幅值指标要求，而在$\omega_1$处不满足，如图 A.16 所示。●对应的控制器位于两个椭圆之外。因此，该控制器可以实现如图 A.17 所示的幅值指标要求。相应的输出时间响应如图 A.18 所示，图 A.19 所示为其对应的傅里叶变换。这验证了控制器●能够使谐波在ω_1和ω_2处分别实现幅值不大于γ_1和γ_2的指标要求。

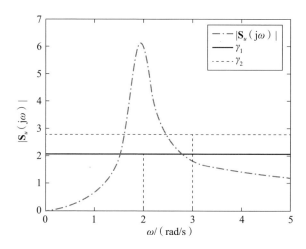

图 A.16　在▲对应的控制器作用下 $\mathbf{S}_u(j\omega)$ 频域响应的幅值

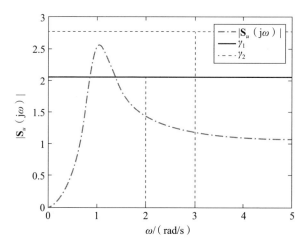

图 A.17　在●对应的控制器作用下 $\mathbf{S}_u(j\omega)$ 频域响应的幅值

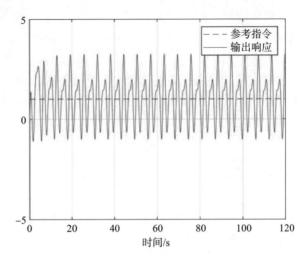

图 A.18　在●对应的控制器作用下的输出响应 $y(t)$

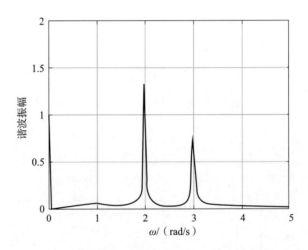

图 A.19　在●对应的控制器作用下输出响应的傅里叶变换

A.5　金属板位置控制

本节针对金属板定位系统,设计了数字 PID 控制器。丁塞尔(Dincel)和瑟伊莱梅兹(Söylemez)开发了一套实验室内的实验系统,通过电动机带动风扇旋转,吹动金属板使之保持在一个指定的角度,如图 A.20 所示。

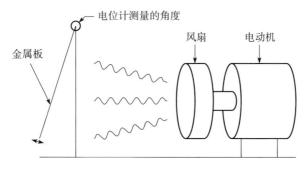

图 A.20　金属板系统

采样时间 $t_s=0.05\text{s}$，通过系统辨识，可以得到金属板系统的开环线性模型为

$$P(z)=\frac{0.016546+0.017457z}{0.85206-1.7348z+z^2} \tag{A.30}$$

利用"主导极点配置"法，可以设计 PI-PD 控制器，使其调节时间达到 2.3s，超调量为 5%。PI-PD 控制器形式为

$$\begin{aligned}C_{\text{PI}}(z)&=0.05+0.1665\frac{z}{z-1}\\ C_{\text{PD}}(z)&=-0.87-0.5016\frac{z-1}{z}\end{aligned} \tag{A.31}$$

并且误差传递函数的 H_∞ 范数 γ 小于 1.6553。

如图 A.21 所示，考虑两种控制结构进行对比。对同一个被控对象，给定同样的 γ，同样地设计数字 PID 控制器。

考虑 PID 控制系统，其中 $P(z)$ 参见式 (A.30)，而控制器

$$C(z)=\frac{K_0+K_1z+K_2z^2}{z(z-1)} \tag{A.32}$$

相关的算法和符号定义可参考 10.3 节。

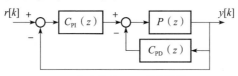

(a) 数字PI-PD控制结构

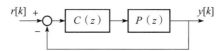

(b) 数字PID控制结构

图 A.21　两种数字控制结构

A.5.1　计算稳定集 S

第 4 章介绍了 (K_1, K_2, K_3) 空间中 PID 控制器的稳定集 **S** 的计算方法。由于 $K_3 = K_2 - K_0$，可以通过以下变换关系，将稳定集 $\mathbf{S}(K_1, K_2, K_3)$ 转换到集合 $\mathbf{S}(K_0, K_1, K_2)$，即

$$\begin{bmatrix} K_0 \\ K_1 \\ K_2 \end{bmatrix} = \begin{bmatrix} 0 & 1 & -1 \\ 1 & 0 & 0 \\ 0 & 1 & 0 \end{bmatrix} \begin{bmatrix} K_1 \\ K_2 \\ K_3 \end{bmatrix} \qquad (\text{A.33})$$

这两个稳定集合如图 A.22 和图 A.23 所示。

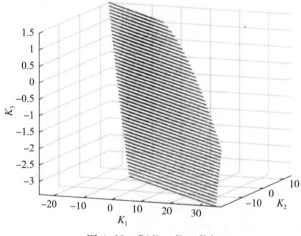

图 A.22　$\mathbf{S}(K_1, K_2, K_3)$

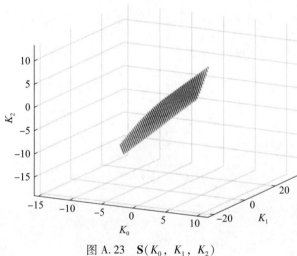

图 A.23　$\mathbf{S}(K_0, K_1, K_2)$

A.5.2 计算(W_0, W_1)空间中的椭圆簇

由于要求 H_∞ 范数小于 1.6553，且式(A.31)中 PD 控制器分子的常值项等于 -0.5016，首先选择 $\gamma = 1.6553$ 和 $K_0 = -0.5016$。结合式(10.43)的轴平行椭圆可知，椭圆簇应该是(W_0, W_1)空间中轴平行椭圆的集合，如图 A.24 所示；然后确定在 $K_0 = -0.5016$ 时的稳定集 **S** 和 $\gamma = 1.6553$ 时的子集 $\mathbf{S}_\gamma$。

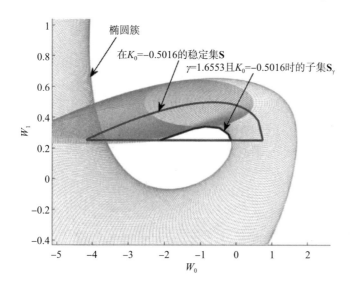

图 A.24 （见彩图）(W_0, W_1)空间中的椭圆簇
($K_0 = -0.5016$ 时的稳定集 **S** 和 $\gamma = 1.6553$ 时的子集 $\mathbf{S}_\gamma$)

A.5.3 椭圆簇映射到(K_0, K_1, K_2)空间及固定 K_0 时计算 $\mathbf{S}_\gamma$

根据式(10.27)的映射关系可知，椭圆的映射不是轴平行的。当 u 从 -1 变化到 1 时，映射的椭圆包围了 $K_0 = -0.5016$ 时(K_1, K_2)空间中的稳定集 **S**，并刻画出了具体的稳定集 **S**。$\gamma = 1.6553$ 时的子集 $\mathbf{S}_\gamma$ 如图 A.25 所示。

A.5.4 遍历 K_0 并计算 $\mathbf{S}_\gamma$

在稳定集 $\mathbf{S}(K_0)$ 非空的范围内遍历 K_0，可进一步计算出子集 $\mathbf{S}_\gamma$，如图 A.26 所示。

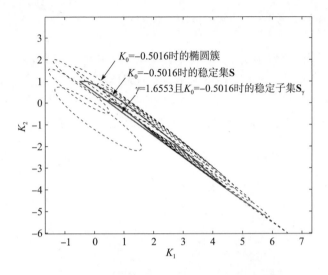

图 A.25　（见彩图）(K_1, K_2) 空间中的椭圆簇
（$K_0 = -0.5016$ 时的稳定集 S 和 $\gamma = 1.6553$ 时的子集 S_γ）

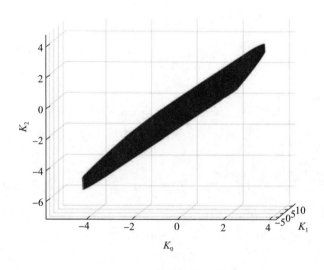

图 A.26　$\gamma = 1.6553$ 时的子集 S_γ

A.5.5　满足性能指标的控制器选择

根据上述步骤，可以在 γ 为 1.5、1.6、1.7 和 1.8 时，分别求得满足超调量小于 5%、调节时间小于 2.3s 的所有控制器。特别地，对于每一个子集 S_γ，

选择调节时间最短的控制器。子集 S_γ 如图 A.27 所示。表 A.2 为达到相应 γ 值要求的最佳控制器增益。图 A.28 和图 A.29 为表示每个 γ 值对应的最佳控制器作用下的阶跃响应和奈奎斯特图。

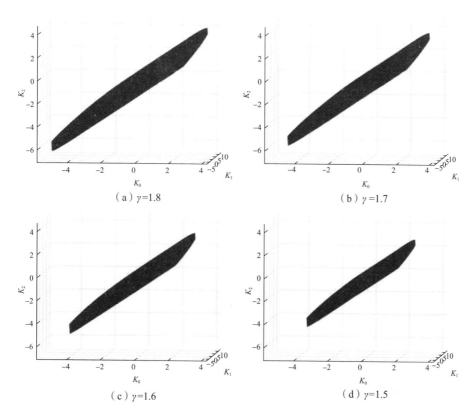

图 A.27 不同 γ 值的子集 S_γ

表 A.2 不同 γ 值的最佳控制器增益

γ 值	K_2	K_1	K_0	超调量/%	调节时间/s
1.8	-0.1504	0.4767	-0.11	1.6	1.14
1.7	2.3725	-3.8903	1.82	1.99	0.883
1.6	2.1939	-3.7020	1.79	1.54	1.04
1.5	2.2254	-3.9765	2.00	1.77	1.25

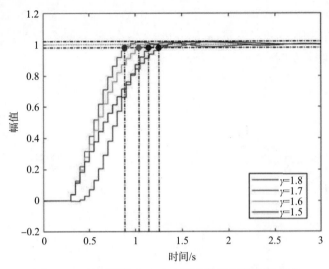

图 A.28　（见彩图）表 A.2 中所选控制器的阶跃响应

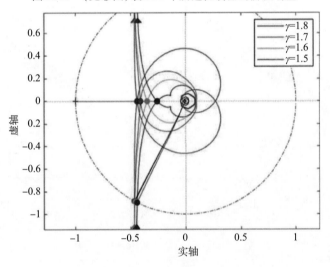

图 A.29　（见彩图）表 A.2 中所选控制器的奈奎斯特图

A.6　注释

文献[2，7，11]建立了三相交流驱动器系统的复传递函数。参考文献[2]的图 9 和文献[11]的图 2(b)介绍了采用 PI 控制器作用下贴片式永磁同步电动机的零极点对消问题。图 A.2 中 k 的值与文献[11]中采样频率 f_s = 5kHz 时的结果是一致的。

关于 A.3 节中控制器设计案例的更多信息，请读者参考布索（Buso）和马塔维利（Mattavelli）专著[3]的第二部分。

PI-PD 控制器的例子由丁塞尔和瑟伊莱梅兹在文献[4]中实现。A.5 节的主要结果来自文献[5]。案例"谐波失真的选择性抑制"来自马格西（Magossi）、韩、奥利维拉（Oliveira）和巴塔查里亚在文献[8]的研究成果。在电力电子中，通常希望在系统[1,9,10]中衰减所选择的谐波的振幅。

参考文献

[1] Aguiar, C.R., Bastos, R.F., Gonalves, A.F.Q., Neves, R.V.A., Reis, G.B., Machado, R.Q.: Frequency fuzzy anti-islanding for grid-connected and islanding operation in distributed generation systems. IET Power Electron., 8(7), 1255–1262(2015)

[2] Briz, F., Degner, M.W., Lorenz, R.D.: Analysis and design of current regulators using complex vectors. IEEE Trans. Ind. Appl., 36(3), 817–825(2000)

[3] Buso, S., Mattavelli, P.: Digital Control in Power Electronics. Morgan and Claypool Publishers, San Rafael(2006)

[4] Dincel, E., Söylemez, M.T.: Digital PI-PD controller design for arbitrary order systems: dominant pole placement approach. ISA Trans.(2018)

[5] Han, S.: Robust and optimal PID controller synthesis for linear time invariant control systems. Ph.D. thesis, Texas A&M University(2019)

[6] Han, S., Bhattacharyya, S.: PID controller synthesis using a σ-Hurwitz stability criterion. IEEE Control Syst. Lett., 2(3), 525–530(2018)

[7] Harnefors, L.: Modeling of three-phase dynamic systems using complex transfer functions and transfer matrices. IEEE Trans. Ind. Electron., 54(4), 2239–2248(2007)

[8] Magossi, R.F.Q., Han, S., Oliveira, V.A., Bhattacharyya, S.P.: Proportional-Integral controller design for selective harmonic mitigation. In: Congreso Lati noamericano de Control Automàtico, CLCA 2018, Quito, Ecuador, Octubre 24–26(2018)

[9] Teodorescu, R., Blaabjerg, F., Borup, U., Liserre, M.: A new control structure for grid-connected LCL PV inverters with zero steady-state error and selective harmonic compensation. In: Applied Power Electronics Conference and Exposition, vol.1, pp. 580–586(2004)

[10] Teodorescu, R., Blaabjerg, F., Liserre, M., Loh, P.C.: Proportional-resonant controllers and filters for grid-connected voltage-source converters. IEE Proc. Electr. Power Appl., 153(5), 750–762(2006)

[11] Yepes, A.G., Vidal, A., Malvar, J., López, O., Doval-Gandoy, J.: Tuning method aimed at optimized settling time and overshoot for synchronous proportional-integral current control in electric machines. IEEE Trans. Power Electron., 29(6), 3041–3054(2014)

附录 B
MATLAB 代码示例

本节给出了示例 MATLAB 代码以及相关的图像,目的是帮助读者了解本书所开发和使用的研究成果。此外,读者可以在一开始就很容易地将这些代码应用于他们所研究的问题中。我们建议读者使用最新版本的 MATLAB 软件。

B.1 连续时间系统的 MATLAB 代码

本节介绍了如何图形化地描述给定连续时间系统的 PI 和 PID 控制器的稳定集。第一部分讨论了稳定集的数学计算,稳定集的计算是本书其余部分所述设计方法的基础;基于稳定集,第二部分介绍了如何得到幅值裕度和相角裕度的设计曲线;第三部分给出了满足 H_∞ 准则时所有 PI 和 PID 稳定控制器的 MATLAB 代码。

B.1.1 PI 控制器稳定集

下面的 MATLAB 代码用于计算如下被控对象的 PI 稳定控制器

$$P(s) = \frac{s-5}{s^2+1.6s+0.2} \tag{B.1}$$

MATLAB 代码如下:

```
1   % PI stabilizing set
2   clear all;
3   syms s;
4   kp=sym('kp','real');
5   ki=sym('ki','real');
6   w=sym('w','real');
```

（续表）

```matlab
7   N=[1 -5];                              % Numerator
8   D=[1 1.6 0.2];                         % Denominator
9   P=tf(N,D);                             % Plant
10  tam_N=size(N);
11  tam_D=size(D);
12  n=tam_D(2)-1;
13  m=tam_N(2)-1;
14  ze=roots(N);                           % Zeros of N(s)
15  l=1;
16  nz=0;
17  for k=1:m
18      if real(ze(k)) > 0
19          nz=1;                          % RHP Zeros of N(s)
20          l=l+1;
21      end
22  end
23  signature=n-m+1+2*nz;                  % Signature number
24  D_s=poly2sym(D,s);                     % D(s)
25  N_s=poly2sym(N,s);                     % N(s)
26  N_ms=subs(N_s,-s);                     % N(-s)
27  Delta=s*D_s+(ki)*N_s+kp*s*N_s;         % Characteristic equation
28  Delta=collect(Delta,s);                % simplify expression in terms of s
29  V_s=collect(Delta*N_ms,s);             % V = Delta * N(-s)
30  V=subs(V_s,1i*w);                      % V(jw)
31  Vr=real(V);                            % Real part of V
32  Vi=imag(V);                            % Imaginary part of V
33  z=1;
34  e=1;
35  Range=-1.6:0.01:0.04;
36  % This is the range considered for fixed Kp values. This …
    needs to be changed depending the Plant
37  for kp_f=Range
38      f_kp=subs(Vi,kp,kp_f);             % substitute value of Kp
39      f_Vi=sym2poly(f_kp);               % convert to polynomial
40      r=roots(f_Vi);                     % find the roots
```

(续表)

```
41    tam3=size(r);
42    l=1;
43    r2=0;
44    for k=1:tam3
45        if imag(r(k))==0 && real(r(k))>0    % select real, positive roots
46            r2(l)=real(r(k));
47            l=l+1;
48        end
49    end
50    wt=[0 r2];
51    tam_w=size(wt);
52    R(1)=subs(Vr,w,wt(1));
53    C1(1,:)=[coeffs(R(1)),0];
54    Te(1,:)=[ki,0];
55    R(tam_w(2))=subs(Vr,w,wt(tam_w(2)));
56    for k=2:tam_w(2)
57        R(k)=subs(Vr,w,wt(k));
58        C1(k,:)=sym2poly(R(k));
59    end
60    C1=double(C1);
61    j(z)=sign(subs(Vi,[kp,w],[kp_f,0.01]));
62    A=[-C1(1,1) 0;C1(2,1) 0];              %[ki kp]
63    b=[C1(1,2);-C1(2,2)];
64    min(z)=0;
65    max(z)=(-C1(2,2)/C1(2,1));
66    z=z+1;
67 end
68 va=[Range];
69 h=fill([min flip(max)],[va flip(va)],'y');
70 xlabel('k_i');
71 ylabel('k_p');
```

运行 MATLAB 代码之后，得到的稳定集如图 B.1 所示。

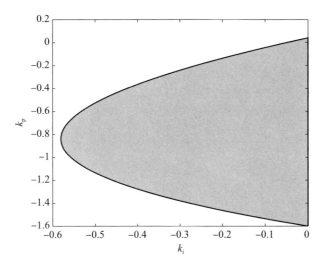

图 B.1 PI 控制器稳定集

B.1.2 PI 控制器幅值裕度和相角裕度设计曲线

下面的 MATLAB 示例代码用于计算如下被控对象的 PI 控制器幅值裕度和相角裕度的设计曲线。

$$P(s)=\frac{s-5}{s^2+1.6s+0.2} \tag{B.2}$$

MATLAB 示例代码如下:

```
1   %% Gain and Phase Margin Design Curves
2   N=[1 -5];                    % Numerator of the plant
3   D=[1 1.6 0.2];               % Denominator of the plant
4   P=tf(N,D);                   % Plant
5   PM=[1:90];                   % Phase margin range
6   z=1;
7   z2=1;
8   z4=1;
9   r=size(PM);
10  for wg=0.1:0.1:3             % Gain crossover frequency range
11      z=1;
12      for k=1:1:r(2)
13          [MP,PP]=bode(P,wg);
```

（续表）

14	syms kp;	
15	syms ki;	
16	phi=pi+PM(k)*pi/180-PP*pi/180;	
17	m2=1/(MP^2);	
18	m=sqrt(m2);	
19	a2=m2;	
20	b2=m2*(wg^2);	
21	c=wg*tan(phi);	
22	f1(z4)=((kp)^2)/(a2)+(ki^2)/(b2)-1;	
23	f2(z4)=kp*c+ki;	
24	hold on;	
25	X=solve([f1(z4),f2(z4)],[kp,ki]);	
26	z4=z4+1;	
27	x1_1=double(X.kp(1));	
28	x1_2=double(X.ki(1));	
29	x2_1=double(X.kp(2));	
30	x2_2=double(X.ki(2));	
31	C1=tf([x2_1 x2_2],[1 0]);	
32	S1=allmargin(C1*P);	
33	E2=S1.Stable;	
34	C2=tf([x1_1 x1_2],[1 0]);	
35	S2=allmargin(C2*P);	
36	E1=S2.Stable;	
37	if E1==1	
38	R_E1=allmargin(C2*P);	
39	[Gm2(z),Pm2(z),Wgm2(z),Wpm2(z)]=margin(C2*P);	
40	Gm_dB2(z)=20*log10(Gm2(z));	
41	info_M(z,:,z2)=··· [Gm_dB2(z),Pm2(z),Wgm2(z),Wpm2(z),R_E1.DelayMargin];	
42	end	
43	if E2==1	
44	[Gm1(z),Pm1(z),Wgm1(z),Wpm1(z)]=margin(C1*P);	
45	R_E2=allmargin(C1*P);	
46	Gm_dB1(z)=20*log10(Gm1(z));	

（续表）

```
47          info_M(z,:,z2)= …
              [Gm_dB1(z),Pm1(z),Wgm1(z),Wpm1(z),R_E2.DelayMargin];
48       end
49       z=z+1;
50    end
51    z2=z2+1;
52 end
53 %% Plot of the PM vs GM design curves
54 figure(1)
55 r2=size(info_M);
56 con2=1;
57 for c=1:1:r2(3)
58    con=1;
59    for c2=1:1:r2(1)
60       if info_M(c2,4,c)==0
61          break;
62       end
63       con=con+1;
64    end
65    g(c)=plot(info_M(1:con-1,2,c),info_M(1:con-1,1,c),'-');
66    hold on;
67    con2=con2+1;
68 end
69 wg=0.1:0.1:3;
70 for c=1:28
71    legend([g(c)],['wg=',num2str(wg(c))]);
72    hold on;
73 end
74 legend('off')
75 legend(gca,'show')
76 xlabel('PM');
77 ylabel('GM');
```

运行MATLAB代码之后，得到的幅值裕度与相角裕度设计曲线（注：原文为稳定集）如图B.2所示。

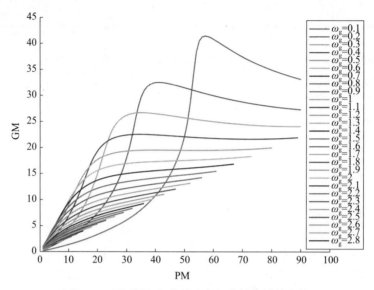

图 B.2 （见彩图）幅值裕度与相角裕度设计曲线

B.1.3 基于 H_∞ 准则的 PI 控制器

下面的 MATLAB 示例代码用于计算如下被控对象基于 H_∞ 准则的稳定 PI 控制器，要求满足误差传递函数的 H_∞ 范数小于 $\gamma=2.0$，则

$$P(s)=\frac{s-2}{s^2+4s+3} \tag{B.3}$$

MATLAB 示例代码如下：

```
1    close all;
2    clear;
3    syms s;
4    % plant
5    N=[1 -2];              % Numerator
6    D=[1 4 3];             % Denominator
7    P_tf=tf(N,D);
8    N_s=poly2sym(N,s);
9    D_s=poly2sym(D,s);
10   P=N_s/D_s;
11   theta_rad=-pi:0.01:pi;
12   resol=0.01;
13
```

```matlab
14  % 1. Load the stabilizing set
15  % We assume the stabilizing set is readily available
16  load stab_pi_plant_00.mat;
17  stabset = [[Ki_bounds(:,1);flipud(Ki_bounds(:,2))],...
18      [Kp_range;flipud(Kp_range);]];
19  poly_stabset = ...
        simplify(polyshape(stabset,'Simplify',false));
20  clear Ki_bounds Kp_range;
21
22  % 2. Initial Sgamma is the stabilizing set
23  poly_Sgamma = poly_stabset;
24
25  % 3. Fix gamma and constructively determine S gamma set
26  gamma = 2.0;
27  w_freqs = linspace(0.01,3.0,300);
28  for idx = 1:numel(w_freqs)
29      w = w_freqs(idx);
30      Pr = double(real(subs(P,s,1i*w)));
31      Pi = double(imag(subs(P,s,1i*w)));
32      % (x-c1)^2/a^2+(y-c2)^2/b^2 = 1
33      c1 = -(w*Pi)/(Pr^2+Pi^2);
34      c2 = -Pr/(Pr^2+Pi^2);
35      bb = 1/((gamma^2)*(Pr^2+Pi^2));
36      aa = (w^2)*bb;
37      x = c1+sqrt(aa)*cos(theta_rad);
38      y = c2+sqrt(bb)*sin(theta_rad);
39
40      poly_Sgamma = ...
            subtract(poly_Sgamma,polyshape(x,y,'Simplify',true));
41  end
42
43  % 4. Collect sample ellipses for display(optional)
44  clear idx w_freqs w Pr Pi;
45  gamma = 2;
46  w_freqs = 0.1:0.2:5;
47  coords_x = NaN(numel(w_freqs),numel(theta_rad));
```

(续表)

```matlab
48  coords_y=NaN(numel(w_freqs),numel(theta_rad));
49  parfor idx=1:numel(w_freqs)
50      w=w_freqs(idx);
51      Pr=real(subs(P,s,1i*w));
52      Pi=imag(subs(P,s,1i*w));
53      % (x-c1)^2/a^2+(y-c2)^2/b^2=1
54      c1=-(w*Pi)/(Pr^2+Pi^2);
55      c2=-Pr/(Pr^2+Pi^2);
56      bb=1/((gamma^2)*(Pr^2+Pi^2));
57      aa=(w^2)*bb;
58      x=c1+sqrt(aa)*cos(theta_rad);
59      y=c2+sqrt(bb)*sin(theta_rad);
60      coords_x(idx,:)=x;
61      coords_y(idx,:)=y;
62  end
63
64  figure;
65  fill(poly_stabset.Vertices(:,1),...
66      poly_stabset.Vertices(:,2),'y');
67  hold on;
68  plot(poly_Sgamma.Vertices(:,1),...
69      poly_Sgamma.Vertices(:,2),'-',...
70      'LineWidth',2,'Color',[0 0 0]);
71  for idx=1:size(coords_x,1)
72      x=coords_x(idx,:)';
73      y=coords_y(idx,:)';
74      plot(x,y,'k:');
75  end
76  xlabel('$ $k_i $ $','interpreter','latex');
77  ylabel('$ $k_p $ $','interpreter','latex');
78  axis([-4.4 1.2 -4.5 2.0]);
79  str='$ $\mathcal{S}_{\gamma=2.0} $ $';
80  loc=mean(poly_Sgamma.Vertices);
81  text(loc(1),loc(2),str,...
82      'Interpreter','latex',...
83      'FontSize',14);
84  hold off;
```

运行 MATLAB 代码后，可以生成 PI 控制器的集合、椭圆簇，以及所有满足 H_∞ 范数小于 $\gamma=2.0$ 的 PI 控制器的子集 $\mathbf{S}_\gamma$，如图 B.3 所示。

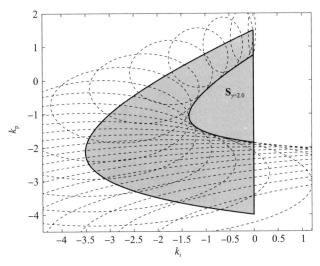

图 B.3　满足 H_∞ 范数小于 $\gamma=2.0$ 的子集 $\mathbf{S}_\gamma$

B.1.4　PID 控制器稳定集

下面的 MATLAB 示例代码用于计算如下被控对象的 PID 控制器的稳定集。

$$P(s)=\frac{s-3}{s^3+4s^2+5s+2} \tag{B.4}$$

MATLAB 示例代码如下：

```
1    % PID stabilizing set
2    clear all;
3    syms s;
4    kp=sym('kp','real');
5    ki=sym('ki','real');
6    kd=sym('kd','real');
7    w=sym('w','real');
8    N=[1 -3];                         % Numerator
9    D=[1 4 5 2];                      % Denominator
10   tam_N=size(N);
11   tam_D=size(D);
12   n=tam_D(2)-1;
13   m=tam_N(2)-1;
```

（续表）

14	ze=roots(N);	% Zeros of N(s)
15	l=1;	
16	nz=0;	
17	for k=1:m	
18	if real(ze(k))>0	
19	nz=1;	% RHP Zeros of N(s)
20	l=l+1;	
21	end	
22	end	
23	signature=n−m+1+2∗nz;	% Signature number
24	D_s=poly2sym(D,s);	% D(s)
25	N_s=poly2sym(N,s);	% N(s)
26	N_ms=subs(N_s,−s);	% N(−s)
27	Delta=s∗D_s+(ki+kd∗s^2)∗N_s+kp∗s∗N_s;	% Characteristic equation
28	Delta=collect(Delta,s);	% simplify expression in terms of s
29	V_s=collect(Delta∗N_ms,s);	% V=Delta ∗N(−s)
30	V=subs(V_s,1i∗w);	% V(jw)
31	Vr=real(V);	% Real part of V
32	Vi=imag(V);	% Imaginary part of V
33	for kp_f=−4:0.2:0.65	% Evaluate for a fixed Kp
34	f_kp=subs(Vi,kp,kp_f);	% substitute value of Kp
35	f_Vi=sym2poly(f_kp);	% convert to polynomial
36	r=roots(f_Vi);	% find the roots
37	tam3=size(r);	
38	l=1;	
39	r2=0;	
40	for k=1:tam3	
41	if imag(r(k))==0 && real(r(k))>0 real,positive roots	% select …
42	r2(l)=real(r(k));	
43	l=l+1;	
44	end	
45	end	
46	wt=[0 r2(2) r2(1)];	
47	tam_w=size(wt);	
48	R(1)=subs(Vr,w,wt(1));	
49	C1(1,:)=[0,coeffs(R(1)),0];	

（续表）

```
50    Te(1,:)=[0,ki,0];
51    R(tam_w(2))=subs(Vr,w,wt(tam_w(2)));
52    for k=2:tam_w(2)
53        R(k)=subs(Vr,w,wt(k));
54        [C1(k,:),Te(k,:)]=coeffs(R(k));
55    end
56    C1=double(C1);
57    A=-[C1(1,1) C1(1,2) 0;-C1(2,1) -C1(2,2) 0;C1(3,1) C1(3,2) 0];
      %[kd ki kp]
58    b=-[-C1(1,3);C1(2,3);-C1(3,3)];
59    lb=[-300,-300,kp_f];
60    ub=[300,300,kp_f];
61    plotregion(A,b,lb,ub,'y');
62    hold on;
63    axis equal
64    xlabel('kd');
65    ylabel('ki');
66    zlabel('kp');
67 end
68 axis square;
```

运行 MATLAB 代码之后，得到的稳定集如图 B.4 所示。

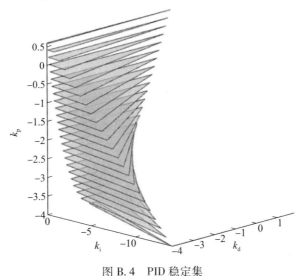

图 B.4　PID 稳定集

B.1.5　PID 控制器幅值裕度和相角裕度设计曲线

下面的 MATLAB 示例代码用于计算如下被控对象的 PID（注：原文为 PI）控制器幅值裕度和相角裕度的设计曲线。

$$P(s) = \frac{s-3}{s^3+4s^2+5s+2} \tag{B.5}$$

MATLAB 示例代码如下：

```
1    % PID controller gain and phase margin design curves
2    clear all;
3    close all;
4    P=tf([1 -3],[1 4 5 2]);
5    VALC=struct([]);
6    wg_vector=.1:0.1:1.2;
7    PM_vector=1:2:100;
8    k2=1;
9    k1=1;
10   for idx_wg=1:1:length(wg_vector)
11       wg=wg_vector(idx_wg);
12       k1=1;
13       k2=1;
14       for idx_PM=1:1:length(PM_vector)
15           k1=1;
16           k4=1;
17           PM=PM_vector(idx_PM);
18           [MP,PP]=bode(P,wg);
19           phi=pi+PM*pi/180-PP*pi/180;
20           M2=1/(MP^2);
21           Kp1=sqrt(M2/(1+tan(phi)^2));
22           [A1,b1]=pid_set_continuous(Kp1);
23           if (¬(isempty(A1)))
24               for x=-6:0.1:6
25                   Ki=x*wg^2-wg*tan(phi)*Kp1;
26                   C=tf([x,Kp1,Ki],[1 0]);
27                   STA=isstable(feedback(C*P,1));
28                   if STA==1
29                       VALC{idx_PM,idx_wg}(k1,:)=[x,Ki,Kp1,wg,PM];
30                       k1=k1+1;
```

（续表）

```
31              else
32                  VALC{idx_PM,idx_wg}(k1,:)=[0,0,0,0,0];
33                  k1=k1+1;
34              end
35          end
36          tam=size(VALC{idx_PM,idx_wg});
37          for k3=1:tam(1)
38              if VALC{idx_PM,idx_wg}(k3,:)=[0,0,0,0,0]
39                  C=tf([VALC{idx_PM,idx_wg}(k3,1),…
40                      VALC{idx_PM,idx_wg}(k3,3),…
41                      VALC{idx_PM,idx_wg}(k3,2)],[1,0]);
42                  Result=allmargin(C*P);
43                  if abs(Result.PhaseMargin(1)-PM) > 2
44                  else
45                      info_GMPM{idx_PM,idx_wg}(k4,:)=…
                            [Result.GainMargin(1),Result.PhaseMargin(1),…
46                          Result.PMFrequency(1),Result.Stable];
47                      k4=k4+1;
48                  end
49              end
50          end
51      end
52      Kp2=-sqrt(M2/(1+tan(phi)^2));
53      [A2,b2]=pid_set_continuous(Kp2);
54      if (¬(isempty(A2)))
55          for x=-6:0.1:6
56              Ki=x*wg^2-wg*tan(phi)*Kp2;
57              C=tf([x,Kp2,Ki],[1 0]);
58              STA=isstable(feedback(C*P,1));
59              if STA==1
60                  VALC{idx_PM,idx_wg}(k1,:)=[x,Ki,Kp2,wg,PM];
61                  k1=k1+1;
62              else
63                  VALC{idx_PM,idx_wg}(k1,:)=[0,0,0,0,0];
64                  k1=k1+1;
65              end
66          end
```

```
67          tam = size(VALC{idx_PM,idx_wg});
68          for k3 = 1:tam(1)
69              if VALC{idx_PM,idx_wg}(k3,:) = [0,0,0,0,0]
70                  C = tf([VALC{idx_PM,idx_wg}(k3,1),...
71                      VALC{idx_PM,idx_wg}(k3,3),...
72                      VALC{idx_PM,idx_wg}(k3,2)],[1,0]);
73                  Result = allmargin(C*P);
74                  if abs(Result.PhaseMargin(1)-PM) > 2
75                  else
76                      info_GMPM{idx_PM,idx_wg}(k4,:) = ...
                            [Result.GainMargin(1),Result.PhaseMargin(1),...
77                          Result.PMFrequency(1),Result.Stable];
78                      k4 = k4+1;
79                  end
80              end
81          end
82      end
83  end
84  end
85  %%% Plot of PID gain and phase margin design curves
86  figure(1)
87  colors = hsv(length(wg_vector));
88  legendInfo = cell(length(wg_vector),1);
89  H = gobjects(length(wg_vector),1);
90  for idx_wg = 1:1:length(wg_vector)
91      wg = wg_vector(idx_wg);
92      for idx_PM = 1:1:length(PM_vector)-2
93          h = plot3(wg*ones(1,length(info_GMPM{idx_PM,idx_wg}...
94              (:,1))),info_GMPM{idx_PM,idx_wg}(:,2),...
95              info_GMPM{idx_PM,idx_wg}(:,1),'-','LineWidth',1.5);
96          hold on;
97          set(h,'Color',colors(idx_wg,:));
98          if(isempty(legendInfo{idx_wg}))
99              legendInfo{idx_wg} = ['w_g = '...
                    num2str(wg_vector(idx_wg))];
100         H(idx_wg,1) = h;
101     end
```

（续表）

```
102    end
103    end
104    legend(H,legendInfo);
105    set(gca,'zscale','log')
106    axis([0 1.2 0 100 1 40])
107    grid on
108    ylabel('Phase Margin(deg)');
109    xlabel('\omega_g(rad/s)');
110    zlabel('Gain Margin');
```

上述程序中的子函数"pid_set_continuous()"的代码如下：

```
1     function[A,b]=pid_set_continuous(Kp)
2        syms s;
3        kp=sym('kp','real');
4        ki=sym('ki','real');
5        kd=sym('kd','real');
6        w=sym('w','real');
7        if Kp < -4 || Kp > 0.65
8           A=[];
9           b=[];
10       else
11          N=[1 -3];
12          D=[1 4 5 2];
13          tam_N=size(N);
14          tam_D=size(D);
15          n=tam_D(2)-1;
16          m=tam_N(2)-1;
17          ze=roots(N);
18          l=1;
19          nz=0;
20          for k=1:m
21             if real(ze(k))>0
22                nz=1;
23                l=l+1;
24             end
25          end
```

(续表)

```
26      signature=n-m+1+2*nz;
27      D_s=poly2sym(D,s);
28      N_s=poly2sym(N,s);
29      N_ms=subs(N_s,-s);
30      Delta=s*D_s+(ki+kd*s^2)*N_s+kp*s*N_s;
31      Delta=collect(Delta,s);
32      V_s=collect(Delta*N_ms,s);
33      V=subs(V_s,1i*w);
34      Vr=real(V);
35      Vi=imag(V);
36      for kp_f=Kp:0.2:Kp
37          f_kp=subs(Vi,kp,kp_f);
38          f_Vi=sym2poly(f_kp);
39          r=roots(f_Vi);
40          tam3=size(r);
41          l=1;
42          r2=0;
43          for k=1:tam3
44            if imag(r(k))==0 && real(r(k))>0
45                r2(l)=real(r(k));
46                l=l+1;
47            end
48          end
49          wt=[0 r2(2) r2(1)];
50          tam_w=size(wt);
51          R(1)=subs(Vr,w,wt(1));
52          C1(1,:)=[0,coeffs(R(1)),0];
53          Te(1,:)=[0,ki,0];
54          R(tam_w(2))=subs(Vr,w,wt(tam_w(2)));
55          for k=2:tam_w(2)
56              R(k)=subs(Vr,w,wt(k));
57              [C1(k,:),Te(k,:)]=coeffs(R(k));
58          end
59          C1=double(C1);
60          A=-[C1(1,1) C1(1,2) 0;-C1(2,1)⋯
                -C1(2,2) 0;C1(3,1) C1(3,2) 0];
61          b=-[-C1(1,3);C1(2,3);-C1(3,3)];
```

（续表）

62	lb=[-300,-300,kp_f];
63	ub=[300,300,kp_f];
64	end
65	end
66	end

运行 MATLAB 代码之后，得到的 PID 幅值裕度与相角裕度设计曲线如图 B.5 所示。

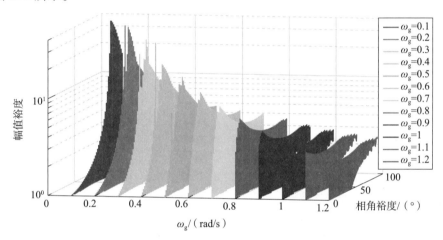

图 B.5　（见彩图）PID 幅值裕度与相角裕度设计曲线

B.1.6　基于 H_∞ 准则的 PID 控制器

下面的 MATLAB 示例代码用于计算如下被控对象基于 H_∞ 准则的稳定 PID 控制器，要求满足误差传递函数的 H_∞ 范数小于 $\gamma=1.0$，即

$$P(s)=\frac{10s^3+9s^2+362.4s+36.16}{2s^5+2.7255s^4+138.4292s^3+156.471s^2+637.6472s+360.1779} \quad (B.6)$$

MATLAB 代码示例如下

1	close all;	
2	clear;	
3	syms s;	
4	% plant	
5	N=[10 9 362.4 36.16];	% Numerator
6	D=[2 2.7255 138.4292 156.471 637.6472 360.1779];	% Denominator

(续表)

```
7    P_tf = tf(N,D);
8    N_s = poly2sym(N,s);
9    D_s = poly2sym(D,s);
10   P = N_s/D_s;
11   theta_rad = -pi:0.01:pi;
12   resol = 0.01;
13
14   % 1. Load the stabilizing set
15   % We assume the stabilizing set is readily available for ⋯
          Kd = 9
16   Kd = 9;
17   load stab_pid_hinf_plant_00.mat;
18   stabset = [Ki_data,Kp_data];
19   poly_stabset = ⋯
          simplify(polyshape(stabset,'Simplify',false));
20   clear Ki_data Kp_data;
21
22   % 2. Initial Sgamma is the stabilizing set
23   poly_Sgamma = poly_stabset;
24
25   % 3. Fix gamma and constructively determine S gamma set
26   gamma = 1.0;
27   P_s = N_s/D_s;
28   syms w 'real';
29   P_jw = subs(P_s,s,1i*w);
30   P_r = simplify(real(P_jw));
31   P_i = simplify(imag(P_jw)/w);
32   P_mag2 = simplify(P_r*P_r+w*w*P_i*P_i);
33
34   Ea2 = w^2/(gamma^2*P_mag2);
35   Eb2 = 1/(gamma^2*P_mag2);
36   Ec1 = -w^2*P_i/P_mag2;
37   Ec2 = -P_r/P_mag2;
38
39   w_freqs = [linspace(1,20,800),linspace(1,20,800)];
40   for idx = 1:numel(w_freqs)
41       wr = w_freqs(idx);
```

```matlab
42      %  (x-c1)^2/a^2+(y-c2)^2/b^2=1
43      c1=double(subs(Ec1,w,wr))+wr*wr*Kd;
44      c2=double(subs(Ec2,w,wr));
45      bb=double(subs(Eb2,w,wr));
46      aa=double(subs(Ea2,w,wr));
47      x=c1+sqrt(aa)*cos(theta_rad);
48      y=c2+sqrt(bb)*sin(theta_rad);
49
50      poly_Sgamma=…
            subtract(poly_Sgamma,polyshape(x,y,'Simplify',true));
51  end
52
53  %  4. Collect sample ellipses for display(optional)
54  clear idx w_freqs;
55  gamma=1;
56  w_freqs=linspace(1,200,800);
57  coords_x=NaN(numel(w_freqs),numel(theta_rad));
58  coords_y=NaN(numel(w_freqs),numel(theta_rad));
59  parfor  idx=1:numel(w_freqs)
60      wr=w_freqs(idx);
61      %  (x-c1)^2/a^2+(y-c2)^2/b^2=1
62      c1=double(subs(Ec1,w,wr))+wr*wr*Kd;
63      c2=double(subs(Ec2,w,wr));
64      bb=double(subs(Eb2,w,wr));
65      aa=double(subs(Ea2,w,wr));
66      x=c1+sqrt(aa)*cos(theta_rad);
67      y=c2+sqrt(bb)*sin(theta_rad);
68
69      coords_x(idx,:)=x;
70      coords_y(idx,:)=y;
71  end
72
73  figure;
74  fill(poly_stabset.Vertices(:,1),…
75      poly_stabset.Vertices(:,2),'y');
76  hold on;
77  plot(poly_Sgamma.Vertices(:,1),…
```

（续表）

```
78      poly_Sgamma.Vertices(:,2),'-',…
79      'LineWidth',2,'Color',[0 0 0]);
80  for idx=1:size(coords_x,1)
81      x=coords_x(idx,:)';
82      y=coords_y(idx,:)';
83      plot(x,y,'k:');
84  end
85  xlabel(' $ $k_i $ $','interpreter','latex');
86  ylabel(' $ $k_p $ $','interpreter','latex');
87  axis([0 3000 -50 230]);
88  str=' $ $\mathcal{S}_{\gamma=1.0} $ $';
89  loc=mean(poly_Sgamma.Vertices);
90  text(loc(1),100+loc(2),str,…
91      'Interpreter','latex',…
92      'FontSize',14);
93  hold off;
```

图 B.6 显示了满足 H_∞ 范数小于 $\gamma=1.0$、$k_d=9.0$ 时稳定 PID 控制器的子集 $\mathbf{S}_\gamma$。

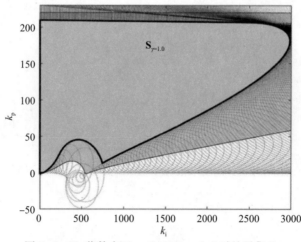

图 B.6　H_∞ 范数小于 $\gamma=1.0$、$k_d=9.0$ 时的子集 $\mathbf{S}_\gamma$

参考文献

[1] Bergström, P.: Plot 2D/3D Region. File Exchange, Matlab Central, Mathworks(2009). https://la.mathworks.com/matlabcentral/fileexchange/9261-plot-2d-3d-region.

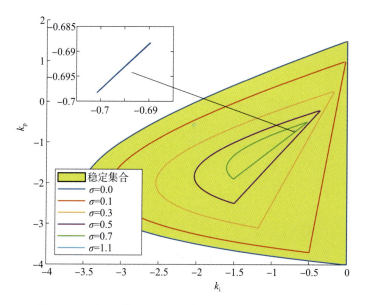

图 2.10 不同 σ 值的 $\mathbf{S}(\sigma)$ 集合(经许可从文献[7]复制)

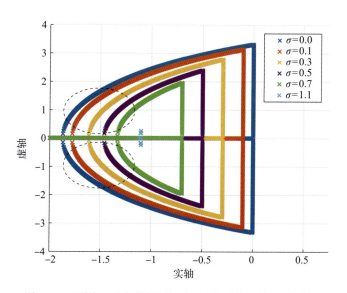

图 2.11 不同 σ 对应的闭环极点(经许可从文献[7]复制)

彩001

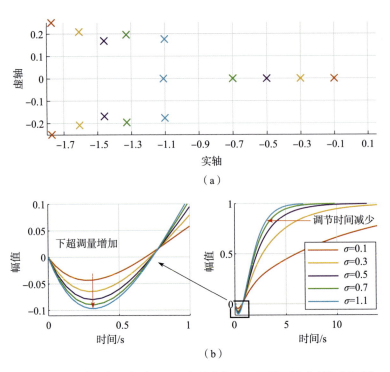

图 2.12 σ 对应的闭环极点(a)和阶跃响应(b)(经许可从文献[7]复制)

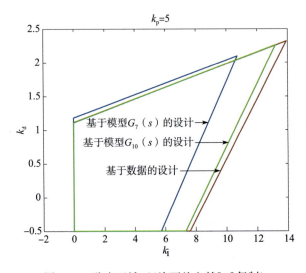

图 5.14 稳定区域(经许可从文献[1]复制)

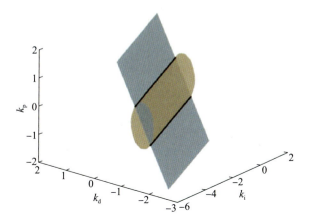

图 6.5 (k_p, k_i, k_d)空间中相交的圆柱体与平面

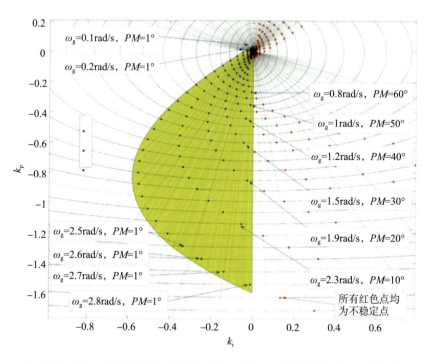

图 6.10 例 6.2 通过椭圆和直线的交点，构建 PI 控制器的幅值-相角裕度设计曲线(经许可从文献[4]复制)

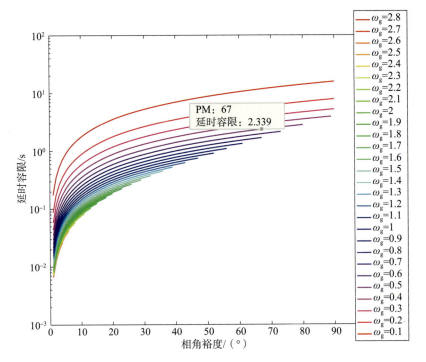

图 6.14 例 6.2 的延时容许设计曲线

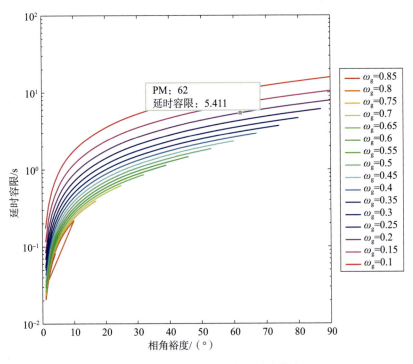

图 6.19 例 6.3 的延时容许设计曲线

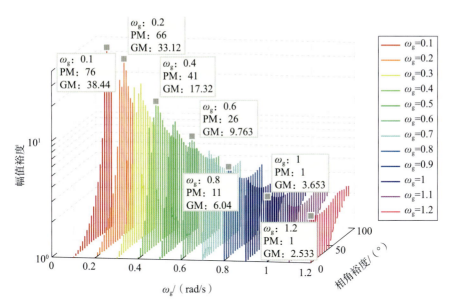

图 6.21　例 6.4 PID 控制器设计的可达性能

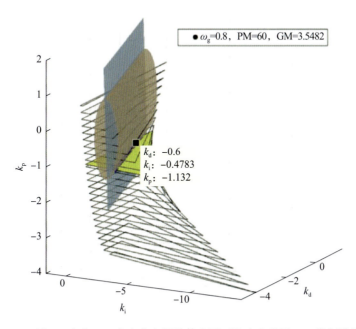

图 6.23　例 6.4 中在 PID 稳定集上圆柱体和平面的交点以及 PID 控制器设计

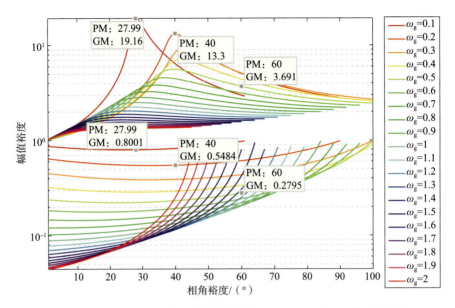

图 6.27 例 6.5 中在设计一阶控制器时关于 GM、PM 和 ω_g 的可达性能

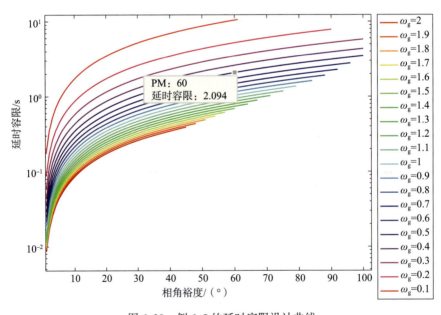

图 6.30 例 6.5 的延时容限设计曲线

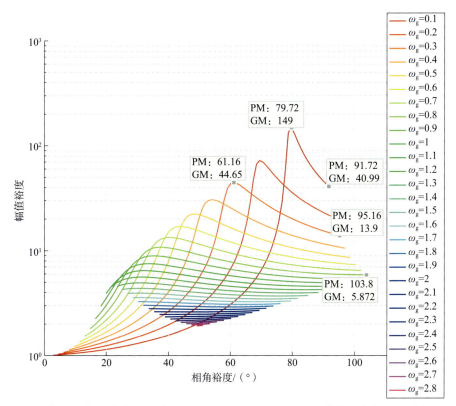

图 6.32 例 6.6 中 PI 控制器设计可达的 GM、PM 和 ω_g，椭圆和直线的交点（以灰点标注），以及稳定集上边界点得到的控制器增益（k_p^{ub}，k_i^{ub}）

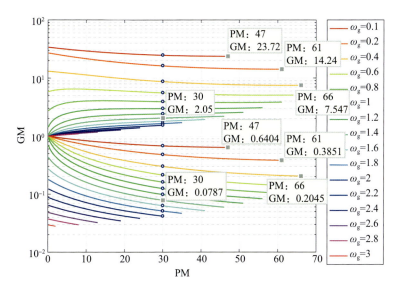

图 6.35 例 6.7 中 PI 控制器设计可达的 GM、PM 和 ω_g，在 PM=30°时椭圆和直线的交点（蓝点）（经许可从文献[5]复制）

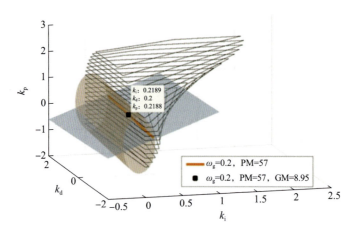

图 6.37 例 6.8 中圆柱体与平面在 PID 稳定集上的交集，以及 PID 控制器设计点
（经许可从参考文献 [5] 复制）

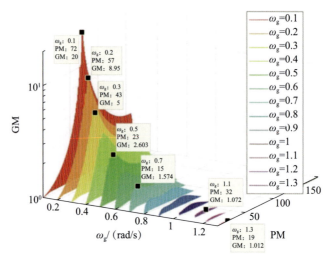

图 6.38 例 6.8 中 PID 控制器可达的 GM、PM 和 ω_g 性能
（经许可从参考文献 [5] 复制）

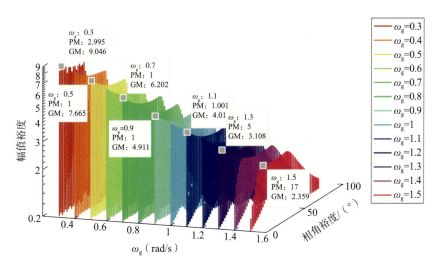

图 6.42 例 6.9 中 PID 控制器可达的 GM、PM 和 ω_g

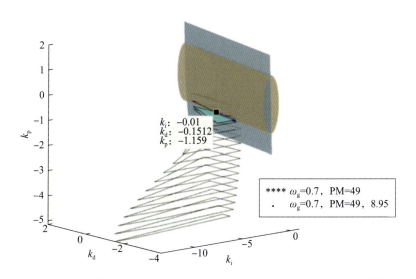

图 6.44 例 6.9 中圆柱体与平面在 PID 稳定集上的交集，以及 PID 控制器设计点

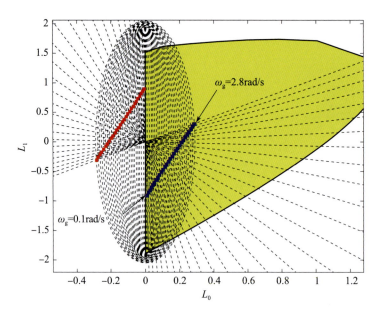

图 7.3 例 7.1 中离散 PI 控制器的稳定集(黄色),以及在 (L_0,L_1) 空间内 PM=60°且 $\omega_g \in [0.1, 2.8]$ rad/s 时椭圆与直线的交点

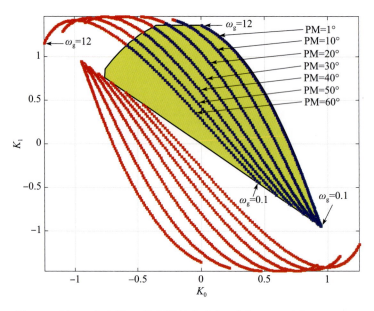

图 7.4 例 7.1 中离散 PI 控制器的稳定集(黄色),以及在 (K_0,K_1) 空间内 PM $\in [1°, 60°]$ 且 $\omega_g \in [0.1, 12]$ rad/s 时椭圆与直线的交点

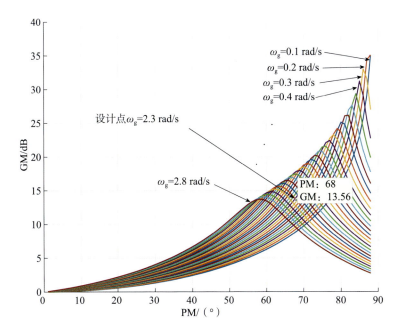

图 7.5 例 7.1 中离散 PI 控制器在 $\omega_g \in [0.1, 2.8]$ rad/s 且 PM $\in [0°, 90°]$ 时幅相平面上的可达幅值-相角裕度设计曲线

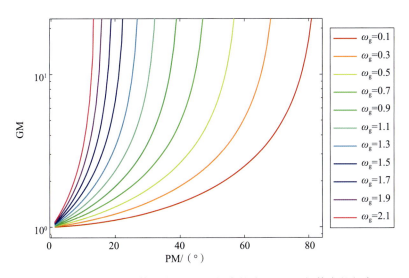

图 8.6 $P_1(s)$ 可达的幅值裕度(GM)、相角裕度(PM)和幅值穿越频率 ω_g
(经许可从参考文献[1]复制)

彩011

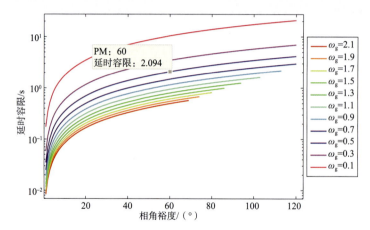

图 8.7 $P_1(s)$ 可达的延时容限 τ_{max}、相角裕度（PM）和幅值穿越频率 ω_g
（经许可从参考文献[1]复制）

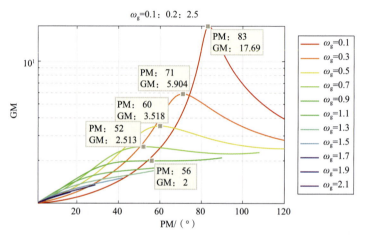

图 8.8 $P_2(s)$ 可达的幅值裕度（GM）、相角裕度（PM）和幅值穿越频率 ω_g
（经许可从参考文献[1]复制）

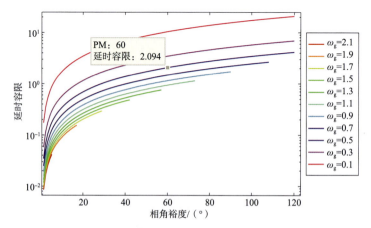

图 8.9 $P_2(s)$ 可达的延时容限 τ_{max}、相角裕度（PM）和幅值穿越频率 ω_g
（经许可从参考文献[1]复制）

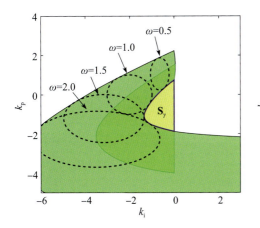

图 9.9 $S_\gamma(\omega)$ 的子集[3]

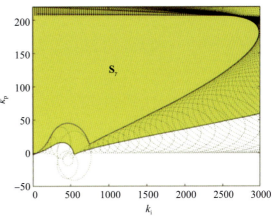

图 9.15 $k_d=9$,k_p,k_i 平面中 $\gamma=1$ 时的 S_γ 和椭圆簇[3]

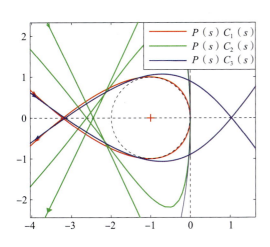

图 9.16 奈奎斯特图[3]

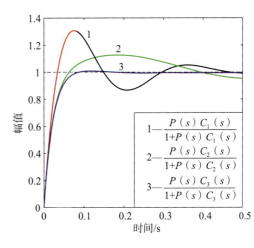

图 9.17 闭环系统的阶跃响应[3]

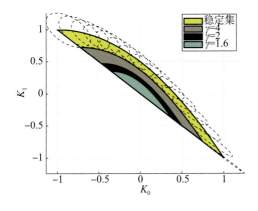

图 10.2 (K_0,K_1) 空间中的稳定集 $S_\gamma(\gamma=1.6,2.0$ 和 $4.0)$

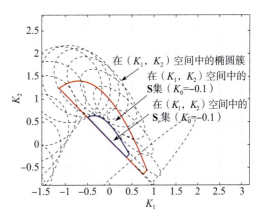

图 10.7 $K_0=-0.1$ 时 (K_1,K_2) 空间中的 $S_\gamma(K_0)$ 和椭圆簇

彩013

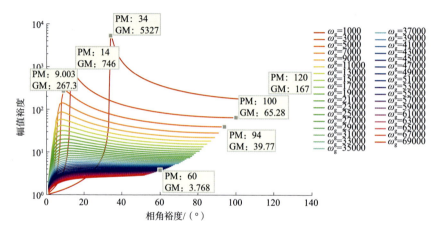

图 A.6 PI 控制器的可达性能：GM、PM 和 ω_g

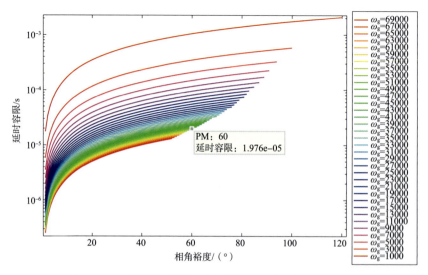

图 A.9 PI 控制器设计的可达性能：延时容限、PM 和 ω_g

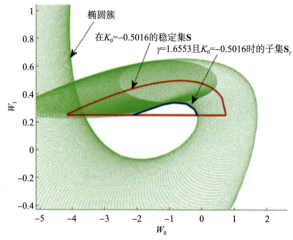

图 A.24 (W_0, W_1) 空间中的椭圆簇（$K_0 = -0.5016$ 时的稳定集 **S** 和 $\gamma = 1.6553$ 时的子集 $\mathbf{S}_\gamma$）

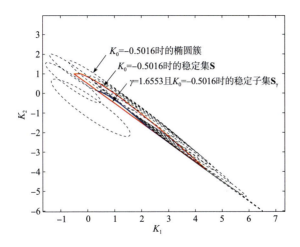

图 A.25 (K_1, K_2) 空间中的椭圆簇
($K_0 = -0.5016$ 时的稳定集 **S** 和 $\gamma = 1.6553$ 时的子集 $\mathbf{S}_\gamma$)

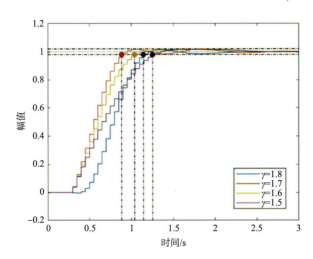

图 A.28 表 A.2 中所选控制器的阶跃响应

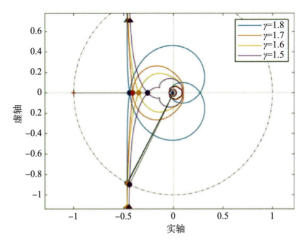

图 A.29 表 A.2 中所选控制器的奈奎斯特图

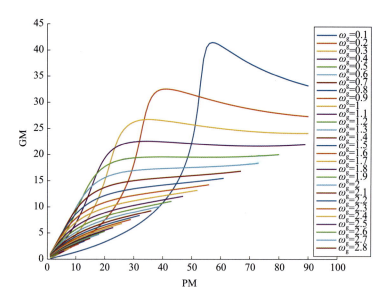

图 B.2　幅值裕度与相角裕度设计曲线

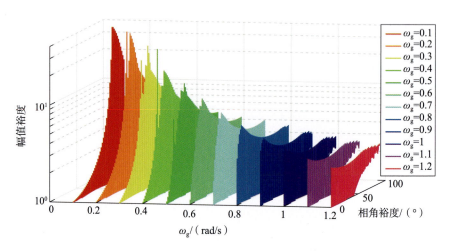

图 B.5　PID 幅值裕度与相角裕度设计曲线